AF390415

ZOOLOGIE

DE PLINE

TRADUCTION NOUVELLE

PAR

M. AJASSON DE GRANDSAGNE

AVEC DES RECHERCHES SUR LA DÉTERMINATION DES ESPÈCES
DONT PLINE A PARLÉ

PAR M. LE Bon G. CUVIER

TOME PREMIER.

PARIS

IMPRIMERIE DE C. L. F. PANCKOUCKE

MEMBRE DE L'ORDRE ROYAL DE LA LÉGION D'HONNEUR
RUE DES POITEVINS, N° 14

M DCCC XXXI.

HISTOIRE NATURELLE

DE PLINE.

LIVRE SEPTIÈME.

C. PLINII SECUNDI
HISTORIARUM MUNDI
LIBER VII.

CONTINENTUR HOMINUM GENERATIO ET INSTITUTIO, ATQUE INVENTIO ARTIUM.

De homine.

I. Mundus, et in eo terræ, gentes, maria, insulæ, insignes urbes, ad hunc modum se habent. Animantium in eodem natura, nullius prope partis contemplatione minor est, si quidem omnia exsequi humanus animus queat. Principium jure tribuetur homini, cujus causa videtur cuncta alia genuisse natura, magna sæva mercede contra tanta sua munera : ut non sit satis æstimare, parens melior homini, an tristior noverca fuerit. Ante omnia unum animantium cunctorum, alienis velat opibus : ceteris varie tegumenta tribuit, testas, cortices, coria, spinas, villos, setas, pilos, plumam, pennas, squamas, vellera. Truncos etiam arboresque cortice, in-

HISTOIRE NATURELLE

DE PLINE

LIVRE VII.

L'HOMME, SA NAISSANCE, SON ORGANISATION : L'INVENTION DES ARTS.

L'homme.

I. Voila le tableau du monde, dans lequel sont compris les terres, les nations, les mers, les îles et les villes remarquables. Aucune de ses parties n'offre plus d'intérêt à la contemplation, que la nature des animaux, si toutefois l'esprit humain peut en embrasser la totalité. Il est juste de commencer par l'homme, pour qui la nature semble avoir fait naître toutes ses autres productions. Cependant elle lui fait payer si cher ses bienfaits, qu'on ne sait si elle est pour lui plutôt une tendre mère qu'une marâtre injuste. D'abord il est le seul qu'elle oblige à se couvrir d'un vêtement étranger, tandis qu'elle donne aux autres animaux divers tégumens, des coquilles, des carapaces, des cuirs, des piquans, des poils, des soies, des crins, du duvet, des plumes, des écailles, des toisons. Les arbres mêmes sont pourvus contre le froid

terdum gemino, a frigoribus et calore tutata est. Hominem tantum nudum, et in nuda humo, natali die abjicit
ad vagitus statim et ploratum, nullumque tot animalium
aliud ad lacrymas, et has protinus vitæ principio. At
hercules risus, præcox ille et celerrimus, ante quadragesimum diem nulli datur. Ab hoc lucis rudimento,
quæ ne feras quidem inter nos genitas, vincula excipiunt,
et omnium membrorum nexus : itaque feliciter natus
jacet, manibus pedibusque devinctis, flens animal ceteris
imperaturum : et a suppliciis vitam auspicatur, unam
tantum ob culpam, quia natum est. Heu dementiam ab
his initiis existimantium ad superbiam se genitos!

Prima roboris spes, primumque temporis munus qua-
drupedi similem facit. Quando homini incessus? quando
vox? quando firmum cibis os? quamdiu palpitans vertex,
summæ inter cuncta animalia imbecillitatis indicium?
Jam morbi, totque medicinæ contra mala excogitatæ,
et hæ quoque subinde novitatibus victæ. Cetera sentire
naturam suam, alia pernicitatem usurpare, alia præpetes
volatus, alia nare : hominem scire nihil sine doctrina,
non fari, non ingredi, non vesci : breviterque non aliud
naturæ sponte, quam flere. Itaque multi exstitere, qui
non nasci optimum censerent, aut quam ocissime aboleri.

Uni animantium luctus est datus, uni luxuria, et
quidem innumerabilibus modis, ac per singula mem-

et la chaleur d'une écorce quelquefois double. Mais
l'homme est, en naissant, jeté nu sur une terre nue, et
livré dès cet instant aux cris et aux pleurs. Seul de tant
d'animaux, il répand des larmes, et il en répand aussitôt
qu'il respire. Mais le rire, même précoce, même hâtif,
hélas! il n'est donné à personne avant son quarantième
jour. Au douloureux essai qu'il fait de la lumière, succèdent des liens qui entravent ses membres, et dont sont
affranchies même les brutes qui naissent parmi nous. Né
avec un tel bonheur, le voilà donc, pleurant, étendu
pieds et mains liés, celui qui doit commander à tous
les autres animaux! Il commence sa vie par des supplices, et pour un seul crime, celui d'être né. Quelle
folie, après un tel début, de se croire né pour l'orgueil!

L'attitude d'un quadrupède, voilà pour l'homme le
premier présage de force, le premier bienfait du temps.
Mais la marche, mais la voix, mais la force de mâcher,
quand se développeront-elles? Jusqu'à quand les palpi-
tations de son crâne le proclameront-elles le plus faible
des animaux? Viennent et les maladies et ces milliers
de remèdes imaginés contre elles; mais le mal innove
aussi et triomphe de la médecine. Tout être vivant a
conscience de sa nature, et apprend d'elle l'un l'agilité,
l'autre un vol rapide, un autre la nage : l'homme seul ne
sait rien de lui-même; il ne parle, ne marche, ne mange
qu'instruit par les autres : la nature ne lui a donné que
les pleurs. Aussi a-t-on dit souvent que mieux vaudrait
ne pas naître ou être détruit à l'instant.

Seul de tous les animaux, il est en proie aux chagrins,
au luxe, qu'il déploie sous mille formes et sur chaque

bra : uni ambitio, uni avaritia, uni immensa vivendi cupido, uni superstitio, uni sepulturæ cura, atque etiam post se de futuro. Nulli vita fragilior, nulli rerum omnium libido major, nulli pavor confusior, nulli rabies acrior. Denique cetera animantia in suo genere probe degunt : congregari videmus, et stare contra dissimilia. Leonum feritas inter se non dimicat : serpentium morsus non petit serpentes : ne maris quidem belluæ ac pisces, nisi in diversa genera, sæviunt. At hercules homini plurima ex homine sunt mala.

1. Et de universitate quidem generis humani, magna ex parte in relatione gentium diximus. Neque enim ritus moresque nunc tractamus, innumeros, ac totidem pæne, quot sunt hominum cœtus : quædam tamen haud omittenda duco, maximeque longius a mari degentium : in quibus prodigiosa aliqua et incredibilia multis visum iri haud dubito. Quis enim Æthiopas, antequam cerneret, credidit? aut quid non miraculo est, quum primum in notitiam venit? Quam multa fieri non posse, priusquam sint facta, judicantur? Naturæ vero rerum vis atque majestas in omnibus momentis fide caret : si quis modo partes ejus ac non totam complectatur animo. Ne pavones, aut tigrium, pantherarumque maculas, et tot animalium picturas commemorem, parvum dictu, sed

partie de son corps : seul il est esclave de l'ambition, de l'avarice, de l'amour immodéré de la vie, de la superstition; seul il s'inquiète de sa sépulture, et de ce qui suivra sa mort. Point d'être dont la vie soit plus frêle, l'ambition plus âpre et plus vaste, l'effroi plus près du trouble, la rage plus vive et plus forte. Enfin tout autre animal vit d'accord avec son espèce; ils ne se liguent, ils ne luttent que contre des êtres différens : jamais la fureur des lions n'alla combattre les lions, jamais morsure de serpens ne déchira les serpens; les poissons mêmes et les monstres de la mer n'usent de cruauté que sur des espèces étrangères; mais l'homme, grands dieux! n'a pas d'ennemi plus cruel que l'homme.

1. Dans notre revue ethnographique du globe se trouvent presque toutes les généralités relatives à l'espèce humaine. Mon but n'est pas ici de traiter des mœurs et des coutumes, presque aussi variées qu'il y a de sociétés différentes; toutefois il est certaines particularités que je ne puis omettre. Les peuples qui vivent loin de la mer en offrent surtout. Quelques-unes sans doute seront aux yeux du grand nombre prodigieuses et incroyables. Quel homme, avant de voir des Éthiopiens, eût cru à leur existence? Quel objet, lors de son apparition, n'arrache le cri de la surprise? Que de choses décrétées impossibles jusqu'au jour où on les exécute? A chaque instant, la puissance et la majesté de la nature trouvent l'homme incrédule, lors même qu'au lieu d'embrasser l'ensemble, il s'arrête sur les détails. Ne parlons ni des paons, ni de la fourrure mouchetée des tigres et des panthères, ni des riches couleurs de tant d'animaux : mais un fait

immensum æstimatione, tot gentium sermones, tot linguæ, tanta loquendi varietas, ut externus alieno pæne
non sit hominis vice. Jam in facie vultuque nostro,
quum sint decem, aut paulo plura membra, nullas duas
in tot millibus hominum indiscretas effigies exsistere :
quod ars nulla in paucis numero præstet adfectando.
Nec tamen ego in plerisque eorum obstringam fidem
meam, potiusque ad auctores relegabo, qui dubiis red-
dentur omnibus : modo ne sit fastidio Græcos sequi,
tanto majore eorum diligentia vel cura vetustiore.

Gentium mirabiles figuræ.

II. 2. Esse Scytharum genera, et quidem plura, quæ
corporibus humanis vescerentur, indicavimus. Id ipsum
incredibile fortasse, ni cogitemus in medio orbe terrarum, ac Sicilia et Italia fuisse gentes hujus monstri, Cyclopas et Læstrygonas, et nuperrime trans Alpes hominem immolari gentium earum more solitum : quod
paulum a mandendo abest : sed et juxta eos, qui sunt
ad septentrionem versi, haud procul ab ipso Aquilonis
exortu, specuque ejus dicto, quem locum Gescliton appellant, produntur Arimaspi, quos diximus, uno oculo

minime en apparence, et pourtant infini dès qu'on l'examine à fond, c'est cette diversité de langues, d'idiomes, variés au point qu'à peine deux hommes différens de patrie sont des hommes l'un pour l'autre. De plus, quoique chez l'homme la physionomie, le visage ne soit guère composé que de dix parties, il n'y a cependant pas, entre tant de milliers d'individus, deux figures d'une ressemblance parfaite ; et l'art, malgré ses efforts, ne peut atteindre cette diversité dans le nombre très-borné de ses combinaisons. Au reste, je ne me porte pas garant de tout ce que je vais rapporter ; je préfère renvoyer aux sources et les indiquer pour tout ce qui paraîtra douteux. Seulement qu'on n'affecte pas un injuste dédain pour les Grecs, les plus anciens et les plus exacts des observateurs.

Figures bizarres des races.

II. 2. J'ai indiqué des peuplades scythes, et même plusieurs, qui se nourrissent de chair humaine. Cela paraîtrait incroyable, si l'on ne réfléchissait qu'au centre du monde, en Italie et en Sicile, il y a eu des peuples capables de ce forfait, tels que les Cyclopes, les Lestrigons, et que, naguère encore, au delà des Alpes, on avait coutume d'offrir des sacrifices humains. D'immoler des hommes à les manger il n'y a qu'un pas. Auprès des Scythes septentrionaux, non loin de la caverne déjà mentionnée où naît l'Aquilon, lieu nommé Gesclitos, se trouvent les Arimaspes, dont j'ai parlé, remarquables par l'œil unique qu'ils ont au milieu du front. Ce peu-

in fronte media insignes : quibus assidue bellum esse circa metalla cum gryphis, ferarum voluci genere, quale vulgo traditur, eruente ex cuniculis aurum, mira cupiditate et feris custodientibus, et Arimaspis rapientibus, multi, sed maxime illustres Herodotus, et Aristeas Proconnesius scribunt.

Super alios autem anthropophagos Scythas, in quadam convalle magna Imai montis, regio est, quæ vocatur Abarimon, in qua silvestres vivunt homines, aversis post crura plantis, eximiæ velocitatis, passim cum feris vagantes. Hos in alio non spirare cælo, ideoque ad finitimos reges non pertrahi, neque ad Alexandrum Magnum pertractos, Bæton itinerum ejus mensor prodidit.

Priores anthropophagos, quos ad septentrionem esse diximus decem dierum itinere supra Borysthenem amnem, ossibus humanorum capitum bibere, cutibusque cum capillo pro mantelibus ante pectora uti, Isigonus Nicæensis. Idem in Albania gigni quosdam glauca oculorum acie, a pueritia statim canos, qui noctu plus quam interdiu cernant. Idem itinere dierum decem supra Borysthenem Sauromatas tertio die cibum capere semper.

Crates Pergamenus in Hellesponto circa Parium, genus hominum fuisse tradit, quos Ophiogenes vocat, serpentium ictus contactu levare solitos, et manu impo-

ple, dit-on, est continuellement en guerre avec les griffons, espèce de monstres que l'on représente ordinairement avec des ailes, qui, tirant l'or des mines, mettent
à conserver ce métal autant d'ardeur que les Arimaspes
à le leur enlever : tel est du moins le récit de nombre
d'auteurs, parmi lesquels on distingue Hérodote et Aristée de Proconnèse.

Par-delà d'autres Scythes anthropophages, dans une
grande vallée du mont Imaüs, est un pays que l'on
nomme Abarime, habité par des hommes sauvages dont
les pieds sont tournés en arrière. Ils sont d'une agilité
étonnante, et vivent errans avec les bêtes. Selon Béton,
qui traçait les itinéraires d'Alexandre-le-Grand, ils ne
peuvent vivre sous un autre ciel; aussi n'en présenta-t-on
pas à ce prince, et n'en conduit-on jamais auprès des
rois voisins.

Les Scythes anthropophages dont j'ai marqué la position au nord, à dix journées au dessus du Borysthène,
boivent, suivant Isigone de Nicée, dans des crânes humains, dont les peaux et la chevelure, étendues sur
leur poitrine, leur tiennent lieu de serviettes. Le même
auteur rapporte qu'il y a dans l'Albanie une espèce
d'hommes dont les yeux sont verts; qui, dès l'enfance, ont
les cheveux blancs, et qui voient mieux la nuit que le
jour. Il dit aussi que les Sauromates, à dix journées au
delà du Borysthène, ne prennent de nourriture que de
trois en trois jours.

Cratès de Pergame rapporte qu'il y a eu dans l'Hellespont, près de Parium, une espèce d'hommes qu'il appelle Ophiogènes, qui, par leur attouchement, guéris-

sita vencua extrahere corpori. Varro etiamnum esse
paucos ibi, quorum salivæ contra ictus serpentium me-
deantur. Similis et in Africa gens Psyllorum fuit, ut
Agatharchides scribit, a Psyllo rege dicta, cujus sepul-
crum in parte Syrtium majorum est. Horum corpori in-
genitum fuit virus exitiale serpentibus, et cujus odore
sopirent eas. Mos vero liberos genitos protinus objiciendi
sævissimis earum, eoque genere pudicitiam conjugum
experiendi, non profugientibus adulterino sanguine natos serpentibus. Hæc gens ipsa quidem prope interne-
cione sublata est a Nasamonibus, qui nunc eas tenent
sedes : genus tamen hominum ex iis qui profugerant,
aut quum pugnatum est, afuerant, hodieque remanet
in paucis. Simile et in Italia Marsorum genus durat,
quos a Circæ filio ortos ferunt, et ideo inesse iis vim
naturalem eam. Et tamen omnibus hominibus contra
serpentes inest venenum : feruntque ictas saliva, ut
ferventis aquæ contactum fugere. Quod si in fauces pe-
netraverit, etiam mori : idque maxime humani jejuni oris.

Supra Nasamonas confinesque illis Machlyas, Androgynos esse utriusque naturæ, inter se vicibus coeuntes,
Calliphanes tradit. Aristoteles adjicit dextram mammam
iis virilem, lævam muliebrem esse.

In eadem Africa familias quasdam effascinantium,

saient les morsures des serpens, et par la seule imposition de la main faisaient sortir le venin du corps. Varron assure qu'il y a encore dans ce pays quelques hommes dont la salive guérit les morsures de serpens. Telle était aussi dans l'Afrique, suivant Agatharchide, la nation des Psylles, ainsi nommés de leur roi Psyllus, dont on trouve le tombeau dans un canton des grandes Syrtes. La nature avait armé leurs corps d'un virus mortel pour ces reptiles, l'odeur seule était pour ceux-ci un narcotique puissant. Ils avaient coutume d'exposer les enfans nouveaunés aux serpens les plus cruels pour éprouver la fidélité des femmes, persuadés que les serpens ne fuyaient pas ceux qui provenaient d'un adultère. Cette nation a été presque entièrement détruite par les Nasamons, qui occupent aujourd'hui le pays. Il reste cependant encore quelques individus issus de ceux qui avaient pris la fuite, ou qui s'étaient trouvés absens à l'époque de la guerre. Les Marses, en Italie, ont reçu de la nature le même privilège, et le doivent, dit-on, ainsi que leur origine, au fils de Circé. D'ailleurs tous les hommes ont en eux un poison contre les serpens, et l'on dit que la salive les fait fuir comme le ferait l'eau bouillante, et même les tue dès qu'elle pénètre dans la gorge. La chose est vraie, surtout de la salive d'un homme à jeun.

Au dessus des Nasamons et des Machlyes leurs voisins, se trouvent, suivant Calliphane, les Androgynes, qui réunissent les deux sexes, dont ils usent tour-à-tour. Aristote ajoute que chez tous le sein droit est celui de l'homme, et le sein gauche celui de la femme.

Isigone et Nymphodore disent qu'on trouve en Afrique

Isigonus et **Nymphodorus** : quorum laudatione intereant probata, arescant arbores, emoriantur infantes. Esse ejusdem generis in Triballis et Illyriis, adjicit **Isigonus**, qui visu quoque effascinent, interimantque quos diutius intueantur, iratis præcipue oculis : quod eorum malum facilius sentire puberes. Notabilius esse quod pupillas binas in oculis singulis habeant. Hujus generis et feminas in Scythia, quæ vocantur Bithyæ, prodit Apollonides. Phylarchus et in Ponto Thibiorum genus, multosque alios ejusdem naturæ : quorum notas tradit in altero oculo geminam pupillam, in altero equi effigiem. Eosdem præterea non posse mergi, ne veste quidem degravatos. Haud dissimile iis genus Pharnacum in Æthiopia prodidit Damon, quorum sudor tabem contactis corporibus adferat.

Feminas quidem omnes ubique visu nocere, quæ duplices pupillas habeant, Cicero quoque apud nos auctor est. Adeo naturæ, quum ferarum morem vescendi humanis visceribus in homine genuisset, gignere etiam in toto corpore, et in quorumdam oculis quoque venena placuit : ne quid usquam mali esset, quod in homine non esset.

Haud procul urbe Roma in Faliscorum agro familiæ sunt paucæ, quæ vocantur Hirpi : hæ sacrificio annuo, quod fit ad montem Soractem Apollini, super ambustam

des familles d'enchanteurs, dont la louange maligne fait périr les troupeaux, dessécher les arbres et mourir les enfans. Isigone ajoute qu'il y a chez les Triballes et les Illyriens de ces enchanteurs dont le regard fascine et même tue ceux sur lesquels il s'arrête trop long-temps, surtout si dans ce regard se peint le courroux; l'âge de puberté surtout ressent leur sinistre influence. Ce qu'ils ont de plus remarquable, c'est une double prunelle à chaque œil. Apollonide en dit autant de certaines femmes scythes qu'il nomme Bithyes. Phylarque cite la race des Thibiens dans le Pont, et plusieurs autres, comme caractérisées par une double prunelle dans un œil, et une figure de cheval dans l'autre. Leurs corps, ajoute-t-il, ne peuvent s'enfoncer dans l'eau, même lorsque leurs vêtemens les appesantissent. On peut ranger près de ces êtres extraordinaires la race des Pharnaces, en Éthiopie, dont la sueur, suivant Damon, corrompt les corps qu'elle touche.

Cicéron nous enseigne que, partout, le regard des femmes à double prunelle est funeste. Ainsi donc, après avoir donné à l'homme le goût des bêtes féroces pour la chair humaine, la nature a semé les poisons par tout son corps, quelquefois même dans ses yeux, afin que tout ce que l'univers a de funeste, se retrouvât dans l'humanité.

Non loin de Rome, au territoire des Falisques, se trouvent quelques familles qu'on nomme les Hirpiens. Dans le sacrifice annuel qu'on offre à Apollon près du

ligni struem ambulantes non aduruntur. Et ob id perpetuo senatusconsulto militiæ omniumque aliorum mu-
nerum vacationem habent.

Quorumdam corpori partes nascuntur ad aliqua mirabiles : sicut Pyrrho regi pollex in dextero pede, cujus
tactu lienosis medebatur. Hunc cremari cum reliquo
corpore non potuisse tradunt, conditumque loculo in
templo.

Præcipue India Æthiopumque tractus miraculis scatent. Maxima in India gignuntur animalia. Indicio sunt
canes grandiores ceteris. Arbores quidem tantæ proceritatis traduntur, ut sagittis superjaci nequeant. Hæc
facit ubertas soli, temperies cæli, aquarum abundantia
(si libeat credere), ut sub una ficu turmæ condantur
equitum. Arundines vero tantæ proceritatis, ut singula
internodia alveo navigabili ternos interdum homines
ferant.

Multos ibi quina cubita constat longitudine excedere :
non exspuere : non capitis, aut dentium, aut oculorum
ullo dolore adfici, raro aliarum corporis partium : tam
moderato solis vapore durari. Philosophos eorum, quos
gymnosophistas vocant, ab exortu ad occasum perstare,
contuentes solem immobilibus oculis : ferventibus are-
nis toto die alternis pedibus insistere. In monte, cui no-

mont Soracte, les Hirpiens marchent, sans se brûler, sur un bûcher embrasé. En conséquence, un sénatus-consulte les exempte à perpétuité du service militaire et de toutes les autres charges publiques.

Quelques personnes naissent avec d'étonnantes propriétés attachées à certaines parties de leur corps : tel était Pyrrhus, qui guérissait le mal de rate en touchant le malade avec le pouce de son pied droit. On dit que ce pouce ne put être brûlé avec le reste du corps, et qu'il fut placé dans une petite urne et déposé dans un temple.

L'Inde et l'Éthiopie surtout fourmillent de merveilles. Dans l'Inde naissent des animaux gigantesques ; les chiens, par exemple, y sont d'une plus haute taille qu'ailleurs. Les arbres mêmes, dit-on, y sont si élevés, qu'une flèche ne pourrait en dépasser le faîte. La fertilité du sol, la température du ciel, l'abondance des eaux sont telles, qu'un figuier (à peine le fait est croyable) peut couvrir tout un escadron de cavalerie. Les roseaux y deviennent si grands, que chaque partie comprise entre deux nœuds forme un canot capable de porter trois hommes.

Il est constant qu'en ce pays beaucoup d'hommes ont plus de cinq coudées de haut. Ils ne crachent point ; ils ne connaissent point les maux de tête, de dents, d'yeux, et souffrent rarement des autres parties du corps, tant un soleil modéré affermit leur constitution. Leurs philosophes, qu'on nomme gymnosophistes, demeurent du matin au soir les yeux fixés immobiles sur le soleil, et tout le jour se tiennent tantôt sur un pied, tantôt sur un autre dans des sables brûlans. Mégasthène rapporte que,

men est Nulo, homines esse aversis plantis, octonos digitos in singulis habentes, auctor est Megasthenes.

In multis autem montibus genus hominum capitibus caninis, ferarum pellibus velari, pro voce latratum edere, unguibus armatum venatu et aucupio vesci. Horum supra centum viginti millia fuisse prodente se Ctesias scribit : et in quadam gente Indiæ, feminas semel in vita parere, genitosque confestim canescere. Item hominum genus, qui Monocoli vocarentur, singulis cruribus, miræ pernicitatis ad saltum : eosdemque Sciapodas vocari, quod in majori æstu humi jacentes resupini, umbra se pedum protegant : non longe eos a Troglodytis abesse. Rursusque ab his occidentem versus, quosdam sine cervice oculos in humeris habentes.

Sunt et satyri Subsolanis Indorum montibus (Catharcludorum dicitur regio) pernicissimum animal : quum quadrupedes, tum recte currentes, humana effigie, propter velocitatem, nisi senes aut ægri, non capiuntur. Choromandarum gentem vocat Tauron, silvestrem, sine voce, stridoris horrendi, hirtis corporibus, oculis glaucis, dentibus caninis. Eudoxus in meridianis Indiæ, viris plantas esse cubitales : feminis adeo parvas, ut Struthopodes appellentur.

Megasthenes gentem inter Nomadas Indos narium

sur une montagne nommée Nul, les hommes ont les pieds tournés en arrière, et huit doigts à chaque pied.

Ctésias parle de plusieurs montagnes habitées par des hommes à têtes de chien; ils se couvrent de peaux de bêtes; des aboiemens leur tiennent lieu de voix; armés de griffes, ils vivent d'oiseaux et de quadrupèdes pris à la chasse. Leur nombre, selon l'historien, s'élevait à plus de cent vingt mille. Il écrit aussi que les femmes de certaine peuplade indienne n'accouchent qu'une fois dans leur vie, et que dès la naissance les cheveux blanchissent. Il parle encore d'une espèce d'hommes nommés Monocoles, qui n'ont qu'une jambe, et qui sautent avec une légèreté surprenante; ils se nomment aussi, dit-il, Sciapodes, parce que, couchés sur le dos pendant la plus grande chaleur, ils se couvrent de l'ombre de leur pied; ils sont voisins des Troglodytes. Un peu à l'occident de ceux-ci, on trouve des hommes sans tête : ils ont les yeux aux épaules.

Dans les montagnes orientales de l'Inde, dans la région dite des Catharcludes, se trouvent les satyres. Ce sont des animaux très-agiles, à figure humaine, qui courent tantôt à quatre pieds, tantôt sur deux, et avec une telle vitesse qu'on ne peut les prendre que vieux ou malades. Tauron donne le nom de Choromandes à une nation de sauvages, qui n'ont de voix qu'un glapissement effroyable. Ils ont le corps velu, les yeux verts, des dents de chien. Eudoxe dit que, dans la partie méridionale de l'Inde, les hommes ont le pied d'une coudée, et les femmes si petit qu'on les nomme struthopodes (*pieds de moineau.*)

Mégasthène place parmi les Indiens nomades une es-

loco foramina tantum habentem, anguium modo loripedem, vocari Scyritas. Ad extremos fines Indiæ ab oriente circa fontem Gangis, Astomorum gentem sine ore, corpore toto hirtam vestiri frondium lanugine, halitu tantum viventem et odore quem naribus trahant. Nullum illis cibum, nullumque potum : tantum radicum florumque varios odores et silvestrium malorum, quæ secum portant longiore itinere, ne desit olfactus : graviore paulo odore haud difficulter exanimari.

Supra hos extrema in parte montium Trispithami, Pygmæique narrantur, ternas spithamas longitudine, hoc est, ternos dodrantes non excedentes, salubri cælo, semperque vernante, montibus ab Aquilone oppositis : quos a gruibus infestari Homerus quoque prodidit. Fama est, insidentes arietum caprarumque dorsis, armatos sagittis, veris tempore, universo agmine ad mare descendere, et ova pullosque earum alitum consumere : ternis expeditionem eam mensibus confici, aliter futuris gregibus non resisti. Casas eorum luto, pennisque et ovorum putaminibus construi. Aristoteles in cavernis vivere Pygmæos tradit : cetera de his, ut reliqui.

Cyrnos Indorum genus Isigonus annis centenis quadragenis vivere. Item Æthiopas Macrobios et Seras existimat, et qui Athon montem incolant : hos quidem,

pèce d'hommes qu'il appelle Scyrites, qui ont des trous au lieu de narines, et des pieds flexibles comme le corps des serpens. Selon lui, à l'extrémité orientale de l'Inde, vers la source du Gange, se trouve la nation des Astomes, hommes sans bouche, tout velus, et qui s'habillent du duvet des feuilles; ils ne vivent que par la respiration et l'odorat, ne mangent ni ne boivent, et portent avec eux, dans les longs voyages, différentes odeurs de racines, de fleurs, et de pommes sauvages, pour n'en pas manquer au besoin. Une odeur un peu trop forte leur donne aisément la mort.

Au dessus de ceux-ci, à l'extrémité des montagnes, on trouve les Trispithames et les Pygmées, dont la taille ne passe pas, dit-on, trois spithames, c'est-à-dire vingt-sept pouces; ils vivent sous un ciel salubre, dans un printemps perpétuel, et garantis de l'Aquilon par les montagnes. Homère nous apprend qu'ils sont très-tourmentés par les grues. On dit qu'armés de flèches, montés sur des beliers et des chèvres, ils descendent tous ensemble au printemps vers la mer pour détruire les œufs et les petits de ces oiseaux. Cette expédition dure trois mois; sans cela, ils ne résisteraient bientôt plus à leurs ennemis devenus trop nombreux. Leurs cabanes sont faites de boue, de plumes et de coquilles d'œufs. Aristote prétend que les Pygmées vivent dans des cavernes. Pour le reste, il est d'accord avec les autres auteurs.

Isigone dit que les Cyrnes, peuple de l'Inde, vivent cent quarante ans. Il en dit autant des Éthiopiens Macrobiens, des Sères et des habitans du mont Athos. Ceux-ci doivent, ajoute-t-il, leur longévité à la chair

quia viperinis carnibus alantur : itaque nec capiti, nec vestibus eorum noxia corpori inesse animalia.

Onesicritus, quibus locis Indiae umbrae non sint, corpora hominum cubitorum quinum, et binorum palmorum exsistere, et vivere annos centum triginta, nec senescere, sed ut medio aevo, mori. Crates Pergamenus Indos, qui centenos annos excedant, Gymnetas appellat, non pauci Macrobios. Ctesias gentem ex his, quae appelletur Pandore, in convallibus sitam, annos ducenos vivere, in juventa candido capillo, qui in senectute nigrescat. Contra alios, quadragenos non excedere annos, junctos Macrobiis, quorum feminae semel pariant : idque et Agatharchides tradit. Praeterea locustis eos ali, et esse pernices. Mandorum nomen iis dedit Clitarchus, et Megasthenes, trecentosque eorum vicos adnumerat. Feminas septimo aetatis anno parere, senectam quadragesimo accidere.

Artemidorus, in Taprobana insula longissimam vitam sine ullo corporis languore traduci. Duris, Indorum quosdam cum feris coire, mixtosque et semiferos esse partus. In Calingis, ejusdem Indiae gente, quinquennes concipere feminas, octavum vitae annum non excedere. Et alibi cauda villosa homines nasci pernicitatis eximiae, alios auribus totos contegi. Oritas ab Indis Arbis flu-

de vipères dont ils se nourrissent, et qui chasse, soit de leur tête, soit de leurs habits, tout animalcule incommode.

Selon Onésicrite, on voit, dans les régions de l'Inde où il n'y a pas d'ombre, des hommes de cinq coudées et deux palmes, qui vivent jusqu'à cent trente ans, sans vieillesse, et arrivent au terme comme s'ils n'étaient encore qu'au milieu de l'âge. Cratès de Pergame donne le nom de Gymnètes à des Indiens qui vivent plus de cent ans, et que d'autres appellent Macrobiens. Ctésias cite une de ces peuplades, nommée Pandore, située dans des vallées, qui vit deux cents ans, et dont les cheveux, blancs dans le jeune âge, noircissent dans la vieillesse. D'autres, au contraire, qui sont voisins des Macrobiens, ne passent pas quarante ans, et leurs femmes ne sont mères qu'une fois. Agatharchide en dit autant, et ajoute qu'ils se nourrissent de sauterelles, et sont très-légers coureurs. Clitarque et Mégasthène les désignent sous le nom de Mandes, et comptent chez eux trois cents bourgades. Ils disent que les femmes sont mères à sept ans, et vieilles à quarante.

Au rapport d'Artémidore, la vie, dans l'île de Taprobane, est très-longue et exempte de maladies. Selon Duris, il est des Indiens qui s'accouplent avec des animaux sauvages : de là résultent des êtres mixtes, moitié hommes et moitié bêtes. Chez les Calinges, autre nation de l'Inde, les femmes conçoivent à cinq ans, et ne vivent pas au delà de huit. Ailleurs les hommes ont une queue velue, et sont d'une étonnante légèreté. D'autres ont des oreilles qui leur couvrent tout le corps. Les Orites sont

vius disterminat. Hi nullum alium cibum novere, quam piscium, quos unguibus dissectos sole torreant : atque ita panem ex his faciunt, ut refert Clitarchus. Troglodytas super Æthiopiam velociores esse equis, Pergamenus Crates. Item Æthiopas octona cubita longitudine excedere : Syrbotas vocari gentem eam.

Nomadum Æthiopum, secundum flumen Astragum ad septentrionem vergentium, gens Menisminorum appellata, abest ab Oceano dierum itinere viginti, animalium, quæ Cynocephalos vocamus, lacte vivit, quorum armenta pascit maribus interemptis, præterquam sobolis causa. In Africæ solitudinibus hominum species obviæ subinde fiunt, momentoque evanescunt. Hæc atque talia ex hominum genere ludibria sibi, nobis miracula, ingeniosa fecit natura. Et singula quidem, quæ facit in dies, ac prope horas, quis enumerare valeat? ad detegendam ejus potentiam, satis sit inter prodigia posuisse gentes.

Hinc ad confessa in homine pauca.

Prodigiosi partus.

III. 3. Tergeminos nasci certum est, Horatiorum Curiatiorumque exemplo : supra, inter ostenta dicitur : præterquam in Ægypto, ubi fetifer potu Nilus amnis.

séparés des Indiens par le fleuve Arbis : ils ne connaissent d'autre nourriture que le poisson; ils le déchirent avec les ongles, le sèchent au soleil, et en font du pain, à ce que rapporte Clitarque. Cratès de Pergame dit que les Troglodytes, placés au delà de l'Éthiopie, dépassent les chevaux à la course, et que des Éthiopiens, qu'il nomme Syrbotes, ont plus de huit coudées de haut.

Parmi les Éthiopiens nomades qui se trouvent près du fleuve Astrage, vers le Nord, sont, à vingt journées de l'Océan, les Ménismins, qui vivent du lait des animaux que nous appelons cynocéphales; ils en élèvent des troupeaux, et tuent les mâles, à l'exception de quelques-uns nécessaires à la reproduction. Dans les déserts de l'Afrique, des apparences d'hommes se montrent subitement au voyageur, et s'évanouissent aussitôt. Ainsi s'est jouée la spirituelle nature, en créant l'espèce humaine; et chaque badinage a pris chez nous le nom de prodige. Et qui pourrait énumérer ses créations de chaque jour, je dirais presque de chaque instant? Un seul fait nous révèle sa puissance : elle a porté des peuples entiers sur sa liste de prodiges.

Passons maintenant à quelques observations non contestées sur l'homme.

Accouchemens merveilleux.

III. 3. Il est avéré qu'il peut naître trois enfans à la fois, témoin les Horaces et les Curiaces. Un plus grand nombre est regardé comme un prodige, excepté en

Proxime, supremis divi Augusti, Fausta quædam e plebe, Ostiæ duos mares, totidem feminas enixa, famem, quæ consecuta est, portendit haud dubie. Reperitur et in Peloponneso binos quater enixa, majoremque partem ex omni ejus vixisse partu. Et in Ægypto septenos uno utero simul gigni auctor est Trogus.

Gignuntur et utriusque sexus, quos Hermaphroditos vocamus, olim Androgynos vocatos, et in prodigiis habitos, nunc vero in deliciis.

Pompeius Magnus in ornamentis theatri mirabiles fama posuit effigies, ob id diligentius magnorum artificum ingeniis elaboratas, inter quas legitur : EUTYCHIS, A XX LIBERIS ROGO ILLATA, TRALLIBUS ENIXA XXX PARTUS. Alcippe elephantum, quanquam id inter ostenta est. Namque et serpentem peperit inter initia Marsici belli ancilla. Multiformes pluribus modis inter monstra partus eduntur. Claudius Cæsar scribit Hippocentaurum in Thessalia natum eodem die interiisse. Et nos principatu ejus allatum illi ex Ægypto in melle vidimus. Est inter exempla, in uterum protinus reversus infans Sagunti, quo anno ab Annibale deleta est.

Égypte, où l'eau du Nil augmente la fécondité. Sur la fin du règne d'Auguste, une femme du peuple, appelée Fausta, eut, d'une seule couche, à Ostie, deux garçons et deux filles; présage certain de la famine qui eut lieu bientôt après. On lit que, dans le Péloponnèse, une femme accoucha quatre fois de deux jumeaux, qui vécurent presque tous. Trogue nous apprend qu'en Égypte des femmes mettent au monde jusqu'à sept enfans à la fois.

Quelques individus naissent avec les deux sexes. Nous les appelons hermaphrodites; autrefois, on les appelait androgynes, et on les regardait comme des monstres : aujourd'hui les Romains en font leurs délices.

Parmi les décorations de son théâtre, Pompée-le-Grand plaça des statues de femmes célèbres, qu'il fit exprès exécuter par les plus habiles artistes. Sur l'une de ces statues on lit : Eutychis de Tralles, portée sur le bucher par vingt de ses enfans; elle en a eu trente. Alcippe mit au monde un éléphant. Mais ce fait est de ceux qu'on regarde comme des présages sinistres. Ce fut aussi au commencement de la guerre des Marses, qu'une esclave accoucha d'un serpent. Des accouchemens monstrueux d'espèces diverses nous montrent plusieurs formes réunies sur le même être. L'empereur Claude parle d'un hippocentaure né et mort le même jour en Thessalie. J'ai moi-même, sous le règne de ce prince, vu conservé dans le miel celui qui lui fut envoyé d'Égypte. On a l'exemple d'un enfant qui rentra aussitôt dans le ventre de sa mère, à Sagonte, l'année où cette ville fut détruite par Annibal.

Ex feminis mutari in mares, non est fabulosum. Invenimus in annalibus, P. Licinio Crasso, C. Cassio Longino coss. Casini puerum factum ex virgine sub parentibus, jussuque aruspicum deportatum in insulam desertam. Licinius Mucianus prodidit, visum a se Argis Arescontem, cui nomen Arescusæ fuisset : nupsisse etiam, mox barbam et virilitatem provenisse, uxoremque duxisse. Ejusdem sortis et Smyrnæ puerum a se visum. Ipse in Africa vidi mutatum in marem nuptiarum die, L. Cossicium civem Thysdritanum.

Editis geminis raram esse, aut puerperæ, aut puerperio, præterquam alteri, vitam : si vero utriusque sexus editi sint gemini, rariorem utrique salutem : feminas gigni celerius, quam mares, sicuti celerius senescere : sæpius in utero moveri mares, et in dextera fere geri parte, in læva feminas, constat.

De homine generando : pariendi tempora perillustria :
exempla a mensibus vii ad xiii.

IV. 5. Ceteris animantibus statum, et pariendi, et partus gerendi tempus est : homo toto anno, et incerto gignitur spatio. Alius septimo mense, alius octavo, et usque ad initia decimi undecimique. Ante septimum men-

Des femmes se changent en hommes : ce n'est point une fable. Nous lisons dans les annales que, sous le consulat de Licinius Crassus et de Cassius Longinus, une fille de Casinum, qui vivait sous la tutelle de ses parens, devint un garçon ; les aruspices la firent déporter dans une île déserte. Mucien dit avoir vu, à Argos, un certain Arescon qui avait auparavant porté le nom d'Arescuse. Il fut marié à un homme ; mais bientôt la barbe et les signes de la virilité se développèrent, et il épousa une femme. Il dit avoir vu aussi, à Smyrne, un jeune homme à qui pareille chose était arrivée. Et j'ai moi-même connu, en Afrique, un citoyen de Thysdris, L. Cossicius, qui avait été changé en homme le jour de ses noces.

Quand il naît deux jumeaux, il est rare qu'il n'en coûte pas la vie, soit à la mère, soit à l'un des enfans. S'ils sont de sexe différent, il est plus rare encore qu'ils vivent l'un et l'autre. Les filles sont portées moins long-temps par leur mère, et vieillissent aussi plus promptement. Les garçons remuent plus souvent dans le sein maternel ; ils sont presque toujours portés du côté droit, et les filles du côté gauche.

Génération de l'homme : durée remarquable de certaines gestations : exemples depuis sept jusqu'à treize mois.

IV. 5. Le temps de la naissance et de la gestation est déterminé pour les autres animaux : l'homme reçoit le jour à toutes les époques de l'année, et la durée de la grossesse n'a pas de terme fixe. Il naît des enfans au

sem haud unquam vitalis est. Septimo non nisi pridie posterove plenilunii die, aut interlunio concepti nascuntur. Tralatitium in Ægypto est et octavo gigni. Jam quidem et in Italia tales partus esse vitales, contra priscorum opiniones. Variant hæc pluribus modis. Vestilia, C. Herdicii, ac postea Pomponii, atque Orfiti clarissimorum civium conjux, ex his quatuor partus enixa, septimo semper mense, genuit Suillium Rufum undecimo, Corbulonem septimo, utrumque consulem : postea Cæsoniam Caii principis conjugem, octavo. In quo mensium numero genitis, intra quadragesimum diem maximus labor. Gravidis autem, quarto et octavo mense, letalesque in iis abortus. Masurius auctor est, L. Papirium prætorem, secundo herede lege agente, bonorum possessionem contra eum dedisse, quum mater partum se xiii mensibus diceret tulisse : quoniam nullum certum tempus pariendi statum videretur.

Signa sexus in gravidis pertinentia ante partum.

V. 6. A conceptu decimo die, dolores capitis, oculorum vertigines tenebræque, fastidium in cibis, redun-

septième mois, au huitième, et jusqu'au commencement du dixième et du onzième. Ceux qui naissent
avant le septième ne vivent pas; ce n'est que lorsqu'ils
ont été conçus la veille ou le lendemain de la pleine
lune, ou pendant l'interlune, que des enfans naissent
avant le septième mois. Il est commun, en Égypte, de
voir naître des enfans à huit mois. En Italie même,
ceux qui naissent à ce terme vivent tout aussi bien
que les autres, malgré l'opinion contraire des anciens.
La durée de la grossesse varie beaucoup. Vestilia, suc-
cessivement femme de C. Herdicius, de Pomponius
et d'Orfitus, citoyens très-distingués, après être accouchée quatre fois de suite au septième mois, eut
Suillius Rufus au onzième, puis Corbulon au septième;
(tous deux furent consuls); enfin elle eut au huitième,
Césonie, femme de l'empereur Caligula. La vie des enfans nés à ces termes se soutient péniblement les quarante premiers jours. Pour les femmes enceintes, ce sont
le quatrième et le huitième mois qui sont le plus labo-
rieux, et les fausses couches sont alors mortelles. Masurius rapporte que le préteur L. Papirius, sans s'arrêter
aux réclamations d'un héritier collatéral, donna droit
de possession à un enfant, sur la déclaration de la mère,
qu'elle avait été enceinte pendant treize mois; jugeant
qu'on ne pouvait préciser la durée d'une grossesse.

Indication du sexe avant l'accouchement de la femme enceinte.

V. 6. Dix jours après la conception, les douleurs de
tête, les vertiges et les éblouissemens, le dégoût, les

datio stomachi, indices sunt hominis inchoati. Melior color marem ferenti, et facilior partus : motus in utero quadragesimo die. Contraria omnia in altero sexu : ingestabile onus, crurum et inguinis levis tumor. Primus autem nonagesimo die motus. Sed plurimum languoris in utroque sexu, capillum germinante partu, et in plenilunio : quod tempus editos quoque infantes præcipue infestat. Adeoque incessus, atque omne quidquid dici potest, in gravida refert, ut salsioribus cibis usæ, carentem unguiculis partum edant : et, si respiravere, difficilius enitantur. Oscitatio quidem in enixu letalis est : sicut sternuisse a coitu, abortivum.

7. Miseret atque etiam pudet æstimantem quam sit frivola animalium superbissimi origo, quum plerumque abortus causa fiat odor a lucernarum exstinctu. His principiis nascuntur tyranni, his carnifex animus. Tu qui corporis viribus fidis, tu qui fortunæ munera amplexaris, et te ne alumnum quidem ejus existimas, sed partum : tu tamen cujus semper tinctoria est mens, tu qui te deum credis, aliquo successu tumens, tanti perire potuisti : atque etiam hodie minoris potes, quantulo ser-

vomissemens, annoncent la formation de l'homme. Si c'est un garçon, la mère a le teint meilleur, la couche sera moins pénible, et l'enfant remue dès le quarantième jour. C'est tout le contraire, si c'est une fille. La mère sent un poids insupportable; ses jambes et ses aînes se tuméfient légèrement; et le premier mouvement de l'enfant ne se fait sentir qu'au quatre-vingt-dixième jour. Mais, pour l'un comme pour l'autre sexe, la mère éprouve une extrême langueur, lorsque les cheveux commencent à pousser, et pendant la pleine lune. C'est aussi le temps de la pleine lune qui incommode le plus les enfans nouveau-nés. Tout, jusqu'à la manière de marcher, a de graves conséquences pour les femmes enceintes; des alimens trop salés leur font avoir des enfans sans ongles, et la couche est plus laborieuse si, au milieu des douleurs, elles ne retiennent pas leur respiration; il est mortel pour elles de bâiller dans l'accouchement; comme il leur suffit d'éternuer après avoir conçu pour être exposées à un avortement.

7. On est pénétré de pitié et même de honte, quand on réfléchit combien est frêle, dans ses commencemens, l'existence du plus superbe des animaux, puisque l'odeur d'une lampe mal éteinte est souvent suffisante pour le faire rejeter du sein de sa mère. C'est d'un point aussi misérable que les tyrans, les bourreaux de l'humanité, arrivent à la vie. Toi, qui te confies dans la force de ton corps, qui embrasses avec avidité les dons de la fortune, qui te crois, non pas seulement son favori, mais son fils; toi, dont l'âme ne respire que le sang; toi, qui, dans l'ivresse d'un frivole succès, te crois un dieu, il a fallu

pentis ictus dente : aut etiam, ut Anacreon poeta, acino uvæ passæ : ut Fabius senator prætor, in lactis haustu uno pilo strangulatus. Is demum profecto vitam æqua lance pensitabit, qui semper fragilitatis humanæ memor fuerit.

Monstruosi partus.

VI. 8. In pedes procedere nascentem, contra naturam est : quo argumento eos appellavere Agrippas, ut ægre partos : qualiter M. Agrippam ferunt genitum, unico prope felicitatis exemplo in omnibus ad hunc modum genitis. Quanquam is quoque adversa pedum valedudine, misera juventa, exercito ævo inter arma mortesque, ad noxia successu, infelici terris stirpe omni, sed per utrasque Agrippinas maxime, quæ Caium et Domitium Neronem principes genuere, totidem faces generis humani : præterea brevitate ævi, quinquagesimo uno raptus anno, in tormentis adulteriorum conjugis, socerique prægravi servitio, luisse augurium præposteri natalis existimatur. Neronem quoque paulo ante principem, et toto principatu suo hostem generis humani, pedibus genitum parens ejus scribit Agrippina. Ritu naturæ capite hominem gigni mos est, pedibus efferri.

si peu de chose pour t'anéantir ! Aujourd'hui il faudrait moins encore : la dent imperceptible d'un reptile ; ou même un grain de raisin sec , comme au poète Ana-créon ; un poil avalé dans du lait, comme au sénateur Fabius. Pour peser la vie dans une juste balance, ne perdez pas de vue la fragilité humaine.

Accouchemens d'où résultent des monstres.

VI. 8. Il n'est pas naturel qu'un enfant vienne au jour les pieds les premiers. C'est pourquoi l'on a nommé ceux qui viennent ainsi Agrippa, *ægre partos*, nés péniblement. Ainsi, dit-on, naquit M. Agrippa, exemple presque unique de bonheur parmi tous ceux qui sont nés de cette manière. Encore peut-on dire qu'il a vérifié lui-même le présage de cette naissance contre nature par l'infirmité de ses pieds, par la misère de sa jeunesse, par une vie passée au milieu des armes et du carnage, par ses succès déplorables, par ses enfans, qui tous ont fait le malheur de la terre, surtout les deux Agrippines, mères de Caïus et de Néron, ces deux fléaux du genre humain. Ajoutez à cela la courte durée de sa vie, terminée à cinquante-un ans, au milieu des chagrins que lui causaient les désordres de sa femme et le despotisme que son beau-père exerçait sur lui. Agrippine, mère de Néron, que nous avons vu empereur, et qui fut pendant tout son règne l'ennemi du genre humain, a écrit que ce prince naquit aussi les pieds les premiers. Il est dans l'ordre de la nature qu'on entre dans le monde par la tête, et qu'on en sorte par les pieds.

Excisi utero.

VII. 9. Auspicatius enecta parente gignuntur : sicut Scipio Africanus prior natus , primusque Cæsarum a cæso matris utero dictus : qua de causa et Cæsones appellati. Simili modo natus et Manilius , qui Carthaginem cum exercitu intravit.

Qui sint vopisci.

VIII. 10. Vopiscos appellabant e geminis , qui retenti utero nascerentur , altero interempto abortu. Namque maxima , etsi rara , circa hoc miracula exsistunt.

De conceptu hominum et generatione.

IX. 11. Præter mulierem , pauca animalia coitum novere gravida. Unum quidem omnino, aut alterum superfetat. Exstat in monumentis etiam medicorum , et quibus talia consectari curæ fuit, uno abortu duodecim puerperia egesta. Sed ubi paululum temporis inter duos conceptus intercessit , utrumque perfertur : ut in Hercule et Iphicle fratre ejus apparuit : et in ea, quæ gemino partu, alterum marito similem, alterumque adul-

De l'opération césarienne.

VII. 9. Ceux dont la naissance coûte la vie à leur mère paraissent sous de meilleures auspices. Tels ont été le premier Scipion l'Africain et le premier des Césars, ainsi nommé de l'incision qui fut faite à sa mère. Les Césons tirent leur nom de la même cause. Telle fut encore la naissance de Manilius, qui entra dans Carthage à la tête de l'armée romaine.

Quels sont ceux qu'on nomme *Vopisci*.

VIII. 10. On appelait *Vopiscus* celui des deux jumeaux qui, resté dans le sein de sa mère quand l'autre avait péri par une fausse couche, voyait le jour à terme. Il se voit de ces faits extraordinaires, quoique fort rarement.

Conception et génération de l'homme.

IX. 11. A l'exception de la femme, peu de femelles reçoivent le mâle quand elles sont fécondées ; la superfétation n'a lieu que dans une ou deux espèces au plus. Les mémoires des médecins et de ceux qui se sont livrés à ces sortes d'observations, constatent qu'on a vu douze fétus emportés par une seule fausse couche. Mais deux fétus arrivent à terme, quand il s'est écoulé quelque temps entre les deux conceptions. Nous en avons des exemples dans Hercule et Iphiclès, son frère ; dans

tero genuit : item in Proconnesia ancilla , quæ ejusdem
dici coitu, alterum domino similem, alterum procuratori
ejus; et in alia, quæ unum justo partu, quinque mensium alterum edidit. Rursus in alia quæ, septem mensium edito puerperio, insecutis mensibus geminos enixa
est.

Similitudinum exempla.

X. Jam illa vulgata, varie ex integris truncos gigni,
ex truncis integros, eademque parte truncos : signa quædam, nævosque, et cicatrices etiam regenerari. Quarto
partu Dacorum originis nota in brachio redditur.

12. In Lepidorum gente tres, intermisso ordine, ob-
ducto membrana oculo, genitos accepimus. Similes quidem alios avo : et ex geminis quoque alterum patri,
alterum matri : annoque post genitum, majori similem
fuisse, ut geminum. Quasdam sibi similes semper pa-
rare, quasdam viro, quasdam nulli, quasdam feminam
patri, marem sibi. Indubitatum exemplum est Nicæi no-
bilis pyctæ Byzantii geniti, qui adulterio Æthiopis nata

cette femme qui mit au monde à la fois deux enfans,
dont l'un ressemblait à son mari et l'autre à son amant;
dans une esclave de Proconnèse qui, ayant eu commerce
le même jour avec son maître et avec l'intendant de son
maître, accoucha de deux enfans qui ressemblaient chacun à leur père; dans une autre femme qui accoucha
de deux enfans, de l'un à terme, et de l'autre à cinq
mois; et encore dans une autre qui, étant accouchée à
sept mois, mit au monde deux jumeaux dans un des
mois suivans.

Ressemblances frappantes.

X. Il n'est pas rare que, de parens bien conformés,
il naisse des enfans privés de quelque membre, et que,
de parens mutilés, il naisse des enfans qui ne le soient
pas, ou qui le soient de la même partie. On voit aussi
des signes, des taches, et même des cicatrices se reproduire. La marque que les Daces se font au bras se retrouve à la quatrième génération.

12. Nous apprenons que trois individus de la famille
des Lépides sont nés, dans un ordre intermittent, avec
un œil recouvert d'une membrane. On voit des enfans
ressembler à leur aïeul; de deux jumeaux, l'un avoir les
traits du père, l'autre ceux de la mère; quelquefois deux
frères, nés à un an l'un de l'autre, se ressembler comme
s'ils étaient jumeaux. Telle mère a des enfans qui toujours lui ressemblent; telle autre, des enfans qui ressemblent toujours au père. Quelquefois les enfans ne
tiennent ni du père ni de la mère; ou d'autres fois en-

matre, nil a ceteris colore differente, ipse avum rege-
neravit Æthiopem.

Similitudinum quidem in mente reputatio est, et in
qua credantur multa fortuita pollere, visus, auditus, memoria, haustæque imagines sub ipso conceptu. Cogitatio
etiam utriuslibet animum subito transvolans, effingere
similitudinem aut miscere existimatur. Ideoque plures
in homine, quam in ceteris omnibus animalibus diffe-
rentiæ, quoniam velocitas cogitationum, animique ce-
leritas, et ingenii varietas multiformes notas imprimat :
quum ceteris animantibus immobiles sint animi, et similes omnibus, singulisque in suo cuique genere. Antiocho
regi Syriæ e plebe nomine Artemon in tantum similis
fuit, ut Laodice conjux regia, necato jam Antiocho,
mimum per eum commendationis, regnique successio-
nis peregerit. Magno Pompeio Vibius quidam e plebe,
et Publicius etiam servitute liberatus, indiscreta prope
specie fuere similes, illud os probum reddentes, ipsum-
que honorem eximiæ frontis. Qualis causa patri quoque
ejus, Menogenis coci sui cognomen imposuit, jam Strabonis a specie oculorum habenti, vitium imitata et in

core ce sont les filles qui ressemblent au père, et les fils
à la mère. Un exemple, qui n'est pas contesté, est celui
de Niceus, célèbre athlète né à Bizance. Sa mère, fille
adultérine d'un Éthiopien, avait le teint blanc des autres femmes ; mais Niceus représenta la couleur de
l'Éthiopien son aïeul.

Ces ressemblances sont dues à l'imagination des parens,
sur laquelle influent puissamment plusieurs choses fortuites : ce qui frappe leurs yeux, leurs oreilles, leur mémoire, l'image qui les occupe au moment de la conception. Une pensée qui se présente tout-à-coup à l'esprit
de l'un ou de l'autre suffit pour opérer ou pour altérer
une ressemblance. Aussi les traits varient-ils bien plus
dans l'homme que dans les autres animaux. La rapidité
des pensées, la vivacité des affections, la variété des sensations, produisent des différences infinies ; tandis que
dans les autres animaux l'âme est immobile, uniforme
dans chaque espèce et dans chaque individu de la même
espèce. Un nommé Artémon, de la classe du peuple,
ressemblait tellement à Antiochus, roi de Syrie, que la
reine Laodice, après avoir assassiné son époux, se fit
recommander au peuple par cet homme, représentant
le prince, pour être appelée à la succession du trône.
Vibius, simple plébéien, et même un affranchi, Publicius, ressemblaient au grand Pompée au point qu'on
pouvait aisément s'y méprendre : ils avaient sa physionomie franche et honnête, son front noble et gracieux.
Cette raison de ressemblance fit donner au père de Pompée le nom de son cuisinier Ménogène, à qui une affection de strabisme, défaut qu'on reprochait aussi au

servo : Scipioni, Serapionis : is erat suarii negotiatoris vile mancipium. Ejusdem familiæ Scipioni post eum cognomen Salutio mimus dedit : sicut Spinther secundarum, tertiarumque Pamphilus, collegio Lentuli et Metelli coss. In quo perquam importune fortuitum hoc quoque fuit, duorum simul consulum in scena imagines cerni. E diverso L. Plancus orator, histrioni Rubrio, cognomen imposuit. Rursus Curioni patri Burbuleius, itemque Messalæ censorio Menogenes, perinde histriones. Suræ quidem proconsulis etiam rictum in loquendo, contractionemque linguæ, et sermonis tumultum, non imaginem modo, piscator quidam in Sicilia reddidit. Cassio Severo celebri oratori, armentarii Mirmillonis objecta similitudo est. Toranius mango Antonio jam triumviro, eximios forma pueros, alterum in Asia genitum, alterum trans Alpes, ut geminos vendidit : tanta unitas erat. Postquam deinde sermone puerorum detecta fraude a furente increpitus Antonio est : inter alia magnitudinem pretii conquerente (nam ducentis mercatus erat sestertiis), respondit versutus ingenii mango, « ob id ipsum se tanti vendidisse, quoniam non esset mira similitudo in ullis eodem utero editis : diversarum quidem gentium natales tam concordi figura reperiri, super omnem esse taxationem. » Adeoque tempestivam admirationem intulit, ut ille proscriptor

maître, avait valu le sobriquet de Strabon; et à Scipion, celui de Sérapion, vil esclave d'un marchand de porcs. Dans la suite, un autre Scipion de la même famille partagea avec un mime le nom de Salution. Spinther, acteur des seconds rôles, et Pamphile, acteur des troisièmes, firent appeler de leurs noms Lentulus et Métellus, qui étaient consuls ensemble; en sorte qu'un hasard singulier présentait sur le théâtre les figures des deux chefs de l'état. Par une singularité contraire, l'histrion Rubrius se trouva honoré du nom de l'orateur L. Plancus. Curion le père, et Messala, censeur, reçurent les noms des histrions Burbuleius et Ménogène. Un pêcheur sicilien ressemblait au proconsul Sura, non-seulement par les traits du visage, mais encore par le même mouvement de bouche en parlant, le même épaississement de langue, le même bredouillement dans la prononciation. On reprochait à Cassius Severus, célèbre orateur, sa ressemblance avec un marchand de bestiaux appelé Mirmillon. Toranius, marchand d'esclaves, vendit comme jumeaux, tant ils se ressemblaient, à Antoine, déjà triumvir, deux enfans d'une rare beauté, dont l'un était né en Asie, et l'autre au delà des Alpes. La différence du langage ayant ensuite fait découvrir la fraude, Antoine s'emporta contre Toranius, lui reprochant, entre autres choses, l'énormité du prix (de deux cent mille sesterces) qu'il avait exigé. « Une telle ressemblance dans deux jumeaux, répondit l'adroit marchand, n'aurait rien d'extraordinaire; mais qu'elle se soit rencontrée en des enfans nés dans des pays différens, c'est une chose au dessus de toute estimation, et pour laquelle précisément j'ai de-

animus, modo et contumelia furens, non aliud in censu magis ex fortuna sua duceret.

Ad quos hominum generatio. Numerosissimæ sobolis exempla.

XI. 13. Est quædam privatim dissociatio corporum : et inter se steriles, ubi cum aliis junxere, gignunt : sicut Augustus et Livia. Item alii aliæque feminas tantum generant, aut mares : plerumque et alternant : sicut Gracchorum mater duodecies, et Agrippina Germanici novies. Aliis sterilis est juventa, aliis semel in vita datur gignere. Quædam non perferunt partus : quales, si quando medicina et cura vicere, feminam fere gignunt. Divus Augustus in reliqua exemplorum raritate, neptis suæ nepotem vidit genitum quo excessit anno, M. Silanum : qui quum Asiam obtineret post consulatum, Neronis principis successione, veneno ejus interemptus est. Q. Metellus Macedonicus, quum sex liberos relinqueret, undecim nepotes reliquit : nurus vero, generosque, et omnes qui se patris appellatione salutarent, viginti septem. In actis temporum divi Augusti invenitur duodecimo consulatu ejus, Lucioque Sulla collega, ante

mandé un prix aussi élevé. Cette réponse fit heureuse-
ment succéder l'admiration à la fureur dont ce farouche
proscripteur était saisi contre l'injure dont il se plaignait, et il n'eut plus rien d'aussi précieux que cette ac-
quisition.

Quels hommes sont aptes à la génération. Exemples d'enfans
nombreux provenant d'un même accouchement.

XI. 13. Il existe une sorte d'antipathie entre certains
corps ; et des époux, stériles entre eux, cessent de l'être
en s'unissant à d'autres. Auguste et Livie en fournissent
un exemple. Tel homme ou telle femme n'engendrent
que des filles, ou des garçons, ou plus souvent les deux
sexes alternativement, comme la mère des Gracques,
qui eut douze enfans, et Agrippine, mère de Germanicus, qui en eut neuf. Il y a des femmes qui sont stériles
dans la jeunesse; d'autres à qui la faculté d'être mères
n'est donnée qu'une fois; quelques-unes ne peuvent arriver à terme, ou, si elles y parviennent à force de soins
et de remèdes, elles n'ont ordinairement qu'une fille.
Parmi les exemples rares, on cite celui d'Auguste, qui
vit naître, dans sa dernière année, le petit-fils de sa petite-fille, M. Silanus, qui, ayant obtenu le gouvernement
de l'Asie, après son consulat, fut empoisonné par Néron
devenu empereur. Q. Metellus le Macédonique laissa six
enfans, onze petits-fils, et vingt-sept autres personnes,
gendres, belles-filles, etc., qui le saluaient du nom de
père. On trouve dans les actes du temps d'Auguste, que,
sous son douzième consulat, dans lequel il eut L. Sylla

diem III idus aprilis, C. Crispinum Hilarum ex ingenua
plebe Fesulana, cum liberis novem (in quo numero filiæ
duæ fuerunt), nepotibus XXVII, pronepotibus XXIX, nep-
tibus octo prolata pompa, cum omnibus his in Capitolio immolasse.

Ad quos annos generatio.

XII. 14. Mulier post quinquagesimum annum non
gignit, majorque pars quadragesimo profluvium genitale
sistit. Nam in viris Masinissam regem, post LXXXVI
annum generasse filium, quem Methymathnum appel-
laverit, clarum est : Catonem censorium octogesimo
exacto, e filia Salonii clientis sui. Qua de causa, aliorum ejus liberorum propago, Liciniani sunt cognominati, hi Saloniani, ex quibus Uticensis fuit. Nuper
etiam L. Volusio Saturnino, in Urbis præfectura exstincto, notum est Cornelia Scipionum gentis, Volu-
sium Saturninum, qui fuit consul, genitum post LXXII
annum. Et usque ad LXXV apud ignobiles vulgaris reperitur generatio.

Mensium in feminis miracula.

XIII. 15. Solum autem animal menstruale mulier
est : inde unius utero, quas appellarunt molas. Ea est
caro informis, inanima, ferri ictum et aciem respuens.

pour collègue, le troisième jour avant les ides d'avril, C. Crispinus Hilarus, d'une honnête famille plébéienne de Fésules, vint au Capitole offrir un sacrifice, avec le nombreux cortège de neuf enfans, parmi lesquels étaient deux filles, de vingt-sept petits-fils, de vingt-neuf arrière-petits-fils, et de huit petites-filles.

Jusqu'à quel âge l'homme engendre.

XII. 14. Les femmes cessent de concevoir à cinquante ans, et, chez la plupart, le flux s'arrête à quarante. Quant aux hommes, on sait que le roi Masinissa eut, âgé de plus de quatre-vingt-six ans, un fils qu'il nomma Méthymathne ; et que Caton le Censeur, à quatre-vingts ans accomplis, en eut un de la fille de Salonius, son client. Delà vient que les descendans de ses autres fils furent surnommés Liciniens et ceux du dernier Saloniens, parmi lesquels on compte Caton d'Utique. On sait aussi que L. Volusius Saturninus, mort préfet de Rome il n'y a pas bien long-temps, avait plus de soixante-douze ans quand il eut de Cornelia, de la famille des Scipions, Volusius Saturninus, qui a été consul. Dans les classes obscures, on trouve beaucoup d'hommes qui ont été pères jusqu'à soixante-quinze ans.

Merveilles du flux menstruel chez les femmes.

XIII. 15. Entre les animaux, la femme seule est sujette à l'écoulement périodique. Ce n'est aussi que dans ses flancs que se forme ce qu'on appelle *môle* : c'est une

Movetur, sistitque menses : et ut partus, alias letalis, alias una senescens, aliquando alvo citatiore excidens. Simile quiddam et viris in ventre gignitur, quod vocant scirron : sicut Oppio Capitoni prætorio viro. Sed nihil facile reperiatur mulierum profluvio magis monstrificum. Acrescunt superventu musta, sterilescunt tactæ fruges, moriuntur insita, exuruntur hortorum germina, et fructus arborum, quibus insedere, decidunt : speculorum fulgor aspectu ipso hebetatur, acies ferri præstringitur, eborisque nitor : alvei apium emoriuntur : æs etiam ac ferrum rubigo protinus corripit, odorque dirus : et in rabiem aguntur gustato eo canes, atque insanabili veneno morsus inficitur. Quin et bituminum sequax alioquin ac lenta natura, in lacu Judææ, qui vocatur Asphaltites, certo tempore anni supernatans, non quit sibi avelli, ad omnem contactum adhærens, præterquam filo, quod tale virus infecerit. Etiam formicis, animali minimo, inesse sensum ejus ferunt : abjicique gestatas fruges, nec postea repeti. Et hoc tale tantumque omnibus tricenis diebus malum in muliere exsistit, et trimestri spatio largius. Quibusdam vero sæpius mense : sicut aliquibus nunquam : sed tales non gignunt, quando hæc est generando homini materia, semine e maribus coaguli modo hoc in sese glomerante, quod deinde tempore ipso animatur, corporaturque. Ergo quum gra-

chair informe, inanimée, qui résiste au tranchant et à
la pointe du fer; elle remue dans le ventre et arrête les
règles. Comme le fruit véritable, tantôt elle est mortelle;
tantôt elle vieillit chez la femme; d'autres fois, un cours
de ventre un peu violent l'emporte. Il se forme aussi dans
le corps de l'homme quelque chose de semblable, qu'on
appelle squirre, comme il est arrivé à Oppius Capiton,
ancien préteur. Mais il serait difficile de rien trouver qui
fût plus fécond en effets prodigieux que le flux menstruel. Qu'une femme en cet état s'approche, les vins nouveaux s'aigrissent, les grains qu'elle touche deviennent
stériles, les jeunes greffes périssent, les plantes des jardins se dessèchent, et les fruits de l'arbre sous lequel elle
s'est assise, tombent. Son seul regard ternit l'éclat des
miroirs, émousse le tranchant du fer, efface le brillant de
l'ivoire; les essaims meurent; l'airain même et le fer deviennent la proie de la rouille et contractent une odeur
repoussante. Les chiens qui en ont goûté deviennent en-
ragés, et le venin de leur morsure est sans remède. Le bi-
tume, qui est de nature à se coller fortement à tout ce
qu'il touche, et qui, à certains temps de l'année, flotte
sur les eaux du lac Asphaltite, en Judée, ne peut se rompre qu'avec un fil trempé dans cette liqueur puissante. Les
plus petits animaux, les fourmis, en ressentent l'impres-
sion, et rejettent, dit-on, les grains qu'elles portaient, sans
jamais les reprendre. Cet écoulement, dont les effets sont si
grands, revient aux femmes tous les trente jours, et plus
abondant au troisième mois. A quelques-unes cependant
il revient plus souvent, et à d'autres il ne vient jamais;

vidis fluxit, invalidi aut non vitales partus eduntur, aut saniosi, ut auctor est Nigidius.

r6. Idem, lac feminæ non corrumpi alenti partum, si ex eodem viro rursus conceperit, arbitratur.

Quæ ratio generandi.

XIV. Incipiente autem hoc statu, aut desinente, conceptus facillimi traduntur. Fecunditatis in feminis prærogativam accepimus, inunctis medicamine oculis, salivam infici.

Historica circa dentes. Historica circa infantes.

XV. Ceterum editis primores septimo mense gigni dentes, priusque in supera fere parte haud dubium est. Septimo eosdem decidere anno, aliosque suffici. Quosdam et cum dentibus nasci, sicut M. Curium, qui ob id Dentatus cognominatus est : et Cn. Papirium Carbonem, præclaros viros. In feminis ea res inauspicati fuit exempli, regum temporibus. Quum ita nata esset Valeria, exitio civitati, in quam delata esset, futuram responso aruspicum vaticinante, Suessam Pometiam

mais celles-ci ne peuvent être mères, car c'est du sang menstruel que se forment les enfans. La semence du mâle sert à coaguler ce sang, à le resserrer, et le temps lui donne ensuite l'organisation et la vie. Si donc l'écoulement continue pendant la grossesse, l'enfant, suivant Nigidius, sera faible, plein d'humeurs, ou même ne vivra pas.

16. Suivant lui encore, le lait d'une femme qui nourrit ne se corrompt pas, si le même homme la rend enceinte.

Théorie de la génération.

XIV. C'est au commencement et à la fin des règles que la conception se fait plus facilement. On prétend qu'un premier signe de grossesse, c'est que la salive d'une femme enceinte s'imprègne du médicament dont elle se frotte les paupières.

Histoire des dents. Faits observés sur les enfans.

XV. Il est certain que les dents antérieures percent à sept mois, et ce sont toujours les dents supérieures qui paraissent les premières. Elles tombent à la septième année, et sont remplacées par d'autres. Quelques enfans naissent avec des dents, comme Manius Curius, surnommé pour cela Dentatus, et Cneius Papirius Carbon, tous deux personnages distingués. Cette circonstance, dans une femme, était, du temps des rois, un sinistre présage. Valéria étant née avec des dents, les aruspices annoncèrent qu'elle causerait la ruine de la ville dans laquelle on la transporterait. Elle fut déportée à Suessa Pométia, ville

illa tempestate florentissimam deportata est, veridico exitu consecuto. Quasdam concreto genitali gigni, infausto omine, Cornelia Gracchorum mater indicio est. Aliqui vice dentium, continuo osse gignuntur : sicuti Prusiæ regis Bithyniorum filius, superna parte oris.

Dentes autem tantum invicti sunt ignibus, nec cremantur cum reliquo corpore. Iidem flammis indomiti, cavantur tabe pituitæ. Candorem trahunt quodam medicamine. Usu atteruntur, multoque primum in aliquibus deficiunt. Nec cibo tantum et alimentis necessarii : quippe vocis sermonisque regimen primores tenent, concentu quodam excipientes ictum linguæ, serieque structuræ, atque magnitudine mutilantes, mollientesve, aut hebetantes verba : et quum defuere, explanationem omnem adimentes.

Quin et augurium in hac esse creditur parte. Triceni bini viris adtribuuntur, excepta Turdulorum gente : quibus plures fuere, longiora promitti vitæ putant spatia. Feminis minor numerus : quibus in dextera parte gemini superne, a canibus cognominati, fortunæ blandimenta pollicentur, sicut in Agrippina Domitii Neronis matre : contra in læva. Hominem prius quam genito dente cremari, mos gentium non est. Sed mox plura de hoc, quum membratim historia decurret.

alors très-florissante, et la prédiction s'accomplit. L'exemple de Cornélie, mère des Gracques, montre qu'il est aussi d'un malheureux présage pour une femme de naître avec la partie sexuelle fermée. Quelques enfans ont, au lieu de dents, un os continu. Le fils de Prusias, roi de Bithynie, avait la mâchoire supérieure ainsi conformée.

Les dents seules résistent au feu, et ne se consument pas avec le reste du corps. Mais cette même substance, que ne peut vaincre la flamme, est creusée par la sanie pituitaire. On les blanchit avec certains spécifiques. Elles s'usent par le frottement, et quelques personnes les perdent de bonne heure. Leur utilité ne se borne pas à broyer les alimens; c'est encore par elles, principalement par celles de devant, que se règlent la parole et la voix. Elles reçoivent, comme de concert, les coups de la langue, et leur disposition ainsi que leur volume aide à suspendre, modifier et adoucir les sons. Sans elles, la voix n'a plus d'articulations.

On en tire aussi des pronostics. Les hommes, excepté la nation des Turdules, en ont ordinairement trente-deux; ceux qui en ont davantage sont destinés à une plus longue vie. Les femmes en ont moins que les hommes. Les caresses de la fortune sont promises à celles qui ont deux dents canines à la partie droite de la mâchoire supérieure, comme Agrippine, mère de Néron. Quand c'est à la partie gauche, le pronostic est contraire. On n'a pas coutume de brûler les corps des enfans à qui les dents n'ont pas encore percé. Mais nous entrerons dans plus de détails à ce sujet, quand nous ferons l'histoire des différentes parties du corps.

Risisse eodem die, quo genitus esset, unum hominem accepimus Zoroastrem. Eidem cerebrum ita palpitasse, ut impositam repelleret manum, futuræ præsagio scientiæ.

Magnitudinum exempla.

XVI. In trimatu suo cuique dimidiam esse mensuram futuræ certum est. In plenum autem cuncto mortalium generi minorem in dies fieri, propemodum observatur : rarosque patribus proceriores, consumente ubertatem seminum exustione, in cujus vices nunc vergat ævum. In Creta terræ motu rupto monte inventum est corpus stans XLVI cubitorum, quod alii Orionis, alii Oti fuisse arbitrantur. Orestis corpus oraculi jussu refossum, VII cubitorum fuisse, monumentis creditur. Jam vero ante annos prope mille, vates ille Homerus non cessavit minora corpora mortalium, quam prisca, conqueri. Nævii Pollionis amplitudinem annales non tradunt. Sed quia populi concursu pæne interemptus esset, prodigii vice habitum. Procerissimum hominum ætas nostra, divo Claudio principe, Gabbaram nomine, ex Arabia advectum, novem pedum et totidem unciarum vidit. Fuere sub divo Augusto semipede addito, quorum corpora ejus miraculi gratia, in conditorio Sallustianorum adservabantur hortorum. Posioni et Secundillæ erant nomina.

On rapporte que Zoroastre est le seul homme qui ait
ri le jour même de sa naissance; et l'on ajoute que,
pour présager sa science future, son cerveau palpitait
avec tant de force, qu'il repoussait la main qu'on posait
dessus.

Exemples d'extrême grandeur.

XVI. Il est constant qu'à l'âge de trois ans l'homme
est parvenu à la moitié de la hauteur qu'il doit avoir
dans la suite. On observe que, dans l'espèce humaine
en général, la taille va de jour en jour décroissant, et que
rarement les fils sont plus grands que leurs pères, la
sève vitale s'altérant à mesure que s'approche l'époque
de l'embrasement universel. On a trouvé dans une montagne de Crète, entr'ouverte par un tremblement de terre,
un corps de quarante-six coudées de long, que les uns
pensent être celui d'Orion, les autres celui d'Otus. On
croit, d'après quelques monumens, que le corps d'Oreste,
qui fut exhumé par l'ordre d'un oracle, avait sept coudées. Il y a près de mille ans qu'Homère, ce poète divin,
se plaignait déjà continuellement que les hommes étaient
bien moins grands qu'autrefois. Les annales, sans dire
quelle fut la taille de Névius Pollion, nous apprennent
qu'il manqua d'être étouffé par la foule qui se pressait pour
le voir, et indiquent ainsi que sa stature tenait du prodige. L'homme le plus grand qui ait paru de nos jours, est
un certain Gabbara, qui fut amené d'Arabie sous le règne
de Claude. Il avait neuf pieds neuf pouces. On a vu, sous
celui d'Auguste, deux hommes plus grands encore d'un
demi-pied, dont les squelettes ont été conservés comme

Eodem præside, minimus homo duos pedes et pal-
mum, Conopas nomine, in deliciis Juliæ neptis ejus
fuit : et mulier Andromeda liberta Juliæ Augustæ. Manium Maximum, et M. Tullium, equites romanos, bi-
num cubitorum fuisse, auctor est M. Varro : et ipsi
vidimus in loculis adservatos. Sesquipedales gigni, quosdam longiores, in trimatu implentes vitæ cursum, haud
ignotum est.

Præproperi infantes.

XVII. Invenimus in monumentis, Salamine Euthy-
menis filium, in tria cubita triennio adolevisse, incessu
tardum, sensu hebetem ; et jam puberem factum voce
robusta, absumptum contractione membrorum subita,
triennio circumacto. Ipsi nos pridem vidimus eadem
ferme omnia præter pubertatem, in filio Cornelii Taciti,
equitis romani, Belgicæ Galliæ rationes procurantis.
Ἐκτραπέλυς Græci vocant eos : in Latio non habent
nomen.

17. Quod sit homini spatium a vestigio ad verticem,
id esse passis manibus inter longissimos digitos observatum est ; sicuti vires dextera parte majores, quibusdam
æquas utraque, aliquibus læva manu præcipuas : nec id
unquam in feminis.

une merveille dans le monument sépulcral des jardins de Salluste. On les nommait Posion et Secundilla.

Sous le même règne, on a vu encore un très-petit homme de deux pieds un palme, nommé Conopas, fort chéri de Julia, petite-fille d'Auguste; et une femme de la même taille, nommée Androméda, affranchie de Julia Augusta. Manius Maximus et M. Tullius, chevaliers romains, n'avaient que deux coudées, au rapport de Varron. J'ai vu moi-même leurs squelettes conservés dans des boîtes. On sait qu'il naît des enfans d'un pied et demi, quelquefois davantage, dont trois ans composent toute la vie.

Enfans précoces.

XVII. Les inscriptions nous apprennent qu'à Salamine, le fils d'Euthymène avait, à trois ans, trois coudées de haut; mais sa démarche était lente et son esprit borné. Dejà il était arrivé à la puberté, et avait la voix forte, lorsqu'il mourut d'une convulsion subite, à sa troisième année révolue. J'ai vu moi-même autrefois tous ces caractères, à la puberté près, dans un fils de Cornélius Tacite, chevalier romain, intendant de la Gaule Belgique. Les Grecs nomment *ectrapèles* (mal tournés) ces sortes d'enfans; ils n'ont point de nom en latin.

17. On a observé que la hauteur du corps est égale à la distance qui se trouve de l'extrémité d'une main à l'extrémité de l'autre, lorsque les bras sont étendus. On a remarqué aussi que les hommes ont, les uns la partie droite plus forte que la gauche, les autres, les deux

Insignia corporum.

XVIII. Mares præstare pondere, et defuncta viventibus corpora omnium animalium, et dormientia vigilantibus. Virorum cadavera supina fluitare, feminarum prona, velut pudori defunctarum parcente natura.

18. Concretis quosdam ossibus, ac sine medullis vivere accepimus. Signum eorum esse, nec sitim sentire, nec sudorem emittere : quanquam et voluntate scimus sitim victam : equitemque romanum Julium Viatorem e Vocontiorum gente fœderata, in pupillaribus annis, aquæ subter cutem fusæ morbo, prohibitum humore a medicis, naturam fecisse consuetudine, atque in senecta caruisse potu. Nec non et alii multa sibi imperavere.

19. Ferunt Crassum, avum Crassi, in Parthis interempti, nunquam risisse, ob id Agelastum vocatum : sicut nec flesse multos. Socratem clarum sapientia eodem semper visum vultu, nec aut hilaro magis, aut turbato. Exit hic animi tenor aliquando in rigorem quemdam, torvitatemque naturæ duram et inflexibilem, affectusque humanos adimit, quales ἀπαθεῖς Græci vocant, multos ejus generis experti : quodque mirum sit, aucto-

parties égales, et d'autres la partie gauche plus forte que la droite : ce qui ne se trouve pas dans les femmes.

Qualités corporelles possédées à un rare degré.

XVIII. Les mâles pèsent plus que les femelles, et tous les animaux pèsent plus morts que vivans, endormis qu'éveillés. Les cadavres des hommes flottent sur le dos, et ceux des femmes sur le ventre; comme si, après la mort, la nature voulait encore ménager leur pudeur.

18. On dit qu'il y a des hommes dont les os sont compactes et sans moelle; qu'on les connaît à ce qu'ils ne sont sujets ni à la soif, ni à la sueur. Nous savons d'ailleurs que la volonté suffit pour dompter la soif, et que Julius Viator, chevalier romain, né chez les Voconces, nos alliés, ayant été attaqué d'une hydropisie dans son jeune âge, les médecins lui prescrivirent l'abstinence des liquides; qu'il se fit une seconde nature de l'habitude de cette privation, et que, dans sa vieillesse, il n'usa d'aucune boisson. D'autres se sont imposé de même différentes privations.

19. Crassus, l'aïeul de celui qui fut tué dans la guerre des Parthes, n'a, dit-on, jamais ri, ce qui l'a fait nommer Agélaste. Plusieurs n'ont jamais pleuré. Socrate, célèbre par sa sagesse, montra toujours un visage égal; on ne le vit jamais plus gai, ni plus triste. Cette fermeté d'âme dégénère quelquefois en inflexibilité, en roideur. L'homme est comme plein de morgue et insensible. Les Grecs, qui ont eu beaucoup de ces caractères, les nomment *apathes*, impassibles; et, ce qui doit nous étonner,

res maxime sapientiæ, Diogenem Cynicum, Pyrrho-
nem, Heraclitum, Timonem, hunc quidem etiam in
totius odium generis humani evectum. Sed hæc parva
naturæ insignia in multis varia cognoscuntur : ut in
Antonia Drusi nunquam exspuisse, in Pomponio consulari poeta nunquam ructasse. Quibus natura concreta
sunt ossa, qui sunt rari admodum, cornei vocantur.

Vires eximiæ.

XIX. 20. Corpore vesco, sed eximiis viribus Tritan-
num, in gladiatorio ludo, Samnitium armatura cele-
brem, filiumque ejus militem Magni Pompeii, et rectos
et transversos cancellatim toto corpore habuisse nervos,
in brachiis etiam manibusque, auctor est Varro in prodigiosa virium elatione; atque etiam hostem ab eo ex
provocatione dimicantem, inermi dextra uno digito supe-
ratum, et postremo correptum in castra translatum. At
Vinnius Valens meruit in prætorio divi Augusti centu-
rio, vehicula cum culeis onusta, donec exinanirentur,
sustinere solitus : carpenta adprehensa una manu reti-
nere, obnixus contra nitentibus jumentis : et alia mirifica
facere, quæ insculpta monumento ejus spectantur. Ideo
M. Varro : « Rusticellus, inquit, Hercules appellatus,
mulum suum tollebat : » Fusius Salvius duo centenaria
pondera pedibus, totidem manibus et ducenaria duo

dans cette classe se trouvent leurs plus grands philosophes,
Diogène le Cynique, Pyrrhon, Héraclite, et Timon, qui
avait pris en haine tout le genre humain. Plusieurs personnes présentent des singularités peu importantes; comme
Antonia, fille de Drusus, qui ne crachait point; et Pomponius, poète et consulaire, qui était exempt d'éructation.
On appelle *cornei* les hommes peu nombreux nés avec
des os secs et sans moelle.

Extrême vigueur.

XIX. 20. On admira la réunion d'un corps maigre
et d'une force extraordinaire dans Tritannus, gladiateur
célèbre de l'arme samnite, et dans son fils, qui servit
sous le grand Pompée. Selon Varron, qui parle au long
des hommes les plus remarquables par leur force, leur
corps présentait sur toutes les parties, même aux bras
et aux mains, des nerfs qui se croisaient comme un
treillage. Le dernier, provoqué par un ennemi, se présenta à lui sans armes, le terrassa d'un seul doigt; et, du
petit doigt, le saisit et l'emporta dans le camp. Vinnius
Valens, centurion dans la garde d'Auguste, soutenait
des chariots chargés de muids, jusqu'à ce qu'ils fussent
vidés. D'une main il arrêtait un char, malgré tous les
efforts des chevaux qui le tiraient. On cite d'autres
faits étonnans, qu'on trouve gravés sur son tombeau.
Varron dit que Rusticellus, qu'on avait surnommé Hercule, soulevait en l'air son mulet. Fusius Salvius montait
à une échelle avec un poids de cent livres à chaque pied,
autant à chaque main, et deux poids de deux cents livres
sur chaque épaule. J'ai aussi vu moi-même un nommé

humeris contra scalas ferebat. Nos quoque vidimus Atha-
natum nomine, prodigiosæ ostentationis, quingenario
thorace plumbeo indutum, cothurnisque quingentorum
pondo calciatum per scenam ingredi. C. Milonem athle-
tam, quum constitisset, nemo vestigio educebat : malum
tenenti nemo digitum corrigebat.

Velocitas præcipua.

XX. Cucurrisse mcxl stadia, ab Athenis Lacedæmo-
nem, biduo Philippidem, magnum erat : donec Anystis
cursor Lacedæmonius, et Philonides Alexandri Magni,
a Sicyone Elin, uno die mille ducenta stadia cucur-
rerunt. Nunc quidem in circo quosdam clx m passuum
tolerare non ignoramus. Nuperque Fonteio et Vipsanio
coss. annos viii genitum puerum a meridie ad vespe-
ram lxxv millia pass. cucurrisse. Cujus rei admiratio ita
demum solida perveniet, si quis cogitet nocte ac die
longissimum iter vehiculis tribus Tiberium Neronem
emensum, festinantem ad Drusum fratrem ægrotum in
Germania : in eo fuerunt cc millia passuum.

Visus eximii.

XXI. 21. Oculorum acies vel maxime fidem exce-
dentia invenit exempla. In nuce inclusam Iliada Homeri

Athanate, homme d'une corpulence énorme, marcher
sur le théâtre revêtu d'une cuirasse de plomb qui pesait
cinq cents livres, et chaussé de brodequins du même
poids. Quand l'athlète Milon s'était posé sur ses pieds,
personne ne pouvait le déplacer ; et lorsqu'il fermait la
main sur une pomme, il n'était pas possible de déranger
un seul de ses doigts.

Agilité remarquable.

XX. On avait regardé comme une chose étonnante que
Philippide eût parcouru, en deux jours, les 1140 stades
qui séparent Athènes de Lacédémone, jusqu'à ce qu'Anystis, coureur lacédémonien, et Philonide, coureur d'Alexandre-le-Grand, fissent en un jour le chemin de Sicyone
à Elis, qui est de 1200 stades ; et aujourd'hui l'on voit,
dans le cirque, des hommes fournir une course de cent
soixante milles. Tout récemment, sous le consulat de
Fonteius et de Vipsanius, un enfant de huit ans a parcouru, depuis midi jusqu'à la nuit, un espace de soixante-
quinze milles. On sent tout ce qu'une telle course a de
prodigieux, quand on pense que, tout en faisant la plus
grande diligence, et changeant trois fois de relais, Tibère
employa, pour se rendre près de Drusus son frère, malade en Germanie, un jour et une nuit ; la route était de
deux cents milles.

Excellence de la vue.

XXI. 21. Des exemples incroyables montrent à quel
point la vue est quelquefois subtile. Cicéron mentionne

carmen, in membrana scriptum, tradidit Cicero. Idem,
fuisse qui pervideret cxxxv m passuum. Huic et nomen
M. Varro reddidit, Strabonem vocatum. Solitum autem
Punico bello, a Lilybæo Siciliæ promontorio, exeunte
classe e Carthaginis portu, etiam numerum navium
dicere. Callicrates ex ebore formicas et alia tam parva
fecit animalia, ut partes earum a ceteris cerni non possent. Myrmecides quidem in eodem genere inclaruit,
a quo quadrigam ex eadem materia, quam musca inte-
geret alis, fabricatam, et navem, quam apicula pinnis
absconderet.

Auditus miraculum.

XXII. 22. Auditus unum exemplum habet mirabile,
prœlium, quo Sybaris deleta est, eo die quo gestum
erat, auditum Olympiæ. Nam Cimbricæ victoriæ, Cas-
toresque Romani, qui Persicam victoriam ipso die, quo
contigit, nuntiavere, visus, et numinum fuere præsagia.

Patientia corporis.

XXIII. 23. Patientia corporis, ut est crebra sors
calamitatum, innumera documenta peperit. Clarissimum
in feminis, Leænæ meretricis, quæ torta non indicavit

une Iliade d'Homère, écrite sur parchemin, et renfermée dans une coquille de noix. Il parle aussi d'un homme qui distinguait les objets à 135,000 pas : M. Varron lui donne le nom de Strabon, et prétend que, pendant la guerre punique, lorsque la flotte de Carthage sortait du port, il l'apercevait du cap de Lilybée, en Sicile, et même indiquait le nombre des vaisseaux. Callicrate exécuta en ivoire des fourmis et d'autres animaux si petits, que les parties en étaient insaisissables pour toute autre vue que la sienne. Myrmécide se distingua dans le même genre. Il fit, en ivoire, un quadrige qu'une mouche couvrait de ses ailes, et un vaisseau qu'une petite abeille cachait de même sous les siennes.

Ouïe parfaite.

XXII. 22. L'ouïe ne présente qu'un fait extraordinaire, c'est que le bruit de la bataille qui ruina Sybaris fut entendu à Olympie, le jour que cette bataille fut donnée. Je ne mentionne point l'annonce de la défaite des Cimbres, et l'avis donné aux Romains par Castor et Pollux touchant celle de Persée, le jour même où ces évènemens eurent lieu : ce sont des prodiges opérés par les dieux.

Courage à supporter la douleur.

XXIII. 23. La force avec laquelle le corps humain supporte la douleur a été, grâce aux fréquentes calamités qui assiègent l'homme, prouvée par d'innombrables exemples. Le plus éclatant parmi les femmes est celui

Harmodium et Aristogitonem tyrannicidas : in viris, Anaxarchi, qui simili de causa quum torqueretur, prærosam dentibus linguam, unamque spem indicii, in tyranni os exspuit.

Memoria.

XXIV. 24. Memoria, necessarium maxime vitæ bonum, cui præcipua haud facile dictu est, tam multis gloriam ejus adeptis. Cyrus rex omnibus in exercitu suo militibus nomina reddidit : L. Scipio, populo romano : Cineas Pyrrhi regis legatus, senatui et equestri ordini Romæ, postero die quam advenerat. Mithridates duarum et viginti gentium rex, totidem linguis jura dixit, pro concione singulas sine interprete adfatus. Charmadas quidam in Græcia, quæ quis exegerat volumina in bibliothecis, legentis modo repræsentavit. Ars postremo ejus rei facta, et inventa est, a Simonide melico, consummata a Metrodoro Scepsio, ut nihil non iisdem verbis redderetur auditum. Nec aliud est æque fragile in homine, morborum et casus injurias atque etiam metus sentiens, alias particulatim, alias universa. Ictus lapide oblitus est litteras tantum. Ex præalto tecto lapsus, matris et adfinium, propinquorumque cepit oblivionem.

de la courtisane Lééna, à qui la torture ne put arracher les noms des tyrannicides Harmodius et Aristogiton. Parmi les hommes, c'est celui d'Anaxarque, qui, torturé pour une cause semblable, se coupa la langue avec les dents et la cracha au visage du tyran, privé ainsi de l'unique espérance qu'il eût d'entendre une délation.

Mémoire.

XXIV. 24. Il serait difficile de décider quel homme a possédé au plus haut degré la mémoire, de tous les biens le plus nécessaire à la vie : tant il existe d'exemples célèbres en ce genre. Cyrus nommait tous les soldats de son armée; L. Scipion tous les citoyens romains; Cinéas, ambassadeur du roi Pyrrhus, savait les noms de tous les sénateurs et chevaliers romains, dès le lendemain de son arrivée. Mithridate, roi de vingt-deux nations, rendait la justice à chacune en sa langue, et les haranguait sans interprète. Dans la Grèce, un certain Charmadas récita de mémoire, comme il les aurait lus, des livres qu'on demandait dans une bibliothèque. On a fait un art de la mémoire. Simonide, poète lyrique, inventa, et Métrodore de Scepsos perfectionna une méthode au moyen de laquelle on répétait, dans les mêmes termes, tout ce qu'on avait entendu. Cependant rien de si fragile, dans l'homme, que la mémoire. Une maladie, une chute, une peur même, peuvent lui porter atteinte, quelquefois effacer certains souvenirs, quelquefois l'éteindre entièrement. Un homme, frappé d'une pierre, ne connut plus les lettres de l'alphabet; un autre, tombé d'un toit très-élevé, ne reconnais-

Alius ægrotus, servorum etiam : sui vero nominis Messala Corvinus orator. Itaque sæpe deficere tentat, ac meditatur, vel quieto corpore et valido. Somno quoque serpente amputatur, ut inanis mens quærat ubi sit loci.

Vigor animi.

XXV. Animi vigore præstantissimum arbitror genitum Cæsarem dictatorem. Nec virtutem constantiamque nunc commemoro, nec sublimitatem omnium capacem quæ cælo continentur : sed proprium vigorem celeritatemque quodam igne volucrem. Scribere aut legere, simul dictare et audire solitum accepimus. Epistolas vero tantarum rerum quaternas pariter librariis dictare : aut si nihil aliud ageret, septenas. Idem signis collatis quinquagies dimicavit : solus M. Marcellum transgressus, qui undequadragies dimicaverat. Nam præter civiles victorias, undecies centena, et xcii m hominum occisa prœliis ab eo, non equidem in gloria posuerim tantam, etiam coactam, humani generis injuriam : quod ita esse confessus est ipse, bellorum civilium stragem non prodendo.

sait ni sa mère, ni ses alliés, ni ses proches ; une maladie
fit perdre à un autre le souvenir de ses esclaves. L'orateur Messala Corvinus oublia son propre nom. Souvent,
lors même que le corps est en repos et en santé, la mémoire cherche à nous échapper. Le sommeil aussi, quand
il se glisse dans nos sens, la sépare de nous ; de sorte
que notre âme, vide de tout souvenir, se cherche et ne
se trouve pas.

Force d'âme.

XXV. L'âme la plus forte que la nature ait jamais produite, c'est, je crois, celle du dictateur César. Et je ne
parle pas ici de son courage, de sa fermeté, de ce génie
sublime qui embrassait tout ce que contient le monde ; mais
seulement de cette énergie qui lui fut propre, de cette acti-
vité qui semblait tenir de la rapidité de la flamme. On dit
qu'il écrivait ou lisait en même temps qu'il dictait et qu'il
écoutait ; qu'on l'a vu dicter à ses secrétaires, sur les affaires
les plus importantes, quatre lettres à la fois, et même sept
quand il n'était pas occupé d'autre chose. Il livra cinquante batailles, et seul surpassa Marcellus, qui en avait
livré trente-neuf. Mais indépendamment du sang versé
dans les guerres civiles, celui de onze cent quatre-vingt-
douze mille hommes, dont il a couvert ses champs de
victoires, est un attentat contre l'humanité, que je ne
placerai pas parmi ses titres de gloire, même quand la
nécessité serait son excuse : il a condamné lui-même de
pareils succès, en gardant le silence sur le nombre de
citoyens qui ont péri dans les guerres civiles.

Clementia et animi magnitudo.

XXVI. Justius Pompeio Magno tribuatur DCCCXLVI naves piratis ademisse : Cæsari proprium et peculiare sit, præter supra dicta, clementiæ insigne : qua usque ad pœnitentiam omnes superavit. Idem magnanimitatis perhibuit exemplum, cui comparari non possit aliud. Spectacula enim edita effusasque opes, aut operum magnificentiam in hac parte enumerare, luxuriæ faventis est. Illa fuit vera et incomparabilis invicti animi sublimitas : captis apud Pharsaliam Pompeii Magni scriniis epistolarum, iterumque apud Thapsum Scipionis, concremasse ea optima fide, atque non legisse.

Rerum gestarum claritas summa.

XXVII. 26. Verum ad decus imperii romani non solum ad viri unius pertinet victoriam, Pompeii Magni titulos omnes, triumphosque hoc in loco nuncupari : æquato non modo Alexandri Magni rerum fulgore, sed etiam Herculis prope ac Liberi patris. Igitur Sicilia recuperata, unde primum, Sullanus in reipublicæ causa exoriens, auspicatus est : Africa vero tota subacta, et in ditionem redacta, Magnique nomine in spolium inde

Clémence et grandeur d'âme.

XXVI. Accordons au grand Pompée des éloges plus légitimes, pour avoir enlevé aux pirates 846 vaisseaux; mais reconnaissons que César, outre les qualités dont nous venons de parler, en eut une par laquelle il se caractérisa, par laquelle il s'éleva au dessus de tous, la clémence, qu'il exerça jusqu'à s'exposer au repentir. Le même César a donné un exemple de magnanimité auquel nul autre ne peut être comparé. Il conviendrait à un partisan du luxe de faire ici l'énumération de ses spectacles, de ses largesses, de ses magnifiques ouvrages. Mais voici ce qui décèle une âme vraiment supérieure, vraiment incomparable : les papiers de Pompée ayant été pris à Pharsale, et ceux de Scipion à Thapse, il les brûla de bonne foi, sans les lire.

Exploits héroïques.

XXVII. 26. C'est relever la gloire de l'empire romain, bien plus que prouver la supériorité d'un homme, que de rappeler ici les titres et les triomphes du grand Pompée, dont les brillans exploits ont égalé ceux d'Alexandre, peut-être même ceux d'Hercule et de Bacchus. Après avoir repris la Sicile, où il commença à briller, dévoué à Sylla, mais utile à la république; après avoir soumis et réduit sous le joug romain toute l'Afrique, d'où il ne rapporta pour lui-même que le nom de Grand, il reçut, quoique simple chevalier, les honneurs du triomphe, ce

capto, eques romanus (id quod antea nemo) curru triumphali revectus est, et statim ad solis occasum transgressus, excitatis in Pyrenæo tropæis, oppida DCCCLXXVI ab Alpibus ad fines Hispaniæ ulterioris in ditionem redacta victoriæ suæ adscripsit, et majore animo Sertorium tacuit : belloque civili (quod omnia externa conciebat) exstincto, iterum triumphales currus eques romanus induxit, toties imperator, antequam miles. Postea ad tota maria, et deinde solis ortus missus, hos retulit patriæ titulos, more sacris certaminibus vincentium. Neque enim ipsi coronantur, sed patrias suas coronant. Hos ergo honores Urbi tribuit in delubro Minervæ, quod ex manubiis dicabat :

CN. POMPEIUS MAGNUS IMP. BELLO XXX ANNORUM CONFECTO, FUSIS, FUGATIS, OCCISIS, IN DEDITIONEM ACCEPTIS HOMINUM CENTIES VICIES SEMEL LXXXIII M, DEPRESSIS AUT CAPTIS NAVIBUS DCCCXLVI, OPPIDIS, CASTELLIS MDXXXVIII IN FIDEM RECEPTIS : TERRIS A MÆOTIS LACU AD RUBRUM MARE SUBACTIS, VOTUM MERITO MINERVÆ.

Hoc est breviarium ejus ab Oriente. Triumphi vero, quem duxit ante diem tertium kalendas octobres, M. Pisone, M. Messala consulibus, præfatio hæc fuit :

QUUM ORAM MARITIMAM A PRÆDONIBUS LIBERASSET, ET

qui n'avait encore été accordé à personne. Aussitôt il passe en Occident, et, sur les trophées qu'il érige dans les Pyrénées, il fait inscrire 876 villes réduites en son pouvoir, depuis les Alpes jusqu'aux frontières de l'Espagne Ultérieure, et montre encore plus l'élévation de son âme en ne nommant point Sertorius. Après avoir éteint la guerre civile, foyer de toutes les guerres étrangères, le simple chevalier, tant de fois général avant que d'être soldat, rentre une seconde fois dans Rome sur un char triomphal. Envoyé ensuite sur toutes les mers, et de là dans l'Orient, il revint faire hommage de sa gloire à sa patrie, comme font les vainqueurs des jeux sacrés : ce n'est pas sur leur tête qu'ils placent la couronne qu'ils ont méritée; ils l'offrent à leur cité natale. Ainsi Pompée reporta tous ces honneurs sur la sienne, en plaçant cette inscription dans le temple, qu'il consacra à Minerve, du produit des dépouilles :

CN. POMPÉE-LE-GRAND, GÉNÉRAL DES ARMÉES ROMAINES, APRÈS AVOIR TERMINÉ UNE GUERRE DE TRENTE ANS; APRÈS AVOIR DÉFAIT, MIS EN FUITE, TUÉ OU FORCÉ DE SE RENDRE 12,183,000 HOMMES; COULÉ A FOND OU PRIS 846 VAISSEAUX; REÇU LA FOI DE 1,538 VILLES ET FORTERESSES; SOUMIS TOUS LES PAYS DEPUIS LE LAC MÉOTIS JUSQU'A LA MER ROUGE, CONSACRE CE JUSTE HOMMAGE A MINERVE.

C'est l'exposé sommaire de ses exploits dans l'Orient. Voici l'inscription du triomphe dont il fut honoré le troisième jour des kalendes d'octobre, sous le consulat de Pison et de Messala :

APRÈS AVOIR DÉLIVRÉ DES PIRATES LES COTES MARI

IMPERIUM MARIS POPULO ROMANO RESTITUISSET : EX
ASIA, PONTO, ARMENIA, PAPHLAGONIA, CAPPADOCIA,
CILICIA, SYRIA, SCYTHIS, JUDÆIS, ALBANIS, IBERIA, IN-
SULA CRETA, BASTERNIS, ET SUPER HÆC DE REGIBUS MI-
THRIDATE ATQUE TIGRANE TRIUMPHAVIT.

Summa summarum in illa gloria fuit (ut ipse in concione dixit, quum de rebus suis dissereret), Asiam ulti-
mam provinciarum accepisse, eamdemque mediam patriæ reddidisse. Si quis e contrario simili modo velit
percensere Cæsaris res, qui major illo apparuit, totum
profecto terrarum orbem enumeret : quod infinitum esse
conveniet.

Tres summæ virtutes in eodem, et innocentia summa.

XXVIII. 27. Ceteris virtutum generibus varie et
multi fuere præstantes. Cato primus Porciæ gentis tres
summas in homine res præstitisse existimatus, ut esset
optimus orator, optimus imperator, optimus senator :
quæ mihi omnia, etiamsi non prius, attamen clarius
fulsisse in Scipione Æmiliano videntur, dempto præterea plurimorum odio, quo Cato laboravit. Itaque sit
proprium Catonis, quater et quadragies causam dixisse,
nec quemquam sæpius postulatum, et semper absolutum.

TIMES, ET RENDU AU PEUPLE ROMAIN L'EMPIRE DE LA MER, POMPÉE A TRIOMPHÉ DE L'ASIE, DU PONT, DE L'ARMÉNIE, DE LA PAPHLAGONIE, DE LA CAPPADOCE, DE LA CILICIE, DE LA SYRIE, DES SCYTHES, DES JUIFS, DES ALBANIENS, DE L'IBÉRIE, DE L'ILE DE CRÈTE, DES BASTERNES, ENFIN DES ROIS MITHRIDATE ET TIGRANE.

Au milieu de tant de hauts faits, sa principale gloire, comme il le dit lui-même dans une assemblée où il rendit compte de ce qu'il avait fait, c'est que l'Asie, province frontière alors qu'elle lui fut confiée, était devenue centrale quand il la remit à sa patrie. Si l'on voulait mettre en opposition le tableau des exploits de César, qui a paru plus grand encore que Pompée, il faudrait énumérer tous les pays du monde; ce qui serait sans fin.

Réunion de trois hautes qualités et d'une vertu supérieure chez un même personnage.

XXVIII. 27. Beaucoup d'hommes se sont illustrés par diverses espèces de vertus. Le premier membre de la famille Porcia qui ait porté le nom de Caton, passe pour avoir réuni les trois qualités les plus éminentes dans un homme. Il fut à la fois excellent orateur, excellent général, excellent sénateur. Scipion Émilien présenta aussi cette réunion de talens, sinon le premier, du moins avec plus d'éclat, parce qu'il ne fut pas en butte à cette haine de tant de citoyens, qui fatigua la vie de Caton. Ce qui doit distinguer celui-ci, c'est qu'il plaida quarante-quatre fois sa propre cause; et que, quoique nul n'ait eu à repousser plus d'accusations, il fut toujours renvoyé absous.

Fortitudo summa.

XXIX. 28. Fortitudo in quo maxime exstiterit, immensæ quæstionis est, utique si recipiatur poetica fabulositas. Q. Ennius T. Cæcilium Dentrem, fratremque ejus præcipue miratus, propter eos sextumdecimum adjecit annalem. L. Siccius Dentatus, qui tribunus plebis fuit, Sp. Tarpeio, A. Aterio consulibus, haud multo post exactos reges, vel numerosissima suffragia habet, centies vicies prœliatus, octies ex provocatione victor, quadraginta quinque cicatricibus adverso corpore insignis, nulla in tergo. Item spolia cepit xxxiv ... natus hastis puris duodeviginti, phaleris xxv, torquibus tribus et lxxx, armillis clx, coronis xxvi, civicis xiv, aureis viii, muralibus iii, obsidionali una, fisco æris, x captivis et xx simul bubus, imperatores novem ipsius maxime opera triumphantes secutus : præterea (quod optimum in operibus ejus reor) uno ex ducibus T. Romilio ex consulatu ad populum convicto male acti imperii.

Rei militaris haud minora forent Manlii Capitolini decora, ni perdidisset illa exitu vitæ. Ante decimum septimum annum bina ceperat spolia. Primus omnium eques muralem acceperat coronam, vi civicas, xxxvii

Extrême courage.

XXIX. 28. Rechercher quel est celui qui a montré le plus de valeur, serait une question immense, surtout si l'on admettait les fables des poètes. Ennius, dans son admiration extrême pour Cecilius Denter et pour son frère, a ajouté en leur honneur un seizième livre à ses Annales. Siccius Dentatus, qui fut tribun du peuple sous le consulat de Tarpeius et d'Aterius, peu après l'expulsion des rois, réunit d'innombrables suffrages. Il se trouva à cent vingt batailles, et sortit vainqueur de huit combats singuliers. Il reçut quarante-cinq blessures, dont pas une par derrière, enleva trente-quatre dépouilles, reçut pour prix de son courage dix-huit piques sans fer, vingt-cinq hausse-cols, quatre-vingt-trois colliers, cent soixante bracelets, vingt-six couronnes, dont quatorze civiques, huit d'or, trois murales, et une obsidionale; de l'argent du trésor, dix prisonniers et vingt bœufs pris sur l'ennemi. Il suivit le triomphe de neuf généraux, qui lui devaient en grande partie leurs victoires; et enfin, ce qui me semble son plus beau succès, il dénonça au peuple un des chefs de l'armée, T. Romilius, à la fin de son consulat, et le convainquit d'avoir fait un coupable usage de son autorité.

Les exploits guerriers de Manlius Capitolinus ne seraient pas moins glorieux, s'il n'en eût terni l'éclat par la fin de sa vie. Avant sa dix-septième année, il avait enlevé deux dépouilles : il fut le premier chevalier qui reçut une couronne murale. Il obtint encore six couronnes ci-

dona, xxiii cicatrices adverso corpore exceperat : P. Servilium magistrum equitum servaverat, ipse vulneratus humerum ac femur. Super omnia, Capitolium summamque rem in eo solus a Gallis servaverat, si non regno suo servasset. Verum sunt in his quidem virtutis opera magna, sed majora fortunæ.

M. Sergio, ut quidem arbitror, nemo quemquam hominum jure prætulerit : licet pronepos Catilina gratiam nomini deroget. Secundo stipendio dexteram manum perdidit : stipendiis duobus ter et vicies vulneratus est : ob id neutra manu, neutro pede satis utilis : uno tantum servo, plurimis postea stipendiis debilis miles. Bis ab Annibale captus (neque enim cum quolibet hoste res fuit), bis vinculorum ejus profugus, xx mensibus nullo non die in catenis aut compedibus custoditus. Sinistra manu sola quater pugnavit, duobus equis insidente eo suffossis. Dexteram sibi ferream fecit, eaque religata prœliatus, Cremonam obsidione exemit, Placentiam tutatus est : duodena castra hostium in Gallia cepit : quæ omnia ex oratione ejus apparent, habita quum in prætura sacris arceretur a collegis, ut debilis. Quos hic coronarum acervos constructurus hoste mutato? Etenim plurimum refert, in quæ cujusque virtus tempora inciderit. Quas Trebia, Ticinusve, aut Thrasymenus civi-

viques, trente-sept récompenses militaires, et reçut vingt-trois blessures par-devant. Il sauva P. Servilius, maître de la cavalerie, quoique blessé lui-même à l'épaule et à la cuisse. Seul il sauva le Capitole attaqué par les Gaulois, et en même temps la république, ce qui serait au dessus de tout, s'il n'avait pas voulu se les asservir. Au reste, dans toutes ces actions, la valeur fit beaucoup sans doute; mais la fortune fit plus encore.

Personne, à mon avis, ne l'emporte sur M. Sergius, quoique Catilina, son arrière-petit-fils, flétrisse ce beau nom. A sa seconde campagne, il perdit la main droite. En deux campagnes, il fut blessé vingt-trois fois, et réduit à ne pouvoir presque plus faire usage de son autre main, ni de ses pieds. Aidé d'un seul esclave, il fit néanmoins, soldat invalide, plusieurs campagnes encore. Pris deux fois par Annibal (car il ne se mesurait pas avec un ennemi vulgaire), deux fois il s'échappa de sa captivité, après être resté vingt mois, les pieds ou les mains toujours enchaînés. Il combattit quatre fois avec la seule main gauche, et eut deux chevaux tués sous lui. Il se fit faire, et attacher au bras droit, une main de fer, avec laquelle il combattit lorsqu'il fit lever le siège de Crémone, défendit Plaisance, força douze camps ennemis dans la Gaule. Tous ces faits sont rappelés dans un discours qu'il prononça, lorsque étant préteur, ses collègues lui opposaient ses infirmités pour l'exclure des sacrifices. Que de couronnes il eût accumulées, s'il avait eu d'autres ennemis à combattre; car pour juger de la valeur, il importe d'examiner les circonstances qui l'ont accompagnée! Quelles couronnes civiques fut-il possible d'obtenir, aux

cas dedere? Quæ Cannis corona merita? unde fugisse virtutis summum opus fuit. Ceteri profecto victores hominum fuere, Sergius vicit etiam fortunam.

Ingenia præcipua.

XXX. 29. Ingeniorum gloriæ quis possit agere delectum, per tot disciplinarum genera, et tantam rerum operumque varietatem? nisi forte Homero vate græco nullum felicius exstitisse convenit, sive operis fortuna, sive materia æstimetur. Itaque Alexander Magnus (etenim insignibus judiciis optime, citraque invidiam, tam superba censura peragetur), inter spolia Darii Persarum regis unguentorum scrinio capto, quod erat auro gemmisque ac margaritis pretiosum, varios ejus usus amicis demonstrantibus (quando tædebat unguenti bellatorem et militia sordidum), « Immo hercule, inquit, librorum Homeri custodiæ detur : » ut pretiosissimum humani animi opus quam maxime diviti opere servaretur. Item Pindari vatis familiæ penatibusque jussit parci, quum Thebas caperet. Aristotelis philosophi patriam condidit : tantæque rerum claritati tam benignum testimonium miscuit.

Archilochi poetæ interfectores Apollo arguit Delphis. Sophoclem tragici cothurni principem defunctum sepe-

journées de la Trébie, du Tésin et de Trasimène? Quelle couronne fut méritée à Cannes, où le plus grand succès de la valeur était d'échapper à l'ennemi? Les autres ont vaincu des hommes; Sergius a vaincu la fortune elle-même.

Génies illustres.

XXX. 29. Entre tant de talens et de chefs-d'œuvre divers, qui pourrait prononcer à qui appartient la palme du génie? à moins qu'on ne convienne de regarder le poète grec, Homère, comme le plus haut génie qui ait existé, soit par le sujet de ses ouvrages, soit par le bonheur de l'exécution. Alexandre-le-Grand (car qui peut régler en dernier ressort ces hautes préséances, si ce n'est un juge auguste et au dessus de l'envie?) trouva dans les dépouilles de Darius une boîte de parfums enrichie d'or, de perles et de pierreries, dont ses courtisans lui indiquèrent l'usage, puisque le conquérant, couvert de la poussière des batailles, dédaignait d'user de parfums : « Non, dit-il; que cette boîte soit consacrée à conserver les poésies d'Homère!...» Il voulait que le plus riche ouvrage de l'art servît à garder l'ouvrage le plus précieux de l'esprit humain. A la prise de Thèbes, ce prince ordonna que la famille et la maison de Pindare fussent épargnées. Il rebâtit la patrie d'Aristote, et à tant d'illustres exploits ajouta ce témoignage de bienveillance.

A Delphes, Apollon fut l'accusateur des assassins du poète Archiloque. Pendant le siège d'Athènes par les

liri Liber pater jussit, obsidentibus mœnia Lacedæmo-
niis : Lysandro eorum rege in quiete sæpius admonito,
ut pateretur humari delicias suas. Requisivit rex, quis
supremum diem Athenis obiisset : nec difficulter ex iis,
quem deus significasset, intellexit : pacemque funeri
dedit.

Qui sapientissimi.

XXXI. 3o. Platoni sapientiæ antistiti Dionysius tyrannus, alias sævitiæ superbiæque natus, vittatam navem
misit obviam : ipse quadrigis albis egredientem in litore
excepit. Viginti talentis unam orationem Isocrates vendidit. Æschines Atheniensis summus orator, quum accu-
sationem, qua fuerat usus, Rhodiis legisset, legit et
defensionem Demosthenis, qua in illud pulsus fuerat
exsilium : mirantibusque, « Tum magis fuisse miraturos
dixit, si ipsum orantem audivissent : » in calamitate tes-
tis ingens factus inimici. Thucydidem imperatorem Athenienses in exsilium egere, rerum conditorem revocavere,
eloquentiam mirati, cujus virtutem damnaverant. Magnum et Menandro in comico socco testimonium regum
Ægypti et Macedoniæ contigit, classe et per legatos pe-
tito : majus ex ipso, regiæ fortunæ prælata litterarum
conscientia.

Lacédémoniens, Bacchus ordonna de rendre les derniers devoirs à Sophocle, le premier des poètes tragiques : plusieurs fois il invita en songe le roi Lysandre à permettre l'inhumation de l'Athénien, ses délices. Le prince s'informa quel citoyen était mort dans Athènes; il reconnut facilement celui que le dieu désignait, et nul acte de guerre ne troubla ses funérailles.

Sages fameux.

XXXI. 3o. Denys le Tyran, qui d'ailleurs était plein d'orgueil et de cruauté, envoya au devant de Platon, de ce patriarche de la philosophie, un vaisseau décoré de bandelettes : il le reçut lui-même au rivage, sur un char attelé de chevaux blancs. Isocrate vendit un seul discours vingt talens. Eschine, célèbre orateur d'Athènes, après avoir lu aux Rhodiens son accusation contre Démosthène, leur lut la harangue de son adversaire, celle même qui l'avait fait condamner à l'exil; et comme chacun exprimait son admiration, « Que serait-ce donc, leur dit-il, si vous l'aviez entendu lui-même! » Quel hommage dans la bouche d'un ennemi dont il avait causé le malheur! Les Athéniens rappelèrent, comme historien, Thucydide, qu'ils avaient banni comme général; ils avaient puni sa lâcheté, ils récompensèrent son éloquence. Ce fut aussi un hommage bien flatteur pour Ménandre, poète comique, que cette flotte et cette députation que lui envoyèrent les rois d'Égypte, pour l'engager à venir à leur cour. Mais il s'est encore plus honoré lui-même, en préférant la jouissance des lettres à la faveur des rois.

6.

Perhibuere et romani proceres etiam exteris testimonia. Cn. Pompeius confecto mithridatico bello intraturus Posidonii sapientiæ professione clari domum, fores percuti de more a lictore vetuit : et fasces litterarum januæ submisit is, cui se Oriens Occidensque submiserat. Cato censorius, in illa nobili trium sapientiæ procerum ab Athenis legatione, audito Carneade, quamprimum legatos eos censuit dimittendos, quoniam illo viro argumentante, quid veri esset haud facile discerni posset. Quanta morum commutatio! Ille semper alioquin universos ex Italia pellendos censuit Græcos : at pronepos ejus Uticensis Cato, unum ex tribunatu militum philosophum, alterum ex cypria legatione deportavit. Eamdemque linguam ex duobus Catonibus, in illo abjecisse, in hoc importasse, memorabile est. Sed et nostrorum gloriam percenseamus.

Prior Africanus Q. Ennii statuam sepulcro suo imponi jussit : clarumque illud nomen, immo vero spolium ex tertia orbis parte raptum, in cinere supremo cum poetæ titulo legi.

Divus Augustus carmina Virgilii cremari contra testamenti ejus verecundiam vetuit : majusque ita vati testimonium contigit, quam si ipse sua probavisset.

Les grands de Rome ont aussi rendu hommage au génie, même dans les étrangers. Cn. Pompée, après avoir terminé la guerre contre Mithridate, alla rendre visite à Posidonius, célèbre par ses leçons de philosophie, et, près d'entrer, défendit à son licteur de frapper à la porte avec sa baguette, comme c'était l'usage. Ainsi s'abaissèrent devant la porte d'un savant les faisceaux de celui qui avait vu l'Orient et l'Occident inclinés devant lui. Lors de cette fameuse députation des trois philosophes athéniens, Caton le Censeur, ayant entendu Carnéade, opina qu'on devait les renvoyer au plus tôt, parce que les argumens ingénieux de cet étranger rendaient la vérité problématique. Quelle révolution dans les mœurs! Ce même Caton persista toujours dans l'opinion que tous les Grecs, sans exception, devaient être expulsés de l'Italie; et son arrière-petit-fils, Caton d'Utique, amena avec lui un philosophe grec, quand il revint de l'armée où il était tribun militaire, et un second, à son retour de sa légation de Chypre. Ainsi, chose remarquable, la langue grecque fut proscrite par l'un des Catons, et introduite par l'autre. Mais rappelons aussi la gloire de nos compatriotes.

Le premier des Scipions ordonna qu'on plaçât sur son tombeau la statue d'Ennius, et que son dernier monument offrît le nom d'un poète à côté du surnom glorieux que lui avait mérité la conquête de l'une des trois parties de la terre.

Auguste, s'opposant à la volonté dernière de Virgile, défendit qu'on brûlât son poëme, et cette défense fut une recommandation plus imposante que ne l'eût été l'ap-

M. Varronis in bibliotheca, quæ prima in orbe ab Asinio Pollione ex manubiis publicata Romæ est, unius viventis posita imago est : haud minore (ut equidem reor) gloria, principe oratore et cive, ex illa ingeniorum, quæ tunc fuit, multitudine, uni hanc coronam dante, quam quum eidem Magnus Pompeius piratico ex bello navalem dedit. Innumerabilia deinde sunt exempla romana, si persequi libeat : quum plures una gens in quocumque genere eximios tulerit, quam ceteræ terræ.

Sed et quo te, M. Tulli, piaculo taceam? quove maxime excellentem insigni prædicem? quo potius, quam universi populi illius gentis amplissimo testimonio, et e tota vita tua consulatus tantum operibus electis? Te dicente legem agrariam, hoc est, alimenta sua abdicaverunt tribus : te suadente, Roscio theatralis auctori legis ignoverunt, notatasque se discrimine sedis æquo animo tulerunt : te orante, proscriptorum liberos honores petere puduit : tuum Catilina fugit ingenium : tu M. Antonium proscripsisti. Salve, primus omnium parens patriæ appellate, primus in toga triumphum linguæque lauream merite, et facundiæ latiarumque litterarum parens : atque (ut dictator Cæsar, hostis quondam tuus, de te

probation que le poète lui-même aurait pu donner à son ouvrage.

M. Varron est le seul homme qui, vivant, ait vu sa statue dans la première bibliothèque publique du monde, et qu'Asinius Pollion forma, à Rome, des dépouilles étrangères. Cette distinction qui lui fut accordée, entre tant de talens remarquables, par un homme qui tenait lui-même le premier rang et comme orateur et comme citoyen, ne me paraît pas moins glorieuse pour lui, que la couronne navale qu'il reçut du grand Pompée, dans la guerre des pirates. Les exemples, si je voulais poursuivre, seraient innombrables, le peuple romain ayant lui seul fourni plus de grands hommes en tout genre, que tous les autres peuples ensemble.

Cependant, ô Cicéron! serais-je excusable, si je ne consignais ici ton nom? Quelle qualité supérieure présenterai-je comme celle qui te distingua principalement? Mais est-il un titre qu'on puisse préférer au témoignage unanime d'un peuple entier, et aux actions qui ont illustré ton consulat, pour ne citer qu'une seule époque de ta vie? Tu parles, et les tribus renoncent à la loi agraire, c'est-à-dire à ce qui devait leur fournir des alimens; tu conseilles, elles pardonnent à Roscius sa loi théâtrale, et consentent à une distinction de places qui les humilie; tu pries, et les enfans des proscrits rougissent de briguer les honneurs. Catilina fuit devant ton génie; ta voix proscrivit M. Antoine. Salut, ô toi qui le premier fus appelé père de la patrie; toi qui le premier triomphas sans quitter la toge, et fis couronner le pouvoir de la parole; toi, le père de l'éloquence

scripsit) omnium triumphorum lauream adepte majorem, quanto plus est, ingenii romani terminos in tantum promovisse, quam imperii, reliquis animi bonis.

31. Præstitere ceteros mortales sapientia, ob id Cati, Corculi, apud Romanos cognominati. Apud Græcos Socrates, oraculo Apollinis Pythii prælatus cunctis.

Præcepta vitæ utilissima.

XXXII. 32. Rursus mortales oraculorum societatem dedere Chiloni Lacedæmonio, tria præcepta ejus Delphis consecrando, aureis litteris, quæ sunt hæc : « Nosse se quemque : et nihil nimium cupere : comitemque æris alieni atque litis, esse miseriam. » Quin et funus ejus, quum victore filio Olympiæ exspirasset gaudio, tota Græcia prosecuta est.

De divinatione.

XXXIII. 33. Divinitas, et quædam cælitum societas nobilissima, ex feminis in Sibylla fuit : ex viris in Melampode apud Græcos, apud Romanos in Marcio.

et des lettres latines; toi enfin (c'est le dictateur César, ton ancien ennemi, qui l'a écrit lui-même), toi, qui as obtenu le plus beau des triomphes, puisqu'il fut plus glorieux de reculer les limites du génie romain, que celles de l'empire, par toutes les autres qualités réunies.

31. Ceux qui ont surpassé les autres mortels en sagesse, sont, chez les Romains, ceux que l'on surnomma Catus et Corculus; chez les Grecs, Socrate, qui fut déclaré le plus sage des hommes par l'oracle d'Apollon Pythien.

Préceptes les plus utiles à la vie.

XXXII. 32. On éleva au rang des oracles Chilon de Lacédémone, en consacrant en lettres d'or, à Delphes, ces trois maximes de lui : « Que chacun se connaisse : Ne rien désirer de trop : La compagne des dettes et des procès, c'est la misère. » Il mourut de joie en entendant proclamer son fils vainqueur à Olympie, et toute la Grèce suivit ses funérailles.

De la divination.

XXXIII. 33. La Sibylle, parmi les femmes, et, parmi les hommes, le grec Mélampode et le romain Marcius, ont eu un esprit de divination qui, en quelque sorte, en fit les nobles associés des dieux.

Vir optimus judicatus.

XXXIV. 34. Vir optimus semel a condito ævo judicatus est Scipio Nasica, a jurato senatu. Idem in toga candida bis repulsa notatus a populo. In summa, ei in patria mori non licuit : non hercules magis, quam extra vincula illi sapientissimo ab Apolline judicato Socrati.

Matronæ pudicissimæ.

XXXV. 35. Pudicissima femina semel, matronarum sententia, judicata est Sulpicia Paterculi filia, uxor Fulvii Flacci : electa ex centum præceptis, quæ simulacrum Veneris ex sibyllinis libris dedicaret. Iterum, religionis experimento, Claudia, inducta Romam deum Matre.

Summæ pietatis exempla.

XXXVI. 36. Pietatis exempla infinita quidem toto orbe exstitere : sed Romæ unum, cui comparari cuncta non queant. Humilis in plebe, et ideo ignobilis puerpera, supplicii causa carcere inclusa matre, quum impetrasset aditum, a janitore semper excussa, ne quid inferret

L'homme que l'on déclara le plus vertueux.

XXXIV. 34. Scipion Nasica, seul, depuis le commencement de l'ère romaine, s'entendit déclarer, par serment du sénat, le meilleur des hommes. Cependant ce même Scipion, se présentant comme candidat, essuya deux fois la honte d'un refus de la part du peuple; et en définitive, il ne lui fut pas permis de mourir dans sa patrie. Ainsi Socrate, proclamé par Apollon le plus sage des mortels, termina sa vie dans les fers.

Noms des femmes les plus sages.

XXXV. 35. Sulpicia, fille de Paterculus, épouse de Fulvius Flaccus, est la seule qui, par jugement des dames romaines, ait été déclarée la plus chaste des femmes. Elle fut choisie entre cent Romaines désignées pour dédier une statue de Vénus, suivant l'ordre des livres Sibyllins. Un second exemple est celui de Claudia, dont la sagesse fut attestée par une épreuve religieuse, l'introduction dans Rome de la Mère des dieux.

Exemple des affections de la nature portées au plus haut degré.

XXXVI. 36. On trouve partout d'innombrables exemples d'affections de famille ; mais Rome en fournit un auquel nul autre ne peut être comparé. Une femme nouvellement accouchée, dont la condition obscure nous a dérobé le nom, avait obtenu la permission de visiter sa mère, renfermée dans une prison pour y périr de faim. Le geolier,

cibi, deprehensa est uberibus suis alens eam. Quo miraculo, matris salus donata pietati est, ambæque perpetuis alimentis, et locus ille eidem consecratus deæ, C. Quinctio, M'. Acilio coss., templo Pietatis exstructo in illius carceris sede, ubi nunc Marcelli theatrum est. Gracchorum pater, anguibus prehensis in domo, quum responderetur, ipsum victurum alterius sexus interempto, « Immo vero, inquit, meum necate : Cornelia enim juvenis est, et parere adhuc potest. » Hoc erat uxori parcere, et reipublicæ consulere. Idque mox consecutum est. M. Lepidus Apuleiæ uxoris caritate post repudium obiit. P. Rutilius, morbo levi impeditus, nuntiata fratris repulsa in consulatus petitione, illico exspiravit. P. Catienus Plotinus patronum adeo dilexit, ut hæres omnibus bonis institutus, in rogum ejus se jaceret.

Artibus excellentes : astrologia, grammatica, medicina.

XXXVII. 37. Variarum artium scientia innumerabiles enituere, quos tamen attingi par sit florem hominum libantibus : astrologia Berosus, cui ob divinas prædictiones Athenienses publice in gymnasio statuam inau-

qui la fouillait toutes les fois qu'elle se présentait, pour empêcher qu'elle n'apportât quelque nourriture, la surprit un jour allaitant sa mère. Frappés d'admiration, les magistrats accordèrent la grâce de la mère à la piété de la fille ; toutes deux furent nourries, le reste de leurs jours, aux frais de l'état, et le lieu fut consacré à la Piété, en l'honneur de qui, sous le consulat de Quintius et de M. Acilius, on éleva un temple sur l'emplacement même de la prison, dans l'endroit où nous voyons aujourd'hui le théâtre de Marcellus. Le père des Gracques ayant pris deux serpens chez lui, les aruspices consultés lui répondirent que ce serait lui qui vivrait, si l'on tuait le serpent femelle. « Tuez celui dont la mort n'est fatale qu'à moi, s'écria-t-il ; Cornélie est jeune, et peut encore être mère. » C'était ménager tout à la fois et la vie de sa femme, et l'intérêt de la république. Peu de temps après, sa prédiction fut accomplie. M. Lepidus mourut du regret de sa femme Apuleia, dont l'avait séparé le divorce. P. Rutilius, légèrement indisposé, fut subitement emporté en apprenant qu'on avait refusé le consulat à son frère. P. Catienus Plotinus était tellement attaché à son maître, qu'à sa mort, institué héritier de tous ses biens, il se jeta dans son bûcher.

Nom des hommes les plus illustres dans les arts, en astrologie,
en grammaire, en médecine.

XXXVII. 37. Tant de savans et d'artistes ont brillé dans tous les genres, que, ne faisant qu'effleurer les supériorités humaines, je me bornerai à en citer quelques-uns. Bérose se distingua dans l'astrologie, et, pour prix de ses prédictions, les Athéniens lui érigèrent, dans le

rata lingua statuere. Grammatica Apollodorus, cui Amphictiones Græciæ honorem habuere. Hippocrates medicina : qui venientem ab Illyriis pestilentiam prædixit, discipulosque ad auxiliandum circa urbes dimisit : quod ob meritum honores illi, quos Herculi, decrevit Græcia. Eamdem scientiam in Cleombroto Ceo Ptolemæus rex Megalensibus sacris donavit c talentis, servato Antiocho rege. Magna et Critobulo fama est, extracta Philippi regis oculo sagitta, et citra deformitatem oris curata orbitate luminis. Summa autem Asclepiadi Prusiensi, condita nova secta, spretis legatis et pollicitationibus Mithridatis regis, reperta ratione, qua vinum ægris mederetur, relato e funere homine et servato : sed maxime sponsione facta cum fortuna, ne medicus crederetur, si unquam invalidus ullo modo fuisset ipse : et victor, suprema in senecta lapsu scalarum exanimatus est.

Geometria, et architectura.

XXXVIII. Grande et Archimedi geometricæ ac machinalis scientiæ testimonium M. Marcelli contigit, interdicto, quum Syracusæ caperentur, ne violaretur unus : nisi fefellisset imperium militaris imprudentia. Laudatus est et Chersiphron Gnossius, æde Ephesiæ Dianæ admi-

Gymnase, une statue dont la langue était dorée. Apollodore fut un célèbre grammairien, à qui les Amphictions, députés de la Grèce, déférèrent des honneurs publics. Hippocrate excella dans la médecine; il prédit une peste qui venait de l'Illyrie, et envoya ses élèves dans les villes pour donner des secours : la Grèce reconnaissante lui décerna les mêmes honneurs qu'à Hercule. Le roi Ptolémée récompensa la même science dans Cléombrote de Céos, en le gratifiant, aux fêtes de la grande déesse, de cent talens, pour avoir sauvé le roi Antiochus. Critobule se rendit fameux en retirant avec tant d'art une flèche de l'œil du roi Philippe, qu'il le guérit sans qu'il lui restât aucune difformité. Mais de tous les médecins, Asclépiade de Prusium s'est rendu le plus illustre, en fondant une nouvelle secte, en dédaignant l'ambassade et les invitations du roi Mithridate, en faisant servir le vin à la guérison des maladies, en rappelant à la vie un homme que déjà l'on portait au bûcher, mais surtout en gageant, contre la fortune même, sa réputation de médecin, qu'il ne lui arriverait jamais d'être malade; et il gagna, étant mort dans une vieillesse très-avancée, en tombant d'un escalier.

Géométrie, architecture.

XXXVIII. Marcellus, à la prise de Syracuse, en ordonnant qu'on n'épargnât qu'Archimède, rendit un grand hommage aux talens du géomètre et du mécanicien; mais l'étourderie d'un soldat rendit vaine l'intention du général. Chersiphron de Gnosse s'est illustré par l'admirable construction du temple de Diane, à Éphèse; Philon, par celle

rabili fabricata : Philon, Athenis armamentario mille navium, Ctesibius pneumatica ratione et hydraulicis organis repertis : Dinocrates metatus Alexandro condente in Ægypto Alexandriam. Idem hic imperator edixit, ne quis ipsum alius, quam Apelles, pingeret : quam Pyrgoteles, sculperet : quam Lysippus, ex ære duceret : quæ artes pluribus inclaruere exemplis.

Pictura, sculptura æraria, marmoraria, eboraria, cælatura.

XXXIX. 38. Aristidis thebani pictoris unam tabulam, centum talentis rex Attalus licitus est. Octoginta emit duas Cæsar dictator, Medeam et Ajacem Timomachi, in templo Veneris Genetricis dicaturus. Candaules rex, Bularchi picturam Magnetum exitii, haud mediocris spatii, pari rependit auro. Rhodum non incendit rex Demetrius, Expugnator cognominatus, ne tabulam Protogenis cremaret, a parte ea muri locatam. Praxiteles marmore nobilitatus est, Gnidiaque Venere, præcipue vesano amore cujusdam juvenis insigni : et Nicomedis æstimatione regis, grandi Gnidiorum ære alieno permutare eam conati. Phidiæ Jupiter Olympius quotidie testimonium perhibet : Mentori Capitolinus, et Diana Ephesia, quibus fuere consecrata artis ejus vasa.

d'un arsenal, à Athènes, qui pouvait armer mille vaisseaux; Ctesibius, par l'invention de la pompe et d'autres
machines hydrauliques; Dinocrate, par le plan d'Alexandrie, ville qu'Alexandre bâtissait en Égypte. Ce conquérant défendit que nul autre qu'Apelles fît son portrait,
que nul autre que Pyrgotèle ou Lysippe le représentât en
marbre ou en bronze. Ainsi il n'est point d'art qui n'ait
été illustré par ce grand homme.

Peinture; gravure sur bronze, sur marbre, sur ivoire; ciselure.

XXXIX. 38. Un seul tableau d'Aristide, peintre thé-
bain, fut acheté cent talens, dans une vente publique,
par le roi Attale. Le dictateur César paya quatre-vingts
talens la Médée et l'Ajax de Timomaque, pour les placer
dans le temple de Venus genitrix. Le roi Candaule
acheta au poids de l'or un tableau de Bularque, d'une
assez grande dimension, représentant la destruction de
Magnésie. Demetrius, surnommé le preneur de villes,
ne voulut pas employer le feu contre Rhodes, dans la
crainte de brûler une peinture de Protogène, placée au
côté opposé du mur qu'il attaquait. Praxitèle s'est im-
mortalisé par ses ouvrages en marbre, par sa Venus de
Cnide, fameuse surtout par l'amour insensé d'un jeune
homme, et par l'estimation du roi Nicomède, qui, pour
l'acquérir, offrit aux Cnidiens de les libérer de leurs
dettes : elles étaient énormes. Le Jupiter Olympien renouvelle chaque jour la gloire de Phidias; celle de Mentor est assurée par le Jupiter Capitolin et par la Diane
d'Éphèse, à qui ont été consacrés les vases de cet artiste.

Pretia hominum insignia.

XL. 39. Pretium hominis in servitio geniti maximum ad hanc diem (quod equidem compererim) fuit grammaticæ artis Daphni, Gnatio Pisaurense vendente, et M. Scauro principe civitatis H-S DCC licente. Excessere hoc in nostro ævo nec modice histriones, sed libertatem suam mercati. Quippe quum jam apud majores Roscius histrio H-S D annua meritasse prodatur : nisi quis in hoc loco desiderat Armeniaci belli, paulo ante propter Tiridatem gesti, dispensatorem, quem Nero H-S $\overline{\text{CXXX}}$ manumisit. Sed hoc pretium belli, non hominis fuit : tam hercule, quam libidinis, non formæ, Pæzontem e spadonibus Sejano H-S $\overline{\text{D}}$ mercantea C. Lutorio Prisco. Quam quidem injuriam lucrifecit ille mercatus in luctu civitatis, quoniam arguere nulli vacabat.

De felicitate summa.

XLI. 40. Gentium in toto orbe præstantissima una omnium, virtute, haud dubie romana exstitit. Felicitas cui præcipua fuerit homini, non est humani judicii : quum prosperitatem ipsam alius alio modo, et suopte ingenio quisque terminet. Si verum facere judicium vo-

Haut prix de quelques esclaves.

XL. 39. Jamais, que je sache, homme né dans la servitude n'a été payé aussi cher que le grammairien Daphnus, qui fut vendu 700,000 sesterces, par Gnatius de Pisaure, à M. Scaurus, prince du sénat. De nos jours des comédiens ont de beaucoup excédé ce prix; mais ils traitaient eux-mêmes pour leur propre liberté; et déjà, du temps de nos ancêtres, Roscius gagnait 500,000 sesterces par an. Peut-être rappellera-t-on ici que le payeur de l'armée qui, dans ces derniers temps, a fait la guerre en Arménie pour Tiridate, paya sa liberté à Néron 13,000,000 de sesterces; mais ici l'on évaluait, non l'homme, mais le produit de sa place. Lorsque C. Lutorius Priscus vendit à Séjan l'eunuque Pezonte 50,000,000 de sesterces, ce fut la passion de l'acheteur, et non la beauté de l'esclave, qui détermina la somme. La consternation publique favorisa Priscus dans ce scandaleux marché, chacun étant alors trop occupé de ses maux pour songer à le lui reprocher.

Du plus haut point de bonheur.

XLI. 40. De tous les peuples de la terre, le plus vertueux a été, sans aucun doute, le peuple romain. Le jugement humain ne saurait décider quel a été l'homme le plus heureux, attendu que chacun définit le bonheur à sa manière et d'après ses propres sentimens. Si nous voulons juger sainement et sans rien donner aux séduc-

lumus, ac repudiata omni fortunæ ambitione decernere, mortalium nemo est felix. Abunde agitur, atque indulgenter fortuna decidit cum eo, qui jure dici non infelix potest. Quippe ut alia non sint, certe, ne lassescat fortuna, metus est : quo semel recepto, solida felicitas non est. Quid quod nemo mortalium omnibus horis sapit? utinamque falsum hoc, et non a vate dictum quam plurimi judicent! Vana mortalitas, et ad circumscribendum seipsam ingeniosa, computat more Thraciæ gentis : quæ calculos colore distinctos, pro experimento cujusque diei in urnam condit, ac supremo die separatos dinuemrat, atque ita de quoque pronuntiat. Quid quod iste calculi candore illo laudatus dies, originem mali habuit? Quam multos accepta adflixere imperia? quam multos bona perdidere, et ultimis mersere suppliciis? ista nimirum bona, si cui inter illa hora in gaudio fuit. Ita est profecto, alius de alio judicat dies, et tamen supremus de omnibus : ideoque nullis credendum est. Quid quod bona malis paria non sunt, etiam pari numero : nec lætitia ulla minimo mœrore pensanda? Heu vana et imprudens diligentia! numerus dierum comparatur : ubi quæritur pondus.

tions de la fortune, nul mortel n'est heureux. Celui-là n'a pas à se plaindre de la fortune, celui-là se voit traité avec faveur, de qui l'on peut dire qu'il n'est pas malheureux. Car, en supposant l'absence du malheur, il est au moins à craindre que la fortune ne se lasse, et cette crainte, dès qu'elle se glisse en nous, retranche quelque chose au bonheur. D'ailleurs il n'est personne qui ne manque quelquefois de sagesse. Puisse la majorité des hommes proclamer cette maxime fausse, et nier qu'elle ait été prononcée par un oracle! La frêle espèce humaine, ingénieuse dans sa vanité à s'abuser elle-même, calcule à la manière des Thraces, qui jettent, chaque soir, dans une urne des cailloux blancs ou noirs, suivant que la journée leur a paru heureuse ou malheureuse : à leur mort, on sépare les cailloux, on les compte, et l'on prononce. Mais ce jour dont on s'est applaudi, et dont le bonheur est attesté par une pierre blanche, n'a-t-il pas lui-même été l'origine de quelque malheur? Combien d'hommes ont trouvé leur infortune dans le pouvoir qu'ils avaient reçu! Combien ont été perdus et précipités dans les supplices par leurs propres biens! car c'est ainsi qu'ils nomment les objets qui ont pu leur procurer une heure de joie. Ainsi les jours se jugent l'un par l'autre, et cependant c'est le dernier qui décide de tous. Nous ne pouvons donc asseoir de certitude sur aucun. Ajoutons qu'il n'y a point de parité entre les biens et les maux, y eût-il nombre égal de part et d'autre. Le plus léger chagrin ne se compense par aucun plaisir. Exactitude vaine et fallacieuse! On compte les jours lorsqu'il faudrait les peser.

Raritas continuationis in familiis.

XLII. 41. Una feminarum in omni ævo Lampido Lacedæmonia reperitur, quæ regis filia, regis uxor, regis mater fuerit. Una Berenice, quæ filia, soror, mater olympionicarum. Una familia Curionum, in qua tres continua serie oratores exstiterunt. Una Fabiorum, in qua tres continui principes senatus, M. Fabius Ambustus, Fabius Rullianus filius, Q. Fabius nepos.

Varietatis exempla mirabilia.

XLIII. 42. Cetera exempla fortunæ variantis innumera sunt. Etenim quæ facit magna gaudia, nisi ex malis? aut quæ mala immensa, nisi ex ingentibus gaudiis?

43. Servavit proscriptum a Sulla M. Fidustium senatorem, annis xxxvi; sed et iterum proscriptus. Superstes Sullæ vixit, sed usque ad Antonium : constatque nulla alia de causa ab eo proscriptum, quam quia proscriptus fuisset.

Honorum exempla mirabilia.

XLIV. Triumphare P. Ventidium de Parthis voluit quidem solum, sed eumdem in triumpho Asculano Cn. Pompeii Strabonis duxit puerum : quanquam Masurius

Rareté du bonheur se perpétuant dans les mêmes familles.

XLII. 41. On ne trouve, dans la suite des siècles, qu'une femme, la Lacédémonienne Lampido, qui ait été fille, femme et mère de rois; que Bérénice, qui ait été fille, sœur et mère de vainqueurs aux jeux Olympiques; que la famille des Curions qui ait produit, par une succession non interrompue, trois orateurs; que celle des Fabius qui ait donné, aussi de suite, trois princes au sénat, Fabius Ambustus, Fabius Rullianus son fils, et Q. Fabius Gurgès son petit-fils.

Exemples de vicissitudes remarquables.

XLIII. 42. La fortune a fourni d'innombrables exemples de ses vicissitudes. En effet, quels vifs plaisirs donne-t-elle sans les faire précéder par des peines? Ses rigueurs les plus cruelles ne sont-elles pas celles qu'elle fait succéder à ses plus grandes faveurs?

43. Elle conserva trente-six ans M. Fidustius sénateur, proscrit par Sylla; mais il fut proscrit une seconde fois. Il survécut à Sylla jusqu'au temps d'Antoine, qui n'eut, la chose est certaine, pour le proscrire d'autre motif que sa première proscription.

Exemples étonnans de dignités accumulées.

XLIV. Elle a accordé au seul Ventidius l'honneur de triompher des Parthes; mais elle l'avait traîné enfant derrière le char de Pompée Strabon, qui triomphait d'Asculum. Masurius prétend qu'il fut deux fois conduit

auctor est bis in triumpho ductum : Cicero, mulionem castrensem suffarancum fuisse : plurimi, juventam inopem in caliga militari tolerasse. Fuit et Balbus Cornelius major consul, sed accusatus, atque de jure virgarum in eum, judicum in consilium missus : primus externorum, atque etiam in Oceano genitorum usus illo honore, quem majores Latio quoque negaverunt. Est et L. Fulvius inter insignia exempla, Tusculanorum rebellantium consul : eodemque honore, quum transisset, exornatus confestim a populo romano : qui solus eodem anno, quo fuerat hostis, Romæ triumphavit ex iis, quorum consul fuerat.

Unus hominum ad hoc ævi Felicis sibi cognomen adseruit L. Sulla, civili nempe sanguine, ac patriæ oppugnatione adoptatum. Et quibus felicitatis inductus argumentis? quod proscribere tot millia civium ac trucidare potuisset. O prava interpretatio, et futuro tempore infelix? Non melioris sortis tunc fuere pereuntes, quorum miseremur hodie, quum Sullam nemo non oderit? Age, non exitus vitæ ejus, omnium proscriptorum ab illo calamitate crudelior fuit, erodente se ipso corpore, et supplicia sibi gignente? Quod ut dissimulaverit, et supremo somnio ejus (cui immortuus quodammodo est) credamus, ab uno illo invidiam gloria victam : hoc tamen nempe felicitati suæ defuisse confessus est, quod Capitolium non dedicavisset.

en triomphe. Suivant Cicéron, il avait été aide-mule-
tier pour l'approvisionnement du camp; suivant le plus
grand nombre, il passa une jeunesse indigente au dernier rang de la milice. Balbus Cornelius l'aîné fut consul, mais après s'être vu contester le droit de citoyen,
après avoir vu les juges poser cette question : Balbus
peut-il être battu de verges? Il fut le premier des étrangers, le premier des hommes nés au bord de l'Océan, qui
parvint à un honneur que nos ancêtres n'accordaient pas
même aux Latins. Parmi les exemples remarquables, se
trouve aussi L. Fulvius, consul des Tusculans révoltés.
Il passa chez les Romains, qui l'élevèrent aussitôt à la
même dignité. C'est le seul que l'on ait vu, dans la même
année, armé contre Rome, puis triomphateur à Rome
de ceux dont il avait été consul.

Jusqu'à présent Sylla est le seul homme qui se soit
arrogé le surnom d'Heureux, fondé probablement sur
l'effusion du sang romain et sur l'oppression de sa patrie.
Mais à quel titre s'est-il dit heureux? est-ce pour avoir
eu le pouvoir de proscrire et de massacrer tant de milliers
de citoyens? Fausse et barbare interprétation du bonheur,
et dont les suites devaient être si déplorables! Ne sont-
ils pas plus heureux que lui, ceux qui périrent alors?
ils inspirent aujourd'hui un touchant intérêt; Sylla n'excite que l'horreur. Mais voyez la fin de sa vie : ne fut-
elle pas plus douloureuse que tous les maux réunis de
ceux qu'il avait proscrits, quand sa chair se dévorait
elle-même et enfantait son propre supplice? Qu'il ait dis-
simulé ses souffrances, et que nous croyions, d'après ce
dernier songe auquel il survécut à peine, que lui seul a

Decem res in uno felicissimæ.

XLV. Quintus Metellus in ea oratione, quam habuit supremis laudibus patris sui L. Metelli, pontificis, bis consulis, dictatoris, magistri equitum, quindecimviri agris dandis, qui primus elephantos ex primo punico bello duxit in triumpho, scriptum reliquit, « decem maximas res optimasque, in quibus quærendis sapientes ætatem exigerent, consummasse eum. Voluisse enim primarium bellatorem esse, optimum oratorem, fortissimum imperatorem, auspicio suo maximas res geri, maximo honore uti, summa sapientia esse, summum senatorem haberi, pecuniam magnam bono modo invenire, multos liberos relinquere, et clarissimum in civitate esse : hæc contigisse ei, nec ulli alii post Romam conditam. » Longum est refellere et supervacuum, abunde uno casu refutante. Siquidem is Metellus orbam luminibus exegit senectam, amissis incendio, quum Palladium raperet ex æde Vestæ, memorabili causa, sed eventu misero. Quo fit, ut infelix quidem dici non debeat, felix tamen non possit. Tribuit ei populus roma-

triomphé de l'envie par sa gloire, il a cependant avoué
que l'inauguration du Capitole avait manqué à son
bonheur.

Réunion de dix élémens d'extrême bonheur chez le même
individu.

XLV. Quintus Metellus, dans l'oraison funèbre qu'il
prononça en l'honneur de son père, L. Metellus, pontife, deux fois consul, dictateur, maître de la cavalerie,
quindecimvir pour le partage des terres, le premier qui
conduisit des éléphans en triomphe, après la première
guerre punique, a écrit que son père avait réuni complètement en lui les dix principaux avantages qui soient
l'objet des vœux et des efforts des hommes sages; qu'il
avait voulu être le premier guerrier de son temps, le meilleur orateur, le plus brave général, chargé de la conduite
des affaires les plus importantes, élevé à la plus haute
dignité, distingué par une sagesse supérieure, reconnu
comme un sénateur accompli, possesseur d'une grande
fortune honorablement acquise, chef d'une famille nombreuse, et le citoyen le plus illustre de la république ; que
tous ses vœux avaient été comblés, bonheur qui n'était
arrivé qu'à lui depuis la fondation de Rome. Il serait long
et superflu de combattre une assertion suffisamment réfu-
tée par un seul fait : c'est que Metellus fut privé de la vue
dans sa vieillesse. Il la perdit dans un incendie, en en-
levant le palladium du temple de Vesta, action glorieuse
assurément, mais dont le résultat fut néanmoins triste
pour lui. Sans doute on ne peut voir en lui un homme

nus, quod nunquam ulli alii ab condito ævo, **ut quoties**
in senatum iret, curru veheretur ad curiam. Magnum et
sublime, sed pro oculis datum.

44. Hujus quoque Q. Metelli, qui illa de patre dixerat, filius, inter rara felicitatis humanæ exempla nume-
ratur. Nam præter honores amplissimos, cognomenque
e Macedonia, quatuor filiis illatus rogo, uno **prætorio**,
tribus consularibus, duobus triumphalibus, uno censorio : quæ singula quoque paucis contigere : in ipso tamen
flore dignationis suæ ab C. Attinio Labeone, cui cognomen fuit Macerioni, tribuno plebis, quem e senatu censor ejecerat, revertens e Campo meridiano tempore,
vacuo foro et Capitolio, ad Tarpeium raptus, ut præci-
pitaretur, convolante quidem tam numerosa illa cohorte,
quæ patrem eum appellabat, sed (ut necesse erat in subito) tarde et tanquam in exsequias, quum resistendi
sacroque sanctum repellendi jus non esset, virtutis suæ
opera et censuræ periturus, ægre tribuno, qui interce-
deret, reperto, a limine ipso mortis revocatus : alieno
beneficio postea vixit, bonis inde etiam consecratis a
damnato suo : tanquam parum esset, faucium certe
intortarum, expressique per aures sanguinis pœna exacta
est. Equidem et Africani sequentis inimicum fuisse,

malheureux ; mais qu'il s'en faut que se soit là le bonheur! Le peuple romain lui accorda un droit que jamais, depuis la fondation de Rome , nul autre n'avait obtenu , celui de se faire porter sur un char toutes les fois qu'il se rendait au sénat. Distinction grande et magnifique! mais ses yeux en étaient le prix.

44. Le fils de Metellus, qui avait fait cet éloge de son père, est lui-même compté parmi les exemples rares de félicité humaine. Car, après avoir été honoré des plus hautes dignités, et du surnom de Macédonique, il fut porté au bûcher par ses quatre fils, dont un avait été préteur, trois avaient été consuls, deux avaient triomphé, un avait été censeur. Peu d'hommes ont obtenu même un seul de ces honneurs. Cependant, au moment le plus brillant de sa gloire, le tribun du peuple C. Attinius Labéon, surnommé Macérion, qu'il avait exclu du sénat, lorsqu'il était censeur, s'empare de lui à l'instant où il revient du Champ-de-Mars, à midi, lorsque le forum et le Capitole se trouvent déserts ; Metellus est traîné vers la roche Tarpéienne , pour être précipité ; cette foule de personnes qui le nomment leur père, vole, mais en vain ; le cas est urgent ; elle arrivera trop tard, et comme pour former son cortège funèbre , n'ayant le droit ni de résister, ni de s'opposer à l'inviolabilité d'un tribun. Metellus va périr victime de sa vertu et de son devoir , lorsqu'enfin l'intervention , difficilement obtenue, d'un autre tribun, le rappelle des portes de la mort. Il vécut depuis de secours étrangers , ses biens ayant été consacrés par cet homme qu'il avait dégradé, et qui ne crut pas avoir assez fait pour sa vengeance,

inter calamitates duxerim, ipso teste Macedonico. Siquidem liberis dixit : « Ite, filii, celebrate exsequias, nunquam civis majoris funus videbitis. » Et hoc dicebat jam Balearicis, et Dalmaticis, jam Macedonicus ipse. Verum ut illa sola injuria æstimetur, quis hunc jure felicem dixerit, periclitatum ad libidinem inimici, nec Africani saltem, perire? Quos hostes vicisse tanti fuit? aut quos non honores currusque illa sua violentia fortuna retroegit, per mediam urbem censore tracto (etenim sola hæc morandi ratio fuerat), tracto in Capitolium illud, in quod triumphans ipse de eorum exuviis, ne captivos quidem sic traxerat? Majus hoc scelus felicitate consecuta factum est, periclitato Macedonico vel funus tantum ac tale perdere, in quo a triumphalibus liberis portaretur in rogum, velut exsequiis quoque triumphans. Nulla est profecto solida felicitas, quam contumelia ulla vitæ rumpit, nedum tanta. Quod superest, nescio morum gloriæ, an indignationis dolori accedat, inter tot Metellos tam sceleratam C. Attinii audaciam semper fuisse inultam.

en lui comprimant la gorge au point de lui faire jaillir le sang par les oreilles. Pour moi, je compterai au nombre des malheurs, d'avoir été l'ennemi du second Africain, en m'appuyant du témoignage de Metellus lui-même : « Allez, mes enfans, disait-il à ses fils, rendez les derniers devoirs à Scipion; vous ne verrez jamais les funérailles d'un plus grand citoyen. » Et il parlait ainsi à ses fils, déjà honorés l'un du surnom de Baléarique, l'autre de celui de Dalmatique, et honoré lui-même de celui de Macédonique. Mais à ne considérer que la violence dont je viens de parler, peut-on à juste titre appeler heureux celui dont la vie a dépendu du caprice d'un ennemi? encore si c'eût été un Scipion? Quelle victoire valut jamais la peine d'être achetée si cher? Tous les honneurs et les chars de triomphe ne sont-ils pas effacés par la cruauté de cette fortune, qui permit qu'un censeur se laissât traîner dans Rome, car il n'avait pas d'autre moyen de gagner du temps, et traîner vers ce Capitole où il avait conduit moins ignominieusement les captifs dont il triomphait? Cet attentat est rendu plus affreux encore par le bonheur qui a suivi, puisqu'il aurait privé le vainqueur de Macédoine de l'honneur, si grand et si rare, d'être porté au bûcher par des fils triomphateurs, triomphant lui-même, en quelque sorte, jusque dans ses funérailles. On ne peut appeler bonheur parfait celui qui a éprouvé une atteinte, et surtout une atteinte aussi cruelle. Au reste, doit-on louer les mœurs de ce temps, ou s'indigner que, parmi tant de Metellus, l'audace criminelle d'Attinius soit restée impunie?

Divi Augusti adversa.

XLVI. 45. In divo quoque Augusto, quem universa mortalitas in hac censura nuncupat, si diligenter æstimentur cuncta, magna sortis humanæ reperiantur volumina. Repulsa in magisterio equitum apud avunculum, et contra petitionem ejus prælatus Lepidus : proscriptionis invidia, collegium in triumviratu pessimorum civium, nec æqua saltem portione, sed prægravi Antonio : Philippensi prælio morbus, fuga, et triduo in palude ægroti, et (ut fatentur Agrippa et Mæcenas) aqua subter cutem fusa turgidi, latebra : naufragia sicula, et alia ibi quoque in spelunca occultatio. Jam in navali fuga urgente hostium manu, preces Proculeio mortis admotæ ; cura perusinæ contentionis : sollicitudo Martis actiaci : pannonicis bellis ruina e turri : tot seditiones militum, tot ancipites morbi corporis : suspecta Marcelli vota, pudenda Agrippæ ablegatio, toties petita insidiis vita, incusatæ liberorum mortes, luctusque non tantum orbitate tristes : adulterium filiæ, et consilia parricidæ palam facta : contumeliosus privigni Neronis secessus : aliud neptis adulterium : juncta deinde tot mala : inopia stipendii, rebellio Illyrici, servitiorum delectus, juventutis penuria, pestilentia Urbis, fames sitisque Italiæ, destinatio exspirandi, et quatridui inedia

Malheurs d'Auguste.

XLVI. 45. La fortune d'Auguste, que tous les hommes s'accordent à porter sur la liste des heureux, présente aussi bien des fluctuations, quand on examine attentivement les détails de sa vie, la préférence donnée sur lui à Lepidus, pour la place de maître de la cavalerie, qu'il avait sollicitée auprès de son oncle; la haine que lui attira la proscription; le partage du triumvirat avec les plus scélérats des hommes, partage encore inégal, et où il se trouva écrasé par Antoine; sa maladie pendant le combat de Philippes; sa fuite, pendant laquelle il resta trois jours caché dans un marais, malade, et, de l'aveu d'Agrippa et de Mécène, enflé d'une hydropisie; ses naufrages en Sicile, où il fut réduit à se cacher encore dans une caverne; ce désespoir, qui le força de demander la mort à Proculeius, lorsqu'il fuyait pressé par les vaisseaux ennemis; son embarras dans l'émeute de Pérouse; ses inquiétudes sur la bataille d'Actium; la chute de cette machine de guerre qui faillit l'écraser, en Pannonie; tant de séditions parmi les soldats, tant de maladies dangereuses; les vœux suspects de Marcellus; le honteux exil d'Agrippa; les nombreux complots tramés contre sa vie; la mort de ses enfans, qui lui fut imputée, et un deuil où tout fut plus cruel encore que la perte même; l'adultère de sa fille, et ses desseins parricides dévoilés; la retraite outrageante de Néron, son gendre; l'adultère qui déshonora aussi sa petite-fille; ensuite tant d'autres maux; le défaut d'argent

major pars mortis in corpus recepta. Juxta hæc Variana
clades, et majestatis ejus fœda sugillatio, abdicatio Pos-
thumi Agrippæ post adoptionem, desiderium post relega-
tionem : inde suspicio in Fabium, arcanorumque prodi-
tionem : hinc uxoris et Tiberii cogitationes, suprema
ejus cura. In summa, deus ille, cælumque, nescio adep-
tus magis, an meritus, hærede hostis sui filio excessit.

Quos dii felicissimos judicaverint.

XLVII. 46. Subeunt in hac reputatione delphica
oracula, velut ad castigandam hominum vanitatem a deo
emissa. Duo sunt hæc : Phedium felicissimum, qui pro
patria proxime occubuisset. Iterum a Gyge rege tunc
amplissimo terrarum consultum, Aglaum Psophidium
esse feliciorem. Senior hic in angustissimo Arcadiæ an-
gulo parvum, sed annuis victibus large sufficiens, præ-
dium colebat, nunquam ex eo egressus : atque (ut e vitæ
genere manifestum est) minima cupidine minimum in
vita mali expertus.

pour payer les soldats; la révolte de l'Illyric; l'enrôlement des esclaves; la disette des jeunes citoyens; la peste dans Rome; la famine et la sècheresse dans l'Italic; le dessein formé de se laisser mourir, et presque exécuté par une diète de quatre jours. Ajoutez la défaite de Varus, les libelles répandus contre lui, l'abdication d'Agrippa Posthume, après l'avoir adopté, et ses regrets après l'avoir exilé; d'un côté, ses soupçons que Fabius avait trahi ses secrets, et de l'autre son inquiétude sur les projets de son épouse et de Tibère, inquiétude qui empoisonna ses derniers momens. Enfin ce dieu, à qui l'on a ouvert le ciel, peut-être un peu gratuitement, mourut, laissant pour héritier le fils d'un homme qui lui avait fait la guerre.

Les plus heureux des hommes selon l'oracle.

XLVII. 46. Ici se présentent à notre pensée deux oracles de Delphes, que le dieu semble avoir prononcés pour humilier la vanité humaine. Par le premier, il déclare le plus heureux de tous les hommes, Phedius, qui venait de mourir pour sa patrie. Consulté une autre fois par Gygès, alors le plus puissant roi du monde, il répondit qu'Aglaüs de Psophis était plus heureux que lui. C'était un vieillard qui cultivait, dans un coin de l'Arcadie, un héritage peu étendu, mais qui néanmoins suffisait abondamment à tous ses besoins de l'année. Il n'en était jamais sorti; et, comme son genre de vie le fait concevoir, ayant eu moins de désirs, il avait éprouvé moins de maux.

Quem viventem ut deum coli jusserint. Fulgur mirabile.

XLVIII. 47. Consecratus est vivus sentiensque oraculi ejusdem jussu et Jovis deorum summi adstipulatu, Euthymus pycta, semper Olympiæ victor, et semel victus. Patria ei Locri in Italia : ibi imaginem ejus, et Olympiæ alteram, eadem die tactam fulmine, Callimachum, ut nihil aliud, miratum video, ad eumque jussisse sacrificari : quod et vivo factitatum et mortuo, nihilque adeo mirum aliud, quam hoc placuisse diis.

De spatiis vitæ longissimis.

XLIX. 48. De spatio atque longinquitate vitæ hominum, non locorum modo situs, verum exempla, ac sua cuique sors nascendi incertum fecere. Hesiodus, qui primus aliqua de hoc prodidit, fabulose (ut reor) multa de hominum ævo referens, cornici novem nostras adtribuit ætates, quadruplum ejus cervis, id triplicatum corvis. Et reliqua fabulosius in phœnice, ac nymphis. Anacreon poeta Arganthonio Tartessiorum regi cl tribuit annos, Cyniræ Cypriorum x annis amplius, Ægimio cc.

Homme auquel l'oracle ordonne de rendre de son vivant les hommages divins. Éclair merveilleux.

XLVIII. 47. Par l'ordre du même oracle, et avec l'assentiment de Jupiter, le plus grand des dieux, le pugiliste Euthyme, toujours vainqueur dans les combats olympiques, moins une seule fois, reçut, vivant, les honneurs de l'apothéose. On lui éleva une statue, à Locres en Italie, sa patrie, et une autre à Olympie. Je vois que Callimaque, regardant comme un fait des plus merveilleux que ces deux statues eussent été frappées de la foudre le même jour, voulut qu'on sacrifiât à l'athlète. Ce sacrifice fut offert plusieurs fois et pendant la vie et après la mort d'Euthyme. Rien ne me paraît plus merveilleux en effet, que cette approbation ainsi manifestée des dieux.

De la plus longue durée de la vie.

XLIX. 48. La différence des climats, la variété des exemples, et la destinée particulière à chacun, empêchent de rien établir de certain sur la durée de la vie humaine. Hésiode, qui a le premier traité ce sujet, en rapportant sur la vie de l'homme plusieurs faits qui me paraissent fabuleux, attribue à la corneille une vie neuf fois aussi longue que la nôtre, au cerf, quatre fois la vie de la corneille, et trois fois la vie du cerf au corbeau ; ce qu'il dit du phénix et des nymphes est plus fabuleux encore. Le poète Anacréon donne cent cinquante ans à Arganthonius, roi des Tartessiens, dix de plus à Cyni-

Theopompus Epimenidi Gnossio clvii; Hellanicus quosdam in Ætolia Epiorum gentis cc explere. Cui adstipu-
latur Damastes, memorans Pictorcum ex iis præcipuum
corpore viribusque, etiam ccc vixisse. Ephorus Arcadum
reges ccc annis. Alexander Cornelius, Dandonem quemdam in Illyrico d vixisse. Xenophon in Periplo, Tyriorum
insulæ regem dc, atque ut parce mentitus, filium ejus
dccc, quæ omnia inscitia temporum acciderunt. Annum
enim alii æstate unum determinabant, et alterum hieme :
alii quadripartitis temporibus, sicut Arcades, quorum
anni trimestres fuere : quidam lunæ senio, ut Ægyptii :
itaque apud eos aliqui et singula millia annorum vixisse
produntur.

Sed ut ad confessa transeamus, Arganthonium Gadi-
tanum octoginta annis regnasse prope certum est : putant
quadragesimo cœpisse. Masinissam sexaginta annis regnasse indubitatum est : Gorgiam Siculum centum et
octo vixisse. Q. Fabius Maximus sexaginta tribus annis
augur fuit. M. Perpenna, et nuper L. Volusius Saturninus, omnium quos in consulatu sententiam rogaverant,
superstites fuere. Perpenna septem reliquit ex iis, quos
censor legerat : vixit annos xcviii. Qua in re et illud

ras, roi de Chypre, et deux cents ans à Egimius. Théopompe en donne cent cinquante-sept à Épiménide de Gnosse. Chez les Epiens, en Étolie, quelques hommes, suivant Hellanicus, vivent deux cents ans : ce fait est confirmé par Damaste, qui rapporte que Pictorée, l'un d'eux, d'une corpulence et d'une force extraordinaires, vécut jusqu'à trois cents ans. Éphore donne cet âge à quelques rois arcadiens. Alexandre Corneille prétend qu'un certain Dandon, Illyrien, vécut cinq cents ans. Xénophon, dans son Périple, porte à six cents ans la vie d'un roi des Tyriens, et, comme si le mensonge eût été trop faible, celle de son fils à huit cents. Tout cela vient de ce que l'on ne savait pas calculer le temps. Les uns comptaient l'été pour une année, et l'hiver pour une autre; plusieurs considéraient comme une année chacune des quatre saisons, comme les Arcadiens, chez qui les années étaient de trois mois; d'autres, comme les Égyptiens, les mesuraient par les lunes : voilà pourquoi quelques-uns d'entre eux sont cités comme ayant vécu mille ans.

Mais pour en venir à des faits mieux connus, il est à peu près certain qu'Arganthonius de Cadix régna quatre-vingts ans, et l'on pense qu'il monta sur le trône à l'âge de quarante ans. Il est hors de doute que Masinissa régna soixante ans, et que le Sicilien Gorgias en vécut cent huit. Q. Fabius Maximus fut augure pendant soixante-trois ans. M. Perpenna et, de nos jours, L. Volusius Saturninus, ont survécu à tous ceux dont ils avaient recueilli les suffrages dans le consulat. Perpenna mourut à quatre-vingt-dix-huit ans, ne laissant après lui que sept des sénateurs qu'il avait élus lorsqu'il était censeur.

adnotare succurrit, unum omnino quinquennium fuisse, quo senator nullus moreretur : quum Flaccus et Albinus censores lustrum condidere, usque ad proximos censores, ab anno Urbis quingentesimo septuagesimo nono. M. Valerius Corvinus, c annos implevit : cujus inter primum et sextum consulatum xlvi anni fuere. Idem sella curuli semel ac vicies sedit, quoties nemo alius. Æquavit ejus vitæ spatium Metellus pontifex.

Et ex feminis Livia Rutilii xcvii annos excessit : Statilia, Claudio principe, ex nobili domo, nonaginta novem : Terentia Ciceronis ciii, Clodia Ofilii cxv, hæc quidem etiam enixa quindecies. Lucceia mima centum annis in scena pronuntiavit. Galeria Copiola Emboliaria reducta est in scenam, C. Poppæo, Q. Sulpicio coss. ludis pro salute divi Augusti votivis, annum centesimum quartum agens : quæ producta fuerat tirocinio a M. Pomponio ædili plebis, C. Mario, Cn. Carbone consulibus, ante annos nonaginta unum : et a Magno Pompeio magni theatri dedicatione, anus pro miraculo reducta. Sammulam quoque centum decem annis vixisse, auctor est Asconius Pedianus. Minus miror Stephanionem (qui primus togatas saltare instituit) utrisque sæcularibus ludis saltasse, et divi Augusti, et quos Claudius Cæsar consulatu suo quarto fecit, quando lxiii non amplius anni interfuere, quanquam et postea diu vixit. In Tmoli mon-

Observons à ce sujet qu'il n'est arrivé qu'une fois de voir passer cinq années de suite sans qu'il soit mort un sénateur : ce fut à partir du lustre clos par les censeurs Flaccus et Albinus, l'an de Rome 579, jusqu'aux censeurs suivans. Valerius Corvinus vécut cent ans ; il y eut un intervalle de quarante-six ans entre son premier et son sixième consulat. Il obtint vingt-une fois la chaise curule, ce qui n'est arrivé qu'à lui. Le pontife Metellus atteignit le même âge.

Parmi les femmes, Livie, épouse de Rutilius, passa quatre-vingt-dix-sept ans. Sous l'empire de Claude, Statilia, d'une famille distinguée, est morte à quatre-vingt-dix-neuf ans ; Terentia, femme de Cicéron, vécut cent trois ans, et Clodia, femme d'Ofilius, cent quinze. Celle-ci avait même eu quinze enfans. La même Lucceia déclama sur la scène à cent ans, et Galeria Copiola, actrice des intermèdes, y parut à cent quatre, aux jeux célébrés pour la santé d'Auguste, sous le consulat de C. Poppeius et de Sulpitius. Elle avait débuté quatre-vingt-onze ans auparavant, sous le consulat de C. Marius et de Cn. Carbon, aux jeux de l'édile M. Pomponius. Lorsque le grand Pompée fit la dédicace de son grand théâtre, il la reproduisit sur la scène, pour que, déjà alors, on admirât son grand âge. Asconius Pedianus rapporte que Sammula vécut aussi cent dix ans. Je trouve moins étonnant que Stéphanion, qui exécuta le premier des danses romaines sur le théâtre, ait paru deux fois aux jeux séculaires, d'abord sous Auguste, et ensuite sous le quatrième consulat de Claude, car l'intervalle ne fut que de soixante-trois ans ; il vécut même encore

tis cacumine, quod vocant Tempsin, cl annis vivere,
Mucianus auctor est. Totidem annos censum Claudii Cæsaris censura T. Fullonium Bononiensem : idque collatis censibus quos ante detulerat, vitæque argumentis
(etenim id curæ principi erat) verum apparuit.

De varietate nascendi.

L. 49. Poscere videtur locus ipse sideralis scientiæ
sententiam. Epigenes cxii annos impleri negavit posse ,
Berosus excedi cxvi. Durat et ea ratio, quam Petosiris
ac Necepsos tradiderunt, et *tetartemorion* appellant, a
trium signorum portione, qua posse in Italiæ tractu
cxxiv annos vitæ contingere apparet. Negavere illi quemquam xc partium exortivam mensuram (quod *anapho-
ras* vocant) transgredi, et has ipsas incidi occursu ma-
leficorum siderum, aut etiam radiis eorum, solisque.
Schola rursus Æsculapii secuta, quæ stata vitæ spatia a
stellis accipi dicit, sed quantum plurimum tribuat incertum est. Rara autem esse dicunt longiora tempora,
quandoquidem momentis horarum insignibus, lunæ dierum, ut vii atque xv (quæ nocte ac die observantur),
ingens turba nascatur, scansili annorum lege occidua,
quam *climacteras* appellant, non fere ita genitis liv annum excedentibus.

long-temps après. Mucien prétend que sur le sommet du Tmole, qu'on nomme Tempsis, les habitans vivent jusqu'à cent cinquante ans; qu'au dénombrement qui eut lieu sous Claude, Fullonius de Bologne se fit inscrire comme ayant cet âge. L'empereur voulut s'en assurer, et la vérité fut attestée par la confrontation des registres et autres preuves que le vieillard donna de son existence.

Différences des destinées selon l'instant de la naissance.

L. 49. Il semble que c'est ici le lieu de parler de l'astrologie. Epigène établit que la vie humaine ne peut compléter cent douze ans, et Bérose, qu'elle ne peut passer cent seize. On suit encore aujourd'hui le système transmis par Petosiris et Nécepsos, et par eux nommé *tétartémorion*, de la division des signes en groupes de trois, d'après lequel la vie peut, en Italie, atteindre cent vingt-quatre ans. Ils mettent en principe que la vie, à partir du premier point d'ascension d'un signe, ne peut aller au delà de quatre-vingt-dix degrés, qu'ils nomment *anaphores*, et qui peuvent être interrompus par la rencontre d'astres malfaisans, ou même par leurs rayons et par ceux du soleil. A cette école a succédé celle d'Esculape, qui, sans déterminer la durée de la vie, l'a subordonnée aux étoiles. Les sectateurs de cette école prétendent que les longues vies sont rares, parce que beaucoup de naissances arrivent aux heures critiques des jours lunaires, par exemple à la septième et à la quinzième, qui se comptent également le jour et la nuit; que les personnes qui naissent à ces heures, se trouvent sou-

Primum ergo artis ipsius inconstantia declarat, quam incerta res sit. Accedunt experimenta recentissimi census, quem intra quadriennium imperatores Cæsares Vespasiani, pater filiusque censores egerunt. Nec sunt omnia vasaria excutienda : mediæ tantum partis, inter Apenninum Padumque, ponemus exempla. Centum viginti annos Parmæ tres edidere, Brixelli unus cxxv, Parmæ duo cxxx, Placentiæ unus cxxxi, Faventiæ una mulier cxxxv, Bononiæ L. Terentius Marci filius, Arimini vero M. Aponius, c et l, Tertulla cxxxvii. Circa Placentiam in collibus oppidum est Veleiatium, in quo cx annos sex detulere, quatuor centenos vicenos : unus, cl. M. Mucius M. filius, Galeria, Felix. Ac ne pluribus moremur in re confessa, in regione Italiæ octava centenum annorum censi sunt homines liv, centenum denum homines xiv, centenum vicenum quinum homines duo, centenum tricenum homines quatuor, centenum tricenum quinum aut septenum totidem, centenum quadragenum homines tres.

Alia mortalitatis inconstantia : Homerus eadem nocte natos Hectorem et Polydamanta tradit, tam diversæ sortis viros. C. Mario, Cn. Carbone iii coss. a. d. quintum kalend. junias, M. Cæcilius Rufus et C. Licinius Cal-

mises à une progression d'années qu'on appelle climaté-
riques, et ne passent guère cinquante-quatre ans.

Les variations d'une telle doctrine prouvent son incertitude. On peut lui opposer encore l'expérience et les
exemples du dernier recensement fait, il y a quatre ans,
sous la censure de l'empereur Vespasien et de son fils.
Sans qu'il soit besoin de compulser tous les registres, je me
bornerai à citer la partie de l'Italie située entre l'Apennin
et le Pô. A Parme, trois citoyens déclarèrent cent vingt
ans; un, à Brixelles, cent vingt-cinq; deux, à Parme,
cent trente; un, à Plaisance, cent trente-un; une femme,
à Faventia, cent trente-cinq; à Bologne, Terentius, fils
de Marcus, et à Rimini, M. Aponius, cent cinquante;
Tertulla, aussi à Rimini, cent trente-sept; à Veleia,
ville située sur des collines, aux environs de Plaisance,
six déclarèrent cent dix ans; quatre, cent vingt, et
M. Mucius Felix, fils de Mucius et de Galeria, cent quarante. Mais pour ne pas nous arrêter plus long-temps à
prouver ce que personne ne conteste, la huitième région
de l'Italie offrit, au recensement, cinquante-quatre
hommes de cent ans, quatorze de cent dix, deux de cent
vingt-cinq, quatre de cent trente, autant de cent trente-
cinq ou de cent trente-sept, trois de cent quarante.

Et d'ailleurs, quelle diversité dans la vie des hommes!
Homère nous dit qu'Hector et Polydamas, qui eurent un
sort si différent, étaient nés la même nuit. M. Cecilius
Rufus et C. Licinius Calvus naquirent l'un et l'autre le
cinquième jour avant les kalendes de juin, sous le con-

vus eadem die geniti sunt, oratores quidem ambo, sed tam dispari eventu. Hoc etiam iisdem horis nascentibus in toto mundo quotidie evenit, pariterque domini ac servi gignuntur, reges et inopes.

In morbis exempla varia.

LI. 5o. Publius Cornelius Rufus, qui consul cum M. Curio fuit, dormiens oculorum visum amisit, quum id sibi accidere somniaret. E diverso Pheraeus Iason deploratus a medicis vomicae morbo, quum mortem in acie quaereret, vulnerato pectore medicinam invenit ex hoste. Q. Fabius Maximus consul apud flumen Isaram proelio commisso adversus Allobrogum Arvernorumque gentes, a. d. vi idus augustas, cxxx m perduellium caesis, febri quartana liberatus est in acie.

Incertum ac fragile nimium est hoc munus naturae, quidquid datur nobis : malignum vero et breve etiam in his, quibus largissime contigit, universum utique aevi tempus intuentibus. Quid quod aestimatione nocturnae quietis, dimidio quisque spatio vitae suae vivit? pars aequa morti similis exigitur, aut poenae, nisi contigit quies. Nec reputantur infantiae anni, qui sensu carent : non senectae, in poenam vivacis. Tot periculorum genera, tot morbi, tot metus, tot curae, toties invocata morte, ut nullum

sulat de C. Marius et de Cn. Carbon; tous deux, à la vérité, furent orateurs, mais ils n'eurent pas la même fortune. Il en est de même pour tant d'hommes qui, dans tout l'univers, naissent à la même heure. Maîtres et esclaves, rois et mendians, naissent sous les mêmes constellations.

Divers exemples de maladies.

LI. 5o. Publius Cornelius Rufus, qui fut consul avec M. Curius, perdit la vue en dormant, pendant qu'il rêvait que ce malheur lui arrivait. Plus heureux, Jason de Phères, malade d'un abcès, et dont les médecins avaient désespéré, cherche la mort au milieu des armes, et le fer d'un ennemi qui lui perce la poitrine opère sa guérison. Q. Fabius Maximus, consul, ayant livré bataille aux Allobroges et aux Arvernes, sur les bords de l'Isère, le six des ides d'août, leur tua cent trente mille hommes, et, dans la chaleur de l'action, fut délivré d'une fièvre quarte.

La vie, quelle qu'elle soit, est un présent de la nature trop incertain et trop fragile. La plus longue paraît renfermée dans des limites bien étroites, si l'on porte ses regards sur l'éternité. Calculons d'ailleurs le repos de la nuit : l'homme ne vit réellement que la moitié de sa vie; l'autre moitié est l'image de la mort, et, quand il ne dort pas, elle est un supplice. On ne doit pas compter non plus les années de l'enfance, qui ne sent pas encore, ni celles de la vieillesse, dont la vie se prolonge pour souffrir. Tant de dangers divers, tant de maladies, de

frequentius sit votum. Natura vero nihil hominibus brevitate vitæ præstitit melius. Hebescunt sensus, membra
torpent, præmoritur visus, auditus, incessus, dentes
etiam ac ciborum instrumenta : et tamen vitæ hoc tempus adnumeratur. Ergo pro miraculo et id solitarium
reperitur exemplum, Xenophilum musicum centum et
quinque annis vixisse sine ullo corporis incommodo. At
hercules reliquis omnibus per singulas membrorum partes, qualiter nullis aliis animalibus, certis pestifer calor
remeat horis, aut rigor, neque horis modo, sed et diebus noctibusque trinis quadrinisve, etiam anno toto.
Atque etiam morbus est aliquis, per sapientiam mori.
Morbis enim quoque quasdam leges natura posuit. Qua-
drini circuitus febrem, nunquam bruma, nunquam hibernis mensibus incipere : quosdam post sexagesimum
vitæ spatium non accidere : alios pubertate deponi, a
feminis præcipue. Senes minime sentire pestilentiam.
Namque et universis gentibus ingruunt morbi, et gene-
ratim modo servitiis, modo procerum ordini, aliosque
per gradus. Qua in re observatum, a meridianis par-
tibus ad occasum solis pestilentiam semper ire : nec
unquam fere aliter : non hieme, nec ut ternos excedat
menses.

craintes, d'inquiétudes nous réduisent à invoquer si souvent la mort, qu'elle est l'objet le plus fréquent de nos vœux. La brièveté de la vie est certainement le plus grand bienfait de la nature. Les sens s'émoussent, les membres s'engourdissent, la vue, l'ouïe, les jambes, les dents mêmes et les instrumens de la digestion nous devancent dans la mort; et l'on fait entrer dans le calcul de la vie cette époque de langueur et de décomposition! Il faut donc regarder comme une exception prodigieuse et unique que le musicien Xénophile ait vécu cent cinq ans sans aucune incommodité; car tous les hommes sont sujets à certains retours de chaleur et de frisson qui pénètrent tous les membres, et dont les autres animaux sont exempts. Ces impressions fébriles reviennent à des heures fixes, de jour et de nuit, quotidiennes, tierces, quartes, même annuelles. Et n'est-ce pas aussi une espèce de maladie que cette sagesse par laquelle nous nous élançons vers la mort? Mais la nature a soumis aussi les maladies à des lois. La fièvre quarte ne commence jamais au solstice d'hiver, ni même pendant les mois d'hiver. Certaines maladies ne viennent jamais après l'âge de soixante ans; d'autres disparaissent à la puberté, principalement dans les femmes. La peste n'attaque point les vieillards. Il est des maladies attachées à des nations entières, d'autres particulières aux esclaves, aux riches, aux diverses classes de la société. On a remarqué que la peste va ordinairement du midi au couchant, et ne s'écarte presque jamais de cette direction. Elle ne commence pas en hiver, et ne dure pas plus de trois mois.

De morte.

LII. 51. Jam signa letalia : in furoris morbo risum : sapientiæ vero ægritudine, fimbriarum curam et stragulæ vestis plicaturas : a somno moventium neglectum, præfandi humoris e corpore effluvium : in oculorum quidem et narium aspectu indubitata maxime, atque etiam supino assidue cubitu : venarum inæquabili aut formicante percussu : quæque alia Hiprocrati principi medicinæ observata sunt. Et quum innumerabilia sint mortis signa, salutis securitatisque nulla sunt : quippe quum censorius Cato ad filium de validis quoque observationem, ut ex oraculo aliquo, prodiderit, senilem juventam præmaturæ mortis esse signum. Morborum vero tam infinita est multitudo, ut Pherecides Syrius serpentium multitudine ex corpore ejus erumpente exspiraverit. Quibusdam perpetua febris est, sicut C. Mæcenati. Eidem triennio supremo, nullo horæ momento contigit somnus. Antipater Sidonius poeta omnibus annis, uno die tantum natali, corripiebatur febre, et eo consumptus est satis longa senecta.

Qui elati revixerint.

LIII. 52. Aviola consularis in rogo revixit : et quoniam subveniri non potuerat prævalente flamma, vivus

De la mort.

LII. 51. Nous allons parler maintenant des signes de mort : ce sont, dans les phrénésies, le rire; dans le délire, l'attention du malade aux franges de son lit, son obstination à plier ses couvertures, son indifférence pour ceux qui cherchent à secouer son assoupissement, l'écoulement des matières qu'on s'excuse de nommer; mais les indices les moins douteux, ce sont le changement survenu aux yeux et aux narines, la position constante sur le dos, l'inégalité et l'affaiblissement du pouls, et d'autres symptômes observés par Hippocrate, le prince de la médecine. Mais tandis qu'il y a tant de signes pour faire prévoir la mort, il n'en est point qui garantisse la santé et la durée de la vie; et Caton le censeur, écrivant à son fils, a prononcé cette sentence contre les hommes les mieux portans : une jeunesse sénile est un signe de mort prématurée. Le nombre des maladies est infini. Phérécide mourut d'une quantité effroyable de vers qui lui sortaient du corps. Quelques hommes sont agités d'une fièvre continuelle; comme Mécène, qui pendant les trois dernières années de sa vie, ne put obtenir un moment de sommeil. Le poète Antipater, de Sidon, avait la fièvre tous les ans, au jour anniversaire de sa naissance, et il en mourut dans un âge avancé.

Hommes revenus de leurs funérailles.

LIII. 52. Aviola, consulaire, se ranima sur le bûcher, mais la violence des flammes empêcha qu'on ne le secou-

crematus est. Similis causa in L. Lamia prætorio viro traditur. Nam C. Ælium Tuberonem prætura functum a rogo relatum, Messala Rufus, et plerique tradunt. Hæc est conditio mortalium : ad has, et ejusmodi occasiones fortunæ gignimur, uti de homine ne morti quidem debeat credi. Reperimus inter exempla, Hermotini Clazomenii animam relicto corpore errare solitam, vagamque e longinquo multa annuntiare, quæ nisi a præsente nosci non possent, corpore interim semianimi : donec cremato eo inimici (qui Cantharidæ vocabantur) remeanti animæ velut vaginam ademerint. Aristeæ etiam visam evolantem ex ore in Proconneso, corvi effigie, magna quæ sequitur fabulositate. Quam equidem et in Gnossio Epimenide simili modo accipio : Puerum æstu et itinere fessum in specu septem et quinquaginta dormisse annis : rerum faciem mutationemque mirantem, velut postero experrectum die : hinc pari numero dierum senio ingruente, ut tamen in septimum et quinquagesimum atque centesimum vitæ duraret annum. Feminarum sexus huic malo videtur maxime opportunus, conversione vulvæ : quæ si corrigatur, spiritus restituitur. Huc pertinet nobile apud Græcos volumen Heraclidis, septem diebus feminæ exanimis ad vitam revocatæ.

rût, et il fut brûlé vif. Le même malheur arriva, dit-on, à Lamia, ex-préteur; Messala Rufus, et la plupart des auteurs, rapportent que C. Élius Tubéron, qui avait aussi rempli les fonctions de la préture, fut retiré du bûcher. Telle est la condition des mortels, et nous sommes à un tel point le jouet de la fortune, que nous ne sommes sûrs de rien, pas même de la mort d'un homme. On cite l'exemple d'Hermotinus de Clazomène, dont l'âme, abandonnant son corps, qui restait alors comme gisant et sans vie, voyageait dans des pays lointains, et en rapportait des nouvelles qu'on n'avait pu apprendre que sur les lieux mêmes. A la fin, les Cantharides, ses ennemis, brûlèrent le corps; et l'âme, à son retour, ne trouva plus son enveloppe. On dit aussi que, dans l'île de Proconnèse, on vit l'âme d'Aristéas sortir de sa bouche sous la forme d'un corbeau. Mais c'est une fable que je range avec ce qui est raconté d'Épimenide de Gnosse. On dit que, dans son enfance, fatigué par la chaleur et par une longue marche, il s'endormit dans une caverne d'un sommeil qui dura cinquante-sept ans; qu'à son réveil, comme s'il n'eût été endormi que de la veille, il fut fort étonné de tous les changemens qui s'étaient faits autour de lui, et qu'il atteignit la vieillesse en un nombre de jours égal à celui des années pendant lesquelles il avait dormi; que cependant il vécut cent cinquante-sept ans. Les femmes semblent plus exposées à cette mort apparente, à cause des renversemens de la matrice; quand cette partie est remise dans son état naturel, la respiration leur est rendue. Héraclide a écrit sur ce sujet un ouvrage très-estimé des Grecs, à propos d'une femme rap-

Varro quoque auctor est, xx viro se agros dividente Capuæ, quemdam qui efferretur, foro domum remeasse pedibus. Hoc idem Aquini accidisse. Romæ quoque Corfidium materteræ suæ maritum funere locato revixisse, et locatorem funeris ab eo elatum. Adjicit miracula, quæ tota indicasse conveniat. E duobus fratribus equestris ordinis, Corfidio majori accidisse, ut videretur exspirasse, apertoque testamento recitatum hæredem minorem funeri institisse : interim eum, qui videbatur exstinctus, plaudendo concivisse ministeria, et narrasse a fratre se venisse, commendatam sibi filiam ab eo. Demonstratum præterea, quo in loco defodisset aurum nullo conscio, et rogasse ut iis funebribus, quæ comparasset, efferretur. Hoc eo narrante, fratris domestici propere annuntiavere exanimatum illum : et aurum, ubi dixerat, repertum est. Plena præterea vita est his vaticiniis, sed non conferenda, quum sæpius falsa sint, sicut ingenti exemplo docebimus. Bello Siculo Gabienus Cæsaris classiarius fortissimus captus a Sex. Pompeio, jussu ejus incisa cervice, et vix cohærente, jacuit in litore toto die. Deinde quum advesperavisset, cum gemitu precibusque congregata multitudine petiit, uti Pompeius ad se veniret, aut aliquem ex arcanis mitteret : se enim ab inferis remis-

pelée à la vie, après avoir été tenue pour morte pendant sept jours.

Varron rapporte aussi que lorsqu'il était vigintivir pour le partage des terres de Capoue, un homme que l'on portait au bûcher revint à pied de la place publique chez lui; que pareille chose était arrivée à Aquinum. Il dit de plus qu'à Rome, Corfidius, mari de sa tante maternelle, revint à la vie, lorsque déjà l'on avait fait prix pour ses funérailles, et que lui-même accompagna le convoi de celui qui avait commandé le sien. Il ajoute des circonstances merveilleuses dont je crois devoir faire mention ici. L'aîné des deux frères Corfidius, qui étaient de l'ordre équestre, étant cru mort, on ouvre son testament, et le plus jeune frère est institué héritier et chargé des funérailles. Cependant le prétendu mort frappe des mains, appelle les gens de sa maison, et leur dit qu'il revient de chez son frère, qui lui a recommandé sa fille, et lui a indiqué un lieu où il avait secrètement enfoui son trésor. Pendant qu'il parlait, on vient annoncer la mort du frère, et l'or fut trouvé dans l'endroit indiqué. Le monde est plein de prédictions de ce genre; mais elles ne méritent pas d'être recueillies, parce que le plus souvent elles sont sans vérité, comme nous allons en donner un exemple remarquable. Dans la guerre de Sicile, Gabienus, un des plus braves officiers de la flotte de César, tomba au pouvoir de Sextus Pompée, qui lui fit couper la gorge. Son corps, auquel la tête ne tenait presque plus, resta tout un jour exposé sur le rivage. La nuit étant venue, Gabienus demanda avec prière et gémissemens à la multitude rassemblée autour de lui, que

sum, habere quæ nuntiaret. Misit plures Pompeius ex amicis, quibus Gabienus dixit : « Inferis diis placere Pompeii causas et partes pias : proinde eventum futurum, quem optaret : hoc se nuntiare jussum : argumentum fore veritatis, quod peractis mandatis, protinus exspiratus esset » : idque ita evenit. Post sepulturam quoque visorum exempla sunt : nisi quod naturæ opera, non prodigia consectamur.

Subitæ mortis exempla.

LIV. 53. In primis autem miraculo sunt atque frequenti mortes repentinæ (hoc est, summa vitæ felicitas), quas esse naturales docebimus. Plurimas prodidit Verrius : nos cum delectu modum servabimus. Gaudio obiere, præter Chilonem, de quo diximus, Sophocles et Dionysius Siciliæ tyrannus, uterque accepto tragicæ victoriæ nuntio. Mater pugna illa Cannensi, filio incolumi viso contra falsum nuntium. Pudore Diodorus sapientiæ dialecticæ professor, lusoria questione non protinus ad interrogationes Stilponis dissoluta.

Nullis evidentibus causis obiere, dum calciantur matutino, duo Cæsares, prætor, et prætura perfunctus dictatoris Cæsaris pater : hic Pisis exanimatus, illæ Romæ. Q. Fabius Maximus in consulatu suo pridie kalend.

Pompée vînt à lui, ou envoyât quelque personne de confiance, qu'il revenait des enfers pour lui faire des communications importantes. Pompée envoya plusieurs de ses amis, auxquels Gabienus dit : que les dieux infernaux approuvaient la cause et le parti de Pompée, et lui assuraient le succès qu'il désirait; qu'il était chargé par eux de lui annoncer cette nouvelle, et qu'il allait expirer après sa mission remplie, en confirmation de la vérité. Et il expira en effet. On a des exemples de gens qui ont apparu après leur sépulture; mais nous recherchons ici les faits naturels, et non les prodiges.

Exemples de mort subite.

LIV. 53. La mort subite, l'évènement le plus heureux de la vie, nous frappe toujours d'étonnement, quoiqu'elle soit fréquente, et n'ait rien que de naturel. Verrius en a cité beaucoup d'exemples; je n'en présenterai que quelques-uns dont j'ai fait choix. Outre Chilon dont j'ai parlé, Sophocle, et Denys, tyran de Sicile, moururent de joie en apprenant qu'ils venaient de remporter le prix de la tragédie. Après la bataille de Cannes, une mère expira en revoyant son fils dont on lui avait faussement annoncé la mort. Diodore, professeur de dialectique, mourut de honte de n'avoir pu résoudre sur-le-champ une question frivole que Stilpon lui avait proposée.

Deux Césars, l'un préteur, l'autre ex-préteur et père du dictateur, moururent sans cause apparente, en se chaussant le matin, l'un à Pise, l'autre à Rome. Q. Fabius mourut subitement dans son consulat, la veille des kalendes de janvier; et Rebilus brigua, pour le rem-

januarias : in cujus locum Rebilus paucissimarum horarum consulatum petiit. Item C. Vulcatius Gurges senator : omnes adeo sani atque tempestivi, ut de progrediendo cogitarent. Q. Æmilius Lepidus jam egrediens incusso pollice limini cubiculi. C. Aufustius egressus quum in senatum iret, offenso pede in comitio. Legatus quoque qui Rhodiorum causam in senatu magna cum admiratione oraverat in limine·Curiæ protinus exspiravit progredi volens. Cn. Bebius Tamphilus, prætura et ipse functus, quum a puero quæsisset horas. Aulus Pompeius in Capitolio, quum deos salutasset. M'. Juventius Thalna consul, quum sacrificaret. C. Servilius Pansa, quum staret in foro ad tabernam hora diei secunda, in P. Pansam fratrem innixus. Bæbius judex, quum vadimonium differri jubet. M. Terentius Corax, dum tabellas scribit in foro. Nec non et proximo anno, dum consulari viro in aurem dicit, eques romanus, ante Apollinem eboreum qui est in foro Augusti. Super omnes C. Julius medicus dum inungit, specillum per oculum trahens. Aulus Manlius Torquatus consularis, quum in cœna placentam adpeteret. L. Tuccius Valla medicus, dum mulsi potionem haurit. Ap. Saufeius, quum a balineo reversus mulsum bibisset, ovumque sorberet. P. Quinctius Scapula, quum apud Aquilium Gallum cænaret. Decimus Saufeius scriba, quum domi suæ pranderet. Cornelius Gallus prætorius

placer, un consulat de quelques heures. Le sénateur
C. Vulcatius Gurgès mourut de même. Ils étaient tous
bien portans, et comme se disposant à sortir. Q. Émi-
lius Lepidus tomba mort en sortant de chez lui, s'étant
heurté le pouce du pied contre le seuil de sa chambre,
et C. Aufidius, qui venait de sortir pour se rendre au
sénat, en faisant un faux pas dans le comice. Le député
qui venait de plaider dans le sénat avec un talent admirable la cause des Rhodiens, tomba mort aussi en sortant de la salle ; Cn. Bebius Tamphilus, qui avait été
préteur, en demandant à un jeune esclave quelle heure il
était ; Aulus Pompeius, dans le Capitole, après avoir
salué les dieux ; M. Juventius, Thalna, consul, en of-
frant un sacrifice ; C. Servilius Pansa, étant debout
dans le forum, auprès d'une taverne, et s'appuyant sur
P. Pansa son frère ; le juge Bebius, en prononçant un
sursis ; Terentius Corax, en écrivant sur des tablettes
dans le forum ; et l'année dernière, un chevalier romain,
devant l'Apollon d'ivoire qui est dans le forum d'Auguste, en parlant à l'oreille à un consulaire ; et, ce qui
est plus frappant, le médecin C. Julius, pendant qu'il
promenait l'éprouvette dans un œil malade ; Aulus Manlius Torquatus, consulaire, au moment qu'il prenait un
gâteau dans un repas ; le médecin Tuccius Valla, en buvant un peu de vin miellé ; Ap. Saufeius, au sortir d'un
bain, après avoir pris un peu de vin miellé et avalé un
œuf ; P. Quinctius Scapula, en soupant chez Aquilius
Gallus ; le greffier Decimus Saufeius, en dînant chez
lui ; Cornelius Gallus, ex-préteur, et Q. Haterius, chevalier romain, dans l'acte vénérien ; et, un fait dont

et Q. Haterius eques romanus, in Venere obiere. Et quos nostra adnotavit ætas, duo equestris ordinis in eodem pantomimo Mythico, tum forma præcellente. Operosissima tamen securitas mortis in M. Ofilio Hilaro ab antiquis traditur. Comœdiarum histrio is, quum populo admodum placuisset natali die suo, conviviumque haberet, edita cœna calidam potionem in pultario poposcit, simulque personam ejus diei acceptam intuens, coronam e capite suo in eam transtulit, tali habitu rigens nullo sentiente, donec adcubantium proximus tepescere potionem admoneret.

Hæc felicia exempla : at contra miseriarum innumera. L. Domitius clarissimæ gentis apud Massiliam victus, Corfinii captus ab eodem Cæsare, veneno poto propter tædium vitæ, postquam biberat, omni opere ut viveret, adnisus est. Invenitur in actis, Felice russato auriga elato, in rogum ejus unum e faventibus jecisse sese : frivolum dictu : ne hoc gloriæ artificis daretur, adversis studiis copia odorum corruptum criminantibus. Quum ante non multo M. Lepidus nobilissimæ stirpis, quem divortii anxietate diximus mortuum, flammæ vi e rogo ejectus, recondi propter ardorem non potuisset, juxta sarmentis aliis nudus crematus est.

notre âge conserve le souvenir, deux chevaliers sont morts entre les bras du même pantomime, de Mythicus, le plus bel homme qui fût alors. Mais jamais la mort ne surprit personne dans une plus parfaite sécurité, que M. Ofilius Hilarus. Ce comédien, après avoir reçu du peuple, au jour anniversaire de sa naissance, les applaudissemens les plus flatteurs, donnait un festin, et, pendant le repas, s'était fait servir un breuvage chaud. Regardant alors le masque qui lui avait servi ce jour-là, il détache sa couronne de sa tête, la pose sur le masque, et reste immobile dans cette attitude : on ne s'aperçut qu'il n'existait plus que lorsque le convive placé près de lui voulut l'avertir que son breuvage refroidissait.

Voilà d'heureux exemples ; mais ceux d'une fin douloureuse sont sans nombre. L. Domitius, d'une famille illustre, ayant été vaincu près de Marseille, et pris par César à Corfinium, s'empoisonna de désespoir; mais à peine eut-il avalé le breuvage fatal, qu'il mit tout en œuvre pour ne pas mourir. On trouve dans les actes que Felix, cocher de la faction jaune, ayant été mis sur le bûcher, un de ses partisans se jeta dans les flammes; et, faut-il le dire! pour empêcher qu'on ne tournât à la gloire du cocher un pareil dévouement, les factions rivales publièrent que l'auteur de cette action avait été égaré par l'enivrement des parfums. M. Lepidus d'une naissance distinguée, mort, comme je l'ai dit, du chagrin que lui donna son divorce, ayant été rejeté du bûcher par la violence de la flamme, le feu ne permit pas qu'on l'y replaçât, et le corps fut brûlé près de là avec d'autres bois.

De sepultura.

LV. 54. Ipsum cremare apud Romanos non fuit veteris instituti : terra condebantur. At postquam longinquis bellis obrutos erui cognovere, tunc institutum. Et tamen multæ familiæ priscos servavere ritus : sicut in Cornelia nemo ante Sullam dictatorem traditur crematus. Idque voluisse, veritum talionem, eruto C. Marii cadavere. Sepultus vero intelligitur quoquo modo conditus : humatus vero humo contectus.

De manibus : de anima.

LVI. 55. Post sepulturam variæ manium ambages. Omnibus a suprema die eadem, quæ ante primum : nec magis a morte sensus ullus aut corpori aut animæ, quam ante natalem. Eadem enim vanitas in futurum etiam se propagat, et in mortis quoque tempora ipsa sibi vitam mentitur : alias immortalitatem animæ, alias transfigurationem, alias sensum inferis dando, et manes colendo, deumque faciendo, qui jam etiam homo esse desierit : ceu vero ullo modo spirandi ratio homini a ceteris animalibus distet, aut non diuturniora in vita multa reperiantur, quibus nemo similem divinat immortalitatem.

De la sépulture.

LV. 54. La coutume de brûler les corps n'est pas chez les Romains une institution très-antique. D'abord on les enterra; mais quand on eut appris dans les guerres lointaines que la terre n'était pas toujours pour les morts un asile inviolable, les bûchers furent établis. Cependant plusieurs familles conservèrent l'ancien usage. Le dictateur Sylla est le premier de la famille Cornelia dont le corps ait été brûlé. Il le voulut ainsi, parce que, ayant fait exhumer C. Marius, il craignit pour lui-même la peine du talion. Le mot *sépulture* s'entend des derniers devoirs, rendus de quelque manière que ce soit; *inhumé* ne se dit que d'un corps déposé dans la terre.

Des mânes : de l'âme.

LVI. 55. On fait diverses suppositions sur les mânes après la mort. Tous les hommes redeviennent après leur dernier jour ce qu'ils étaient avant le premier. Il ne reste pas plus de sentiment au corps et à l'âme après le trépas qu'ils n'en avaient avant la naissance. La vanité humaine s'étend dans l'avenir et se complaît dans l'illusion d'une existence prolongée jusque dans les temps dévolus à la mort. Elle a imaginé, tantôt une âme immortelle, tantôt la transmigration; elle a animé les enfers, rendu un culte aux mânes, fait un dieu de celui qui n'est plus même un homme : comme si l'homme était animé d'un autre souffle que les autres animaux; comme s'il n'y avait pas au monde une multitude d'êtres dont la vie est plus

Quod autem corpus animæ per se? quæ materia? ubi
cogitatio illi? quomodo visus? auditus? aut qui tangit?
qui usus ejus? aut quod sine his bonum? Quæ deinde
sedes, quantave multitudo tot sæculis animarum, velut
umbrarum? Puerilium ista delinimentorum, avidæque
nunquam desinere mortalitatis commenta sunt. Similis
et de adservandis corporibus hominum, ac revivescendi
promissa Democrito vanitas, qui non revixit ipse. Quæ
(malum) ista dementia est, iterari vitam morte? quæve
genitis quies unquam, si in sublimi sensus animæ ma-
net, inter inferos umbræ! Perdit profecto ista dulcedo
credulitasque præcipuum naturæ bonum, mortem : ac
duplicat obitus, si dolere etiam post futuri æstimatione
evenit. Etenim si dulce vivere est, cui potest esse vixisse?
At quanto facilius certiusque, sibi quemque credere, ac
specimen securitatis antegenitali sumere experimento?

Quæ quis in vita invenerit.

LVII. 56. Consentaneum videtur, priusquam digre-
diamur a natura hominum, indicare quæ cujusque in-

durable que la sienne, sans que personne se soit avisé de leur deviner une pareille immortalité. Quelle est donc la substance de l'âme, réduite à elle-même? quelle en est la matière? où siège sa pensée? comment peut-elle voir, entendre, toucher? quelle est son action? sans ces facultés, quel bonheur lui serait possible? Enfin, où sera la place, quelle sera la quantité de ces âmes, de ces ombres, amassées pendant tant de siècles? Rêves puérils, ambition adulatrice d'une nature périssable qui voudrait ne finir jamais! Il en faut dire autant du soin de conserver les morts, et de cette résurrection promise par Démocrite, qui lui-même n'est pas ressuscité. Mais hélas! quelle est donc cette malheureuse démence qui veut faire du trépas le commencement d'une autre vie? Il n'y a donc pas de repos à espérer pour l'homme, si son âme dans les cieux, son ombre dans les enfers conservent toujours le sentiment. Votre crédulité sacrifie ainsi à une chimère qui l'amuse le bien le plus réel que la nature puisse nous accorder, la mort; et elle double les angoisses de l'heure suprême, en nous affligeant par la pensée de ce qui doit suivre. Car si la vie est un bien, sera-ce un bien de dire j'ai vécu? Combien il est plus facile et plus sûr de s'en rapporter à soi-même, et de présumer son état après la mort d'après celui qui a précédé sa naissance?

Inventions et inventeurs.

LVII. 56. Avant de quitter la nature de l'homme, je crois à propos d'indiquer les auteurs des diverses inventions. Bacchus a établi l'usage d'acheter et de

venta sint. Emere ac vendere instituit Liber pater. Idem diadema, regium insigne, et triumphum invenit. Ceres frumenta, quum antea glande vescerentur. Eadem molere et conficere in Attica, et alia in Sicilia : ob id dea judicata. Eadem prima leges dedit : ut alii putavere, Rhadamanthus. Litteras semper arbitror assyrias fuisse : sed alii apud Ægyptios a Mercurio, ut Gellius : alii apud Syrios repertas volunt. Utique in Græciam attulisse e Phœnice Cadmum sedecim numero. Quibus trojano bello Palamedem adjecisse quatuor hac figura Θ, Ξ, Φ, X. Totidem post eum Simonidem melicum, Z, H, Ψ, Ω, quarum omnium vis in nostris recognoscitur. Aristotele x et viii priscas fuisse : A, B, Γ, Δ, E, Z, I, K, Λ, M, N, O, Π, P, Σ, T, Υ, Φ : et duas ab Epicharmo additas Θ, X, quam a Palamede mavult. Anticlides in Ægypto invenisse quemdam nomine Menon tradit, xv annis ante Phoroneum antiquissimum Græciæ regem : idque monumentis adprobare conatur. E diverso Epigenes, apud Babylonios dccxx m annorum observationes siderum coctilibus laterculis inscriptas docet, gravis auctor in primis : qui minimum, Berosus et Critodemus ccccxc m annorum. Ex quo apparet æternum litterarum usum. In Latium eas attulerunt Pelasgi.

vendre. Il est aussi l'inventeur du triomphe et du diadème, signe de la royauté. Cérès substitua le froment
au gland dont les hommes s'étaient nourris jusque là.
Elle enseigna, dans l'Attique, l'art de moudre et de pé-
trir, et dans la Sicile, les autres préparations du grain.
Ces bienfaits lui méritèrent les honneurs divins. C'est
elle aussi, d'autres disent Rhadamante, qui établit les
premières lois. J'ai toujours cru que les lettres sont d'origine assyrienne : mais les uns, comme Gellius, prétendent
qu'elles ont été inventées en Égypte par Mercure ; les autres,
qu'elles l'ont été chez les Syriens ; que Cadmus apporta
de Phénicie en Grèce seize lettres, auxquelles Palamède
ajouta, pendant la guerre de Troie, les quatre suivantes :
Θ, Ξ, Φ, X. Le poète Simonide ajouta ces quatre autres :
Z, H, Ψ, Ω. La valeur de toutes ces lettres se retrouve dans
notre alphabet. Aristote prétend que dans le principe il y
avait dix-huit lettres : $A, B, \Gamma, \Delta, E, Z, I, K, \Lambda, M, N, O,$
$\Pi, P, \Sigma, T, \Upsilon, \Phi$, auxquelles Épicharme, plutôt que Palamède ajouta Θ, X. Suivant Anticlide, les lettres furent
inventées en Égypte par un certain Ménos, quinze ans
avant Phoronée, le plus ancien roi de la Grèce ; et il
tâche de le prouver par les monumens. D'un autre côté,
Épigène, auteur d'un grand mérite, nous apprend qu'on
trouve chez les Babyloniens des observations astronomiques remontant à sept cent vingt mille ans, gravées
sur des briques cuites. Bérose et Critodème, qui donnent le moins de durée à ces observations, les font remonter à quatre cent quatre-vingt-dix mille ans. D'où
l'on voit que les lettres sont de toute antiquité. Les Pélasges les apportèrent dans le Latium.

10.

Laterarias, ac domum constituerunt primi **Euryalus** et **Hyperbius** fratres Athenis : antea specus erant pro domibus. Gellio Doxius Cæli filius, lutei ædificii inventor placet, exemplo sumpto ab hirundinum nidis. Oppidum Cecrops a se appellavit Cecropiam , quæ nunc est **arx** Athenis. Aliqui Argos a Phoronco rege ante conditum volunt : quidam et Sicyonem. Ægyptii vero multo ante apud ipsos Diospolin. Tegulas invenit Cinyra Agriopæ filius et metalla æris, utrumque in insula Cypro : item forcipem, martulum, vectem, incudem. Puteos Danaus, ex Ægypto advectus in Græciam, quæ vocabatur **Argos** Dipsion. Lapicidinas Cadmus Thebis, aut, ut Theophrastus, in Phœnice. Thrason muros. Turres, ut Aristoteles, Cyclopes : Tirynthii, ut Theophrastus. Ægyptii textilia : inficere lanas Sardibus Lydi. Fusos in lanificio Closter filius Arachnes : linum et retia Arachne. Fulloniam artem Nicias Megarensis. Sutrinam Tychius Bœotius. Medicinam Ægyptii apud ipsos volunt repertam : alii per Arabum, Babylonis et Apollinis filium : herbariam et medicamentariam a Chirone, Saturni et Philyræ filio.

Æs conflare et temperare, Aristoteles Lydum Scythen monstrasse, Theophrastus Delam Phrygem putat. Æra-

C'est dans Athènes, par les deux frères Euryale et Hyperbius, que furent construits les premiers fours à briques
et la première maison. Auparavant on habitait dans des
cavernes. Gellius attribue à Doxius, fils de Célus, l'invention du ciment, dont les nids d'hirondelles lui donnèrent l'idée. Cecrops donna son nom à la ville de Cé-
cropie, qui est aujourd'hui la citadelle d'Athènes. Quelques-uns veulent qu'Argos ait été bâtie antérieurement
par le roi Phoronée. D'autres prétendent que Sicyone
est la ville la plus ancienne ; mais les Égyptiens placent
long-temps avant les autres la fondation de leur Dios-
polis. Cinyra, fils d'Agriopas, inventa, en Chypre, la
tuile et la fonte de l'airain : on lui attribuait aussi la te-
naille, le marteau, le levier et l'enclume. Les puits sont
dus à Danaüs, qui passa de l'Égypte dans la Grèce, alors
nommée Argos-Dipsion. La première carrière fut ouverte par Cadmus, à Thèbes, ou, suivant Théophraste,
dans la Phénicie. Les murailles furent inventées par Thrason ; les tours, par les Cyclopes, selon Aristote, ou par
les Tirynthiens, selon Théophraste ; l'art du tisserand,
par les Égyptiens ; la teinture des laines, par les Lydiens,
à Sardes ; le fuseau pour filer la laine, par Closter, fils
d'Arachné ; le fil de lin et les filets, par Arachné ; l'art
du foulon, par Nicias de Mégare ; celui du cordonnier,
par le Béotien Tychius. Les Égyptiens placent chez eux
la découverte de la médecine ; d'autres l'attribuent à
Arabus, fils de Babylone et d'Apollon ; la botanique et
la pharmacie, à Chiron, fils de Saturne et de Philyra.

Aristote fait venir de Scythès le Lydien, et Théophraste, du Phrygien Délas, l'art de fondre et de trem-

riam fabricam alii Chalybas, alii Cyclopas. Ferrum Hesiodus in Creta eos, qui vocati sunt Dactyli Idæi. Ar-
gentum invenit Erichthonius Atheniensis : ut alii, Æacus.
Auri metalla et conflaturam, Cadmus Phœnix ad Pangæum montem : ut alii, Thoas et Eaclis in Panchaia :
aut Sol Oceani filius, cui Gellius medicinæ quoque in-
ventionem ex melle adsignat. Plumbum ex Cassiteride
insula primus adportavit Midacritus. Fabricam ferream
invenerunt Cyclopes. Figlinas Corœbus Atheniensis. In
iis orbem Anacharsis Scythes : ut alii, Hyperbius Co-
rinthius. Fabricam materiariam Dædalus, et in ea ser-
ram, asciam, perpendiculum, terebram, glutinum, ich-
thyocollam : normam autem, et libellam, et tornum et
clavem Theodorus Samius. Mensuras et pondera, Phidon Argivus : aut Palamedes, ut maluit Gellius. Ignem
e silice Pyrodes Cilicis filius : eumdem adservare in fe-
rula, Prometheus.

Vehiculum cum quatuor rotis Phryges : mercaturas
Pœni. Culturas vitium et arborum Eumolpus Atheniensis. Vinum aqua misceri Staphylus Sileni filius. Oleum
et trapetas Aristæus Atheniensis. Idem mella. Bovem et
aratrum Buzyges Atheniensis : ut alii, Triptolemus.

Regiam civitatem Ægyptii, popularem Attici, post

per l'airain. Les Chalybes, suivant les uns, les Cyclopes, suivant les autres, trouvèrent celle de le mettre en œuvre. Hésiode dit que le fer fut trouvé en Crète, par les Dactyles Idéens; l'argent, par Erichthon, Athénien; d'autres disent par Eacus; l'or, et la manière de le fondre, par le Phénicien Cadmus, auprès du mont Pangée, ou, selon d'autres, par Eaclis et Thoas, dans la Panchaïe, ou par Sol, fils d'Oceanus, cité aussi par Gellius comme ayant le premier employé le miel dans la médecine. Midacrite apporta le plomb de l'île Cassitéride. Les Cyclopes inventèrent l'art de travailler le fer; l'Athénien Corèbe, celui de faire des vases de terre, et le Scythe Anacharsis, ou, suivant d'autres, Hyperbius de Corynthe, la roue à l'usage des potiers; Dédale, l'art de travailler le bois. On lui doit la scie, le rabot, l'aplomb, la tarière, la colle forte et la colle de poisson. Théodore de Samos ajouta l'équerre, le niveau, le tour et la clef. Phidon d'Argos, ou Palamède, suivant Gellius, fut l'inventeur des poids et mesures. Pyrode, fils de Cilix, tira le premier du feu des veines d'un caillou, et l'on apprit de Prométhée à le conserver dans la férule.

On doit aux Phrygiens les chars à quatre roues; le commerce aux Carthaginois; la culture des vignes et des arbres, à Eumolpe, Athénien; le mélange de l'eau avec le vin, à Staphylus, fils de Silène; l'huile et les pressoirs, à l'Athénien Aristée, qui trouva aussi le miel; Buzygès, d'Athènes, ou Triptolème suivant d'autres, inventa la charrue et mit le bœuf sous le joug.

Les Égyptiens établirent le gouvernement monarchi-

Theseum. Tyrannus primus fuit Phalaris Agrigenti. Servitium invenere Lacedæmonii. Judicium capitis in **Areopago** primum actum est. Prœlium Afri contra Ægyptios primi fecere fustibus, quos vocant phalangas. Clypeos invenerunt Prœtus et Acrisius inter se bellantes, sive Chalcus Athamantis filius. Loricam Midias Messenius. Galeam, gladium, hastam Lacedæmonii. Ocreas et cristas Cares. Arcum et sagittam Scythen Jovis filium; alii sagittas Persen Persei filium invenisse dicunt : lanceas Ætolos, jaculum cum amento Ætolium Martis filium. Hastas velitares Tyrrhenum : pilum Penthesileam Amazonem : securim, Pisæum : venabula, et in tormentis scorpionem Cretas : catapultam Syrophœnicas, ballistam et fundam. Æneam tubam, Pisæum Tyrrhenum. Testudines Artemonem Clazomenium. Equum (qui nunc aries appellatur) in muralibus machinis, Epeum ad Trojam. Equo vehi Bellerophontem. Frenos et strata equorum Pelethronium. Pugnare ex equo Thessalos, qui Centauri appellati sunt, habitantes secundum Pelium montem. Bigas prima junxit Phrygum natio, quadrigas Erichthonius. Ordinem exercitus, signi dationem, tesseras, vigilias Palamedes invenit trojano bello. Specularum significationem, eodem Sinon : inducias Lycaon : fœdera Theseus.

que ; les Athéniens, le gouvernement démocratique, après l'expulsion de Thésée. Agrigente vit le premier tyran dans la personne de Phalaris. La servitude prit naissance chez les Lacédémoniens. La première condamnation à mort fut prononcée par l'aréopage. Les premiers combats furent livrés par les Africains aux Égyptiens avec des bâtons appelés par eux phalanges. Prétus et Acrisius, se faisant la guerre, inventèrent le bouclier ; d'autres l'attribuent à Chalcus, fils d'Athamas. Midias de Messène inventa la cuirasse ; le casque, l'épée, la pique, sont dus aux Lacédémoniens ; les bottines, les aigrettes, aux Cariens ; Scythès, fils de Jupiter, inventa l'arc et la flèche : quelques-uns cependant attribuent la flèche à Persès, fils de Persée. La lance fut inventée par les Étoliens ; le javelot attaché à une courroie, par Étolus, fils de Mars ; la demi-pique par Tyrrhène ; le javelot, par l'amazone Penthésilée ; la hache, par Pisée ; l'épieu et le scorpion, par les Crétois ; la catapulte, la balliste et la fronde, par les Syrophéniciens ; la trompette d'airain, par Pisée le Tyrrhénien ; la tortue, par Artémon de Clazomène ; le cheval, machine de guerre pour abattre les murailles, appelée aujourd'hui bélier, par Épée, au siège de Troie. Bellérophon fut le premier qui se fit porter par un cheval. Péléthronius inventa le mors de la bride et le harnais. Les Thessaliens qui habitent près du mont Pélion, et qu'on a appelés Centaures, furent les premiers à combattre à cheval. Ce fut en Phrygie qu'on vit pour la première fois atteler deux chevaux de front ; Erichthonius en attela quatre. Palamède inventa, pendant la guerre de Troie, l'ordre de bataille, l'art de

Auguria ex avibus Car : a quo Caria appellata. Adjecit ex ceteris animalibus Orpheus. Haruspicam Delphus, ignispicia Amphiaraus, auspicia avium Tiresias Thebanus. Interpretationem ostentorum et somniorum Amphiction. Astrologiam Atlas Libyæ filius : ut alii, Ægyptii, ut alii, Assyrii. Sphæram Milesius Anaximander. Ventorum rationem Æolus Hellenis filius.

Musicam Amphion. Fistulam et monaulum Pan Mercurii : obliquam tibiam Midas in Phrygia : geminas tibias Marsyas in eadem gente : Lydios modulos Amphion : Dorios Thamyras Thrax : Phrygios Marsyas Phryx : Citharam Amphion : ut alii, Orpheus : ut alii Linus. Septem chordis additis Terpander. Octavam Simonides addidit : nonam Timotheus. Cithara sine voce cecinit Thamyras primus : cum cantu Amphion : ut alii, Linus. Citharœdica carmina composuit Terpander. Cum tibiis canere voce Trœzenius Ardalus instituit. Saltationem armatam Curetes docuere, Pyrrhichen Pyrrhus, utramque in Creta.

Versum heroïcum Pythio oraculo debemus. De poematum origine magna quæstio est. Ante Trojanum bellum

donner le signal, le mot d'ordre, les sentinelles. Sinon, dans la même guerre, imagina les signaux. Les trèves sont une conception de Lycaon, et les traités d'alliances, de Thésée.

Car, de qui la Carie tire son nom, tira le premier des augures des oiseaux; Orphée, des autres animaux. La science des aruspices vient de Delphus; la pyromancie, d'Amphiaraüs; l'ornithomancie, de Tirésias; l'explication des prodiges et des songes, d'Amphiction; l'astronomie, d'Atlas. Quelques-uns l'attribuent aux Égyptiens, d'autres aux Assyriens. La sphère astronomique est due à Anaximandre de Milet; la théorie des vents à Éole, fils d'Hellen.

Amphion est l'inventeur de la musique; Pan, fils de Mercure, du chalumeau et de la flûte simple; Midas, de Phrygie, de la flûte oblique; Marsyas, aussi de Phrygie, de la flûte double; Amphion a créé le mode lydien; Thamyras, de Thrace, le mode dorien; Marsyas, de Phrygie, le mode phrygien. Amphion, ou Orphée, suivant quelques-uns, ou Linus, suivant d'autres, inventa la lyre : Terpandre porta le nombre des cordes à sept, Simonide à huit, Timothée à neuf. Thamyras joua le premier de la lyre sans l'accompagnement de la voix; Amphion, quelques-uns indiquent Linus, y joignit le chant. Terpandre composa les premiers poëmes chantés au son de la lyre. Ardale, de Trézène, fit concerter la voix avec les flûtes. Les Curètes instituèrent la danse armée; Pyrrhus, la pyrrhique, l'une et l'autre en Crète.

Nous devons le vers héroïque à l'oracle pythien. L'origine de la poésie présente une question difficile à ré-

probantur fuisse. Prosam orationem condere **Pherecydes**
Syrius instituit, Cyri regis ætate. Historiam Cadmus Mi-
lesius. Ludos gymnicos in Arcadia Lycaon : funebres
Acastus Iolco : post eum Theseus in Isthmo. Hercules
Olympiæ athleticam : Pythus pilam lusoriam : Gyges
Lydus picturam in Ægypto : in Græcia vero Euchir Dæ-
dali cognatus, ut Aristoteli placet : ut Theophrasto, Po-
lygnotus Atheniensis.

Nave primus in Græciam ex Ægypto Danaus advenit :
antea ratibus navigabatur, inventis in mari Rubro inter
insulas a rege Erythra. Reperiuntur, qui Mysos et Tro-
janos priores excogitasse in Hellesponto putent, quum
transirent adversus Thracas. Etiam nunc in Britannico
oceano vitiles corio circumsutæ fiunt : in Nilo ex pa-
pyro, et scirpo, et arundine. Longa nave Jasonem primum navigasse, Philostephanus auctor est : Hegesias
Paralum : Ctesias Semiramin : Archemachus Ægæonem.
Biremem Damastes Erythræos fecisse : triremem Thucydides Aminoclem Corinthium : quadriremem Aristoteles
Carthaginienses : quinqueremem Mnesigiton Salaminios :
sex ordinum Xenagoras Syracusios : ab ea ad decemremem Mnesigiton, Alexandrum Magnum, ferunt instituisse : ad xii ordines, Philostephanus Ptolemæum Soterem : ad quindecim, Demetrium Antigonii : ad xxx

soudre. Il est prouvé qu'elle existait avant la guerre de
Troie. Phérécyde, Syrien, écrivait le premier en prose,
au temps du roi Cyrus. Cadmus, de Milet, fut le premier historien. Lycaon institua les jeux gymniques, en
Arcadie; Acaste, les jeux funèbres, à Iolcos; et, après
lui, Thésée, dans l'isthme de Corinthe; Hercule, les combats d'athlètes, à Olympie. Pythus inventa le jeu de
paume. La peinture fut inventée en Égypte par le Lydien Gygès, ou, suivant Aristote, en Grèce, par Euchir,
parent de Dédale; ou, suivant Théophraste, par l'Athénien Polygnote.

Danaüs le premier aborda en Grèce sur un vaisseau.
Auparavant on naviguait sur des radeaux inventés par
le roi Érythras pour passer d'une île à l'autre sur la mer
Rouge. Quelques auteurs attribuent cette invention aux
Mysiens et aux Troyens, lorsqu'ils traversèrent l'Hellespont pour descendre dans la Thrace. On fait encore aujourd'hui dans l'océan Britannique des radeaux de branches entrelacées et garnies de cuir; sur le Nil, on en fait
de papyrus, de jonc et de roseau. Philostéphane cite Jason comme ayant le premier monté sur un vaisseau long;
Hégésias nomme Parale, Ctésias nomme Sémiramis, et
Archémaque, Égéon. Les premières birèmes furent cons-
truites par les Érythréens, suivant Damaste; les tri-
rèmes, par le Corynthien Aminocle, suivant Thucydide;
les quadrirèmes, par les Carthaginois, suivant Aristote;
les quinquerèmes, par les Salaminiens, suivant Mnési
giton; les vaisseaux à six rangs de rameurs, par les Sy-
racusains, suivant Xénagore; ceux depuis six rangs jusqu'à dix, par Alexandre-le-Grand, suivant Mnésigiton.

Ptolemæum Philadelphum : ad xl Ptolemæum Philopatorem, qui Tryphon cognominatus est. Onerariam Hippus Tyrius invenit, lembum Cyrenenses, cymbam Phœnices, celetem Rhodii, cercuron Cyprii. Siderum observationem in navigando Phœnices, remum Copæ, latitudinem ejus Platææ : vela Icarus, malum et antennam Dædalus : Hippagum Samii, aut Pericles Atheniensis, tectas longas Thasii : antea ex prora tantum et puppi pugnabatur. Rostra addidit Pisæus Tyrrhenus : ancoram Eupalamus : eamdem bidentem Anacharsis : harpagonas et manus Pericles Atheniensis, adminicula gubernandi Typhis. Classe princeps depugnavit Minos. Animal occidit primus Hyperbius Martis filius, Prometheus bovem.

In quibus rebus primi gentium consensus. De antiquis litteris.

LVIII. 57. Gentium consensus tacitus primus omnium conspiravit, ut Ionum litteris uterentur.

58. Veteres græcas fuisse easdem pæne, quæ nunc sunt latinæ, indicio erit delphica tabula antiqui æris, quæ est hodie in Palatio, dono principum Minervæ dicata in bibliotheca, cum inscriptione tali, ΑΔΥΣΙΚΡΑ-

Ptolémée Soter, suivant Philostéphane, en fit construire à douze rangs; Demetrius, fils d'Antigone, à quinze; Ptolémée Philadelphe, à trente; Ptolémée Philopator, surnommé Tryphon, à quarante. Hippus, de Tyr, inventa le vaisseau de charge; les Cyrénéens, le *lembus;* les Phéniciens, la *cymba;* les Rhodiens, le *celes ;* les Cypriens, le *cercurus.* L'art de régler la navigation sur les astres est dû aux Phéniciens. Les Copes inventèrent la rame, et les Platéens lui donnèrent sa largeur. Icare imagina les voiles; Dédale, le mât et l'antenne; les Samiens, ou l'Athénien Périclès, les vaisseaux pour le transport des chevaux; les Thasiens, les vaisseaux pontés dans toute leur longueur. Auparavant on ne combattait que de la proue et de la poupe : Pysée, Tyrrhénien, ajouta les éperons; Eupalus, l'ancre; Anacharsis, l'ancre à deux anses; l'Athénien Périclès, le grapin; et Tiphys, le gouvernail. Minos fut le premier qui combattit avec une flotte; Hyperbius, fils de Mars, le premier qui tua un animal; et Prométhée, le premier qui tua un bœuf.

Objets sur lesquels les premiers peuples ont été unanimes.
Des lettres anciennes.

LVIII. 57. L'adoption des lettres ioniennes est la première chose qui ait réuni le suffrage tacite des nations.

58. La similitude presque entière des anciennes lettres grecques avec les lettres latines actuelles est démontrée par une inscription de Delphes, gravée sur un airain antique, qui se trouve à présent dans la bibliothèque du mont Palatin, où les empereurs l'ont consacrée à Mi-

ΤΗΣ ΑΝΕΘΕΤΟ ΤΗ ΔΙΟΣ ΚΟΡΗ ΤΗΝ ΔΕΚΑΤΗΝ
ΔΙΑ ΔΕΞΙΟΝ ΑΙΩΝΑ.

Quando primum tonsores.

LIX. 59. Sequens gentium consensus in tonsoribus
fuit, sed Romanis tardior. In Italiam ex Sicilia venere
post Romam conditam anno quadringentesimo quinquagesimo quarto, adducente P. Ticinio Mena, ut auctor
est Varro : antea intonsi fuere. Primus omnium radi
quotidie instituit Africanus sequens : divus Augustus cul-
tris semper usus est.

Quando primum horologia.

LX. 60. Tertius consensus fuit in horarum observatione, jam hic rationi accedens. Quando et a quo in
Græcia reperta diximus in secundo volumine. Serius
etiam hoc Romæ contigit. Duodecim tabulis ortus tantum et occasus nominantur : post aliquot annos adjec-
tus est et meridies, accenso consulum id pronuntiante,
quum a Curia inter Rostra et Græcostasin prospexisset
solem. A columna Mænia ad carcerem inclinato sidere,
supremam pronuntiabat. Sed hoc serenis tantum diebus
usque ad primum punicum bellum. Princeps Romanis
solarium horologium statuisse ante undecim annos, quam
cum Pyrrho bellatum est, ad ædem Quirini L. Papirius

nerve, la voici : ΑΔΥΣΙΚΡΑΤΗΣ ΑΝΕΘΕΤΟ ΤΗ ΔΙΟΣ
ΚΟΡΗ ΤΗΝ ΔΕΚΑΤΗΝ ΔΙΑ ΔΕΞΙΟΝ ΑΙΩΝΑ.

A quelle époque on vit les premiers barbiers,

LIX. 59. Le second cas d'unanimité dans le monde
nous est offert par les barbiers : les Romains furent un
peu lents à les admettre. Varron nous apprend que les
premiers barbiers furent amenés de Sicile en Italie par
Ticinius Mena, l'an de Rome 454. Auparavant les Romains portaient la barbe longue. Scipion Émilien fut le
premier à donner l'exemple de se faire raser tous les jours.
Auguste fit toujours usage d'une espèce de couteau.

Et les premières horloges.

LX. 60. Un troisième point d'accord général, auquel
la raison a eu plus de part, c'est la division du temps
par heures. J'ai dit, livre II, quand et par qui cette division fut inventée en Grèce. Elle parvint aussi fort tard
chez les Romains. Les Douze-Tables ne font mention que
du lever et du coucher du soleil. Quelques années après,
on y ajouta le midi, que l'huissier des consuls annonçait, lorsque, de la salle du sénat, il apercevait le soleil entre les rostres et le grécostase; quand, de la colonne Ménia, il le voyait jeter ses derniers rayons sur
la prison, il annonçait la dernière heure. Cet usage,
qui n'était applicable que dans les jours sereins, subsista
jusqu'à la guerre punique. Le premier cadran solaire
qu'aient eu les Romains fut mis en place, onze ans avant

Cursor, quum eam dedicaret, a patre suo votam, a Fabio Vestale proditur. Sed neque facti horologii rationem vel artificem significat : nec unde translatum sit, aut apud quem scriptum id invenerit. M. Varro primum statutum in publico secundum rostra in columna tradit, bello punico primo, a M. Valerio Messala consule, Catina capta in Sicilia : deportatum inde post xxx annos, quam de Papiriano horologio traditur, anno Urbis ccccLxxxxi; nec congruebant ad horas ejus lineæ : paruerunt tamen eis annis undecentum, donec Q. Marcius Philippus, qui cum L. Paulo fuit censor, diligentius ordinatum juxta posuit : idque munus inter censoria opera gratissime acceptum est. Etiam tum tamen nubilo incertæ fuere horæ usque ad proximum lustrum. Tunc Scipio Nasica, collega Lænatis, primus aqua divisit horas æque noctium ac dierum. Idque horologium sub tecto dicavit, anno Urbis dxcv. Tandiu populo romano indiscreta lux fuit. Nunc revertemur ad reliqua animalia, primumque terrestria.

la guerre de Pyrrhus, par L. Papirius Cursor, auprès du temple de Quirinus, le jour même où il faisait la dédicace de cet édifice, bâti pour accomplir un vœu de son père : ainsi le raconte Fabius Vestalis. Mais cet auteur ne décrit pas la forme de ce cadran ; il ne nomme pas l'artiste, ne dit pas de quel lieu on l'avait apporté, ni sur quel témoignage il appuie ce fait. Varron écrit que le premier cadran solaire fut placé sur une colonne auprès des rostres par le consul Valerius Messala, qui le fit apporter de Catane, en Sicile, après la prise de cette ville, trente ans après l'époque supposée du cadran de Papirius, l'an de Rome 491. Les lignes de ce cadran ne s'accordaient pas exactement avec les heures. Cependant il servit quatre-vingt-dix-neuf ans de régulateur, jusqu'à ce que Martius Philippus, qui fut censeur avec Paulus, en fit placer un autre plus régulier auprès de celui de Valerius. De tous les actes de sa censure, ce fut le plus agréable. Cependant, quand le soleil ne se montrait pas, les heures restèrent encore incertaines, jusqu'au lustre suivant. Alors Scipion Nasica, collègue de Lénas, fut le premier qui, par le moyen de l'eau, marqua également les heures du jour et de la nuit. Il plaça cette clepsydre dans un lieu couvert, l'an de Rome 595. Le peuple romain avait passé tout ce temps sans connaître la division du jour. Revenons maintenant à l'histoire des autres êtres vivans, et d'abord à celle des êtres terrestres.

NOTES

DU LIVRE SEPTIÈME.

Chap. II, page 8, ligne 21. *Arimaspi.... uno oculo in fronte media insignes : quibus assidue bellum esse... cum gryphis, etc.*

La fable des Arimaspes et de leurs combats avec les griffons est du nombre de celles qui avaient été inventées dans la vue de cacher le véritable siège du commerce de l'or, qui paraît s'être fait dès la haute antiquité avec le nord de l'Asie. La source de ce métal peut avoir été dans les mines des monts Altaï, où l'on trouve encore aujourd'hui des traces d'exploitations très-anciennes faites par des peuples inconnus et dont plusieurs sont assez riches en or. Aristée de Proconnèse, qui vivait environ 200 ans avant Hérodote, et qui a été le premier propagateur de ces contes et de bien d'autres dans son épopée intitulée *Arimaspea*, prétendait (selon Hérodote, IV, 13-15) les avoir appris chez les *Issedons*, peuples voisins des Arimaspes, qui probablement étaient leurs rivaux pour le commerce de l'or et avaient le plus d'intérêt à ne pas laisser connaître les lieux d'où il venait. Au reste, Hérodote dit positivement qu'il ne croit pas à ces peuples monocles ; mais Pline n'y fait pas tant de difficulté.

Quant au griffon, cet animal fabuleux et vraisemblablement allégorique était représenté sur les monumens de Persépolis, comme on peut le voir dans les figures qu'en ont données Chardin, Niebuhr et Corneille Le Bruyn ; et c'est sans doute là que Ctésias avait pris la description qu'Ælien (*Hist. an.*, IV, 26) donne d'après lui de cet animal. M. Roulin pense que le tapir des Indes peut en avoir fourni le modèle, et effectivement quand cet animal est en repos et a sa petite trompe infléchie, on peut de loin la prendre pour un bec courbé comme celui d'un oiseau de proie.

Peut-être aussi les rapports des voyageurs grecs n'étaient-ils que des relations trop littérales des opinions religieuses des diverses tribus scythes. Nous trouvons par exemple, dans un Voyage tout récent (celui du docteur *Henderson*, intitulé *Biblical researches, etc.*) que les *Ingusch*, peuplade du Caucase, croient à l'existence de démons qui prennent quelquefois la figure d'hommes armés qui auraient *les pieds retournés* (*with their feet inverted*).   G. CUVIER.

CHAP. II, page 10, ligne 11. *Hos in alio non spirare cœlo, etc.*

C'est encore ici une précaution de voyageur, pour rendre ses contes moins invraisemblables.   G. C.

Page 10, ligne 16. *Ossibus humanorum capitum bibere, etc.*

Cette assertion est plus fondée que les autres ; il se peut bien que telles aient été en effet les mœurs de quelques peuplades scythes, puisqu'une des voluptés du paradis d'Odin devait être de boire dans les crânes de ses ennemis. De là à se servir de leur peau au lieu de serviettes (*pro mantelibus uti*), il n'y a pas loin ; en ce genre la barbarie est capable de tout.   G. C.

Page 10, ligne 18. *In Albania gigni quosdam glauca oculorum acie,*
                    a pueritia statim canos.

Ceci est encore un fait réel. Dans toutes les nations, et surtout dans les vallées étroites au pied des grandes montagnes, comme sont celles de l'Albanie (les vallées du Caucase), il naît des individus à cheveux blancs, et dont l'iris des yeux manque de ce pigment qui lui donne une couleur foncée. Il est ordinairement rose. C'est ce qu'on nomme des Albinos. Nous en avons connu une famille de la vallée de Chamouny.   G. C.

Page 10, ligne 23. *Ophiogenes, etc.*

Les Ophiogènes, les Psylles et autres jongleurs de cette espèce, existent encore dans tous les pays où il y a des serpens venimeux. Quelques-uns de ces hommes rendent de vrais services en suçant les plaies faites par ces reptiles ; d'autres promettent plus qu'ils ne peuvent tenir ; tous pour en faire accroire au peuple ont coutume de porter avec eux des serpens auxquels ils ont arraché les dents, et disent que c'est par un pouvoir occulte qu'ils n'ont rien à en craindre. En Égypte surtout ils ont conservé toutes les pratiques mentionnées par les anciens, par exemple celle de cracher dans la bouche des serpens ; ils savent particulièrement rendre le serpent immobile en comprimant sa nuque. Ils lui donnent ainsi une sorte de paralysie, ils le changent en bâton ; lui rendant ensuite ses mouvemens, ils changent le bâton en serpent, comme cela est dit dans la *Genèse* des magiciens de Pharaon. G. CUVIER.

CHAP. II, page 12, ligne 20. *Supra Nasamonas.... Androgynos esse.*

Nous n'avons pas besoin de dire que tout cet article est fabuleux. G. C.

Page 12, ligne 24. *Familias quasdam effascinantium.... quorum laudatione, etc.*

Encore aujourd'hui les nègres croient aux sortilèges, et plusieurs se vantent d'en exercer ; mais les prétendus sorciers ne sont que des empoisonneurs. Au reste, cette opinion du pouvoir des regards pour nuire a régné long-temps en Europe. Bodin, tout savant qu'il était, n'en doutait nullement, et elle se conserve encore dans beaucoup de nos provinces parmi le peuple. G. C.

Page 14, ligne 6. *Pupillas binas in oculis singulis.*

J'ignore entièrement à quoi peut tenir cette opinion sur les gens à double pupille ; je doute même que de pareils yeux se soient vus dans l'espèce humaine. G. C.

Page 14, ligne 12. *Eosdem.... Non posse mergi.*

Cette idée que les sorciers surnageaient toujours s'est conservée long-temps : jeter à l'eau ceux qu'on accusait de sorcellerie

et de certains autres crimes pour voir s'ils surnageraient, était
même dans le moyen âge une des épreuves du jugement de Dieu.

G. Cuvier.

CHAP. II, page 16, ligne 1. *Non aduruntur.*

C'est sans doute encore ici quelque charlatanerie analogue à
celle de cet Espagnol que nous avons vu à Paris, se donnant pour
incombustible, et qui a fini par être dupe de sa propre trom-
perie.   G. C.

Page 16, ligne 5. *Pyrrho regi pollex in dextero pede, etc.*

On voit que ce n'est pas d'aujourd'hui que la flatterie a attribué aux princes des pouvoirs surnaturels, et nommément celui de
guérir des maux en les touchant.   G. C.

Page 16, ligne 14. *Ut sub una ficu turmæ condantur equitum.*

C'est l'arbre que Linnæus nomme *ficus religiosa*, et dont les
branches, après s'être courbées vers la terre, y prennent racine
et produisent de nouveaux rejetons qui tiennent au tronc principal en même temps qu'ils forment des troncs particuliers, en
sorte que l'on peut dire qu'un seul arbre y couvre une espace
très-considérable.   G. C.

Page 16, ligne 15. *Arundines.... tantæ proceritatis, etc.*

Il s'agit ici des *bambous*, plantes de la famille des graminées,
mais qui rivalisent avec les grands arbres par l'élévation, la grosseur et la solidité. Il y en a une espèce (*bambos arundinacea*) dont
les tiges s'élèvent à plus de soixante pieds de haut.   G. C.

Page 16, ligne 16. *Internodia.*

La tige des bambous est articulée, comme chacun sait, et

internodium est une expression pittoresque pour rendre l'intervalle de deux de ces articulations.   G. CUVIER.

CHAP. II, page 16, ligne 18. *Multos ibi quina cubita constat
longitudine excedere.*

La taille des Indiens n'excède pas celle des autres hommes.
G. C.

Page 16, ligne 19. *Non exspuere, etc.*

Ces avantages sout les effets naturels d'un climat chaud.
G. C.

Page 16, ligne 21. *Philosophos eorum, quos gymnosophistas
vocant, etc.*

Ces folies, qui ne sont rien moins que philosophiques, sont
encore pratiquées aujourd'hui par les pénitens indous, qui paraissent être les successeurs des anciens gymnosophistes. On peut
voir ce qu'en rapportent Bernier, Rogers et les autres voyageurs
qui sont allés aux Indes.   G. C.

Page 18, ligne 1. *Homines aversis plantis, octonos digitos in
singulis habentes.*

Voici encore des fables, et c'est toujours dans les montagnes,
dans les lieux peu accessibles qu'on les place.   G. C.

Page 18, ligne 3. *Genus hominum capitibus caninis, etc.*

Ce sont les singes à museau saillant, nommés encore aujour-
d'hui *cynocéphales*, qui, vus de loin, auront donné lieu à ce conte.
G. C.

Page 18, ligne 7. *Feminas semel in vita parere, etc.*

Encore des fables tirées de Ctésias, et que Pline n'aurait pas
dû copier si servilement.   G. C.

Chap. II , page 18 , ligne 15. *Satyri, etc.*

Ce nom a été donné à tous les grands singes, d'autant plus naturellement qu'ils sont en général très-lubriques et fort dispo-
sés à abuser des femmes.   G. Cuvier.

Page 18, ligne 19. *Choromandarum gentem, etc.*

Ce sont probablement encore ici de grands singes.   G. C.

Page 18, ligne 22, page 19, ligne 2 et 3. *Struthopodes Scyritas,
astomorum gentem.*

Ces fables-ci ne sont pas susceptibles d'explication : ce sont
des fables pures et simples.   G. C.

Page 20, ligne 10. *Trispithami pygmœi.*

Même réflexion. On pouvait permettre les pygmées à Homère,
mais non pas à Pline.   G. C.

Page 22, ligne 7. *Qui centenos annos excedant, etc.*

Ces diversités dans la longueur de la vie n'ont rien d'exact.
                    G. C.

Page 22, ligne 10. *In juventa candido capillo, qui in senectute
nigrescat.*

Voici encore une assertion qu'aucun auteur moderne n'a con-
firmée.   G. C.

Page 22, ligne 13. *Locustis eos ali.*

Il est très-vrai qu'en certaines contrées de la zône torride, les
sauterelles sont assez grandes et arrivent quelquefois en troupes
assez nombreuses pour fournir un aliment momentané ; mais elles
ne font nulle part le fond de la nourriture d'un peuple. G. C.

CHAP. II, page 22, ligne 16. *Feminas septimo ætatis anno parere.*

C'est une exagération ; mais il est vrai que dans les pays chauds les femmes sont plus précoces, et qu'il n'est pas sans exemple qu'elles enfantent à neuf et dix ans. G. CUVIER.

Page 22, ligne 16. *Senectam quadragesimo accidere.*

Si par vieillesse il entend l'âge où la femme ne peut plus concevoir, le fait est vrai. G. C.

Page 22, ligne 20. *Mixtosque et semiferos esse partus.*

Ce genre de désordre a eu lieu malheureusement dans toute sorte de pays ; mais il n'a jamais rien produit. G. C.

Page 22, ligne 21. *Quinquennes concipere feminas, octavum vitæ annum non excedere.*

C'est ici l'exagération de l'exagération. G. C.

Page 22, ligne 23. *Cauda villosa homines nasci pernicitatis eximiæ.*

Ceci ne peut s'entendre encore que des grands singes. Il est arrivé quelquefois que des hommes avaient le coccyx un peu plus saillant qu'à l'ordinaire ; c'est ce que l'on rapporte entre autres d'un peintre qui a eu quelque célébrité à Paris ; mais de là à une queue velue la distance est grande. G. C.

Page 22, ligne 24. *Alios auribus totos contegi.*

Fable ridicule. G. C.

Page 24, ligne 1. *Nullum alium cibum novere, quam piscium, etc.*

Les habitans des côtes stériles font en effet du poisson leur principale nourriture ; ils le sèchent et le préparent de mille manières , et il y en a qui en nourrissent jusqu'à leurs bestiaux.

G. Cuvier.

Chap. III , page 26, ligne 8. *Androgynos.*

Les hermaphrodites , si recherchés par la débauche chez les Romains , n'étaient, autant que l'on peut en juger par leurs statues , que des femmes dont le clitoris avait pris un accroissement contre nature ; on en voit de temps en temps de telles ; et il s'en est montré une à Paris il y a peu de temps , mais qui n'aurait pas été de nos jours *in deliciis.*

G. C.

Page 26, ligne 13. *Enixa* XXX *partus.*

Nous avons connu au Jardin du Roi une portière qui a fait trente enfans ; et un de ses fils a eu deux fois de suite des enfans jumeaux.

G. C.

Page 26 , ligne 14. *Alcippe elephantum.*

Il y a une sorte de monstruosité qui n'est pas rare parmi les animaux , et dont on voit aussi des exemples dans l'espèce humaine, qui consiste dans l'atrophie des os maxillaires ; alors le nez pend au dessus de la bouche comme une espèce de trompe. C'est ce qui a fait dire que des femmes , des truies , des chiens , avaient produit de petits éléphans. On peut voir au Muséum d'anatomie comparée du Jardin du Roi plusieurs échantillons de ces monstres à trompes nés dans des espèces différentes.   G. C.

Page 26 , ligne 17. *Hippocentaurum , etc.*

Lorsque dans les quadrupèdes cette atrophie de la mâchoire supérieure se borne à un certain degré , l'inférieure ressemble un peu à un menton humain, et la tête , raccourcie dans sa partie supérieure , offre une ressemblance grossière avec celle de l'homme. C'est ainsi que nous avons vu à Genève un veau que des personnes éclairées d'ailleurs , mais peu au fait de la physiologie de la monstruosité, prétendaient être né du commerce d'un berger savoyard avec une génisse ; c'était tout simplement un veau dont la mâchoire supérieure n'avait pas pris son accroissement naturel. Il est probable que l'hippocentaure n'était pas autre chose. On voit au reste, par le passage de Phlégon rapporté par Hardouin, que l'histoire avait beaucoup gagné en merveilleux depuis Pline ; le monstre avait été pris vivant ; il avait des mains, etc. Pline, témoin oculaire, ne dit rien de tout cela.   G. CUVIER.

CHAP. III, page 28, ligne 1. *Ex feminis mutari in mares.*

Il existe en ce genre un exemple célèbre rapporté par *Ambroise Paré*, page 1017 de ses œuvres, d'une jeune paysanne nommée *Marie Garnier*, qui, en gardant les troupeaux et sautant un fossé, éprouva une vive douleur et se trouva être changée en garçon. On lui donna alors le nom de *Germain*. C'était sans aucun doute, ainsi que le dit Paré, un véritable garçon dont les organes étaient demeurés cachés à l'intérieur.   G. C.

Page 28, ligne 11. *Editis geminis, etc.*

Cette assertion n'est pas exacte ; de nos jours il n'est pas rare que des jumeaux et leur mère conservent la vie, ce qui peut tenir au perfectionnement de l'art des accouchemens et des précautions qu'il prescrit.   G. C.

Page 28, ligne 19. *Ceteris animantibus, etc.*

Ces animaux sauvages ont en effet un temps fixé pour l'accouplement, le part, etc., parce qu'ils dépendent des saisons ; mais cela n'est pas vrai des animaux domestiques auxquels l'homme procure en tout temps comme à lui-même la nourriture et l'abri.   G. C.

CHAP. IV, page 28, ligne 22. *Ad initia decimi undecimique, etc.*

Cette question n'a jamais été complètement décidée pour l'espèce humaine ; mais nos lois actuelles l'ont tranchée. Les ex-

périences faites sur les animaux par M. Tessier prouvent qu'il y a
parmi eux une grande latitude.   G. CUVIER.

CHAP. XIII, page 46, ligne 21. *Solum animal menstruale mulier.*

Les singes de l'ancien continent ont des écoulemens sanguins
comme les femmes, mais non pas aussi abondans ni aussi régu-
liers.   G. C.

Page 46, ligne 22. *Molas, etc.*

Il y a dans ce passage confusion des moles et des squirres ; les
moles sont des productions informes qui se développent dans la
matrice ; les squirres des endurcissemens maladifs de quelque partie du corps.   G. C.

Page 48, ligne 4. *Nihil.... mulierum profluvio magis
monstrificum.*

Toutes ces propriétés vénéneuses, attribuées au sang menstruel
par les anciens, sont fabuleuses.   G. C.

Page 48, ligne 22. *Aliquibus nunquam... tales non gignunt... —
Hæc ex generando homini materia.*

Il est vrai que les femmes exemptes de l'écoulement menstruel
sont rarement fécondes ; mais ce n'est point parce qu'il est la matière de la génération. Il cesse pendant la grossesse parce que le
sang superflu sert à la nourriture du fœtus.   G. C.

Page 50, ligne 3. *Lac feminæ non corrumpi, etc.*

Cette distinction entre les effets d'une conception légitime ou
adultérine sur le lait n'est aucunement fondée.   G. C.

CHAP. XV, page 52, ligne 6. *Dentes... — Invicti sunt ignibus.*

Les dents, et surtout leur émail, résistent davantage au feu et à la corruption que les os ordinaires ; mais le feu surtout finit aussi par les détruire. G. Cuvier.

Chap. XV, page 52, ligne 2. *Quasdam concreto genitali gigni.*

Il arrive quelquefois que la membrane de l'hymen n'est pas perforée, et que l'on est obligé, lorsque les premières évacuations menstruelles arrivent, de l'ouvrir par une opération chirurgicale. G. C.

Page 52, ligne 4. *Vice dentium, continuo osse.*

Il arrive quelquefois qu'une partie des noyaux pulpeux sur lesquels les dents doivent se former s'unissent ensemble ; et alors, au lieu de deux ou trois dents, il ne se forme qu'une masse ; mais je doute que l'on ait jamais vu toutes les dents réunies. G. C.

Page 52, ligne 19. *Feminis minor numerus.*

Le nombre normal des dents est le même dans les femmes que dans les hommes ; mais il arrive en effet à certaines femmes de ne jamais pousser les quatre dernières, celles que l'on nomme dents de sagesse. Cela arrive au reste aussi à quelques hommes, mais plus rarement. G. C.

Chap. XVI, page 54, ligne 11. *In Creta terræ motu rupto monte inventum est corpus stans* XLVI *cubitorum.*

On trouve dans les terrains meubles de toute l'Europe, de toute la Sibérie, de toute l'Amérique, et probablement aussi des autres parties du monde, des ossemens qui ont appartenu à de très-grands animaux, tels que des éléphans, des mastodontes et même des baleines, et chaque fois qu'il s'en est découvert, les gens du peuple, quelquefois même des anatomistes, les ont pris pour des os de géans. C'est ainsi que, dans le XVIe siècle, des os d'éléphans déterrés près de Lucerne furent regardés par le savant Félix Plater,

professeur d'anatomie à Bâle, comme les os d'un homme de dix-sept
pieds ; que des os d'éléphans, trouvés en Dauphiné furent montrés
à Paris comme étant ceux de *Teutobochus*, ce roi des Cimbres qui
avait combattu contre Marius, et un chirurgien nommé Habicot
soutint cette imposture dans plusieurs écrits.

Ces sortes de méprises devaient être bien plus fréquentes
dans l'antiquité, lorsque l'ostéologie humaine n'était presque
pas connue.

Il y a en effet dans les anciens des multitudes de relations de
ce genre dont on peut voir des extraits dans mes *Recherches sur
les ossemens fossiles*, tome I. Les hommes de la plus haute stature dans les temps modernes n'ont guère passé sept pieds, et à cette
taille ils sont excessivement rares. Buffon cite les plus connus,
Suppl. tome IV, page 397.   G. Cuvier.

Chap. XVII, page 56, ligne 14. *Ipsi nos pridem vidimus eadem
ferme omnia præter pubertatem, in filio Cornelii Taciti, equitis ro-
nani, Belgicæ Galliæ rationes procurantis.*

Ce passage de Pline est un de ceux qui ont fait dire à Juste-
Lipse et à quelques autres biographes de Tacite, que ce grand
historien avait exercé en Belgique les fonctions de procurateur
(*Voyez* Balth. Bonifac., *Scriptor. hist. rom.*, et Pichon, *Préf.
lat. de Tac. ad F. C. J. D*). Bayle le premier s'est élevé contre ce
sentiment (*Dict. crit.*, art. *Tacite*, tom. II, pag. 669, 70, éd. Rot.,
1715, in-f°, note 4). Comment Pline, mort en 79, aurait-il pu
voir un fils âgé de 6 ans à Tacite, qui, d'après ce qu'il dit lui-même
de son union avec la fille d'Agricola (*Vie d'Agric.*, n° 9), ne se
maria qu'en 77, lorsque son beau-père finissait son consulat. Mais,
dira-t-on, Tacite se mariait peut-être en secondes noces. Qu'on
relise la phrase latine, qu'on fasse attention à ce mot de *juveni*
(consul egregiæ tum spei filiam juveni mihi despondit, ac post
consulatum collocavit), et que l'on se demande si tel serait le ton
d'un homme arrivé à l'âge mûr et déjà séparé, ou par le divorce,
ou par la mort, d'une première épouse, lors de l'évènement dont
il fait mention.

Mais si ce n'est pas de Tacite qu'il s'agit ici, on peut sans in-

vraisemblance admettre l'opiniou énoncée dans l'édit. Lemaire
(t. III, *Exc.* II, p. 268, etc.) par M. Ajasson de Grandsagne; savoir, 1° que le procurateur de la Gaule Belgique était le père de
Tacite; 2° que l'enfant précoce mort à 6 ans était son frère. On
peut voir, dans la dissertation latine dont nous venons de donner
l'indication, les preuves très-curieuses dont ils étaient leur hypothèse, qui, par elles, semble prendre rang parmi les choses
démontrées.   E. DOLO.

CHAP. LVII, page 146, ligne 1. Liber pater.

Liber est un surnom de Bacchus qui fut donné à ce dieu, parce
qu'étant le dieu du vin, il délivre l'esprit de tous soucis. Les auteurs anciens parlent de plusieurs Bacchus; ils sont tous célèbres par leurs grands voyages; et c'est à ceux-ci, et non aux
mots hébreux *Bar-Cous*, fils de Cous, qu'ils doivent probablement leur nom, qui, selon Eusthate (*in notis ad Dionys. Per.*),
vient de Βάξειν ou Βάσκειν, aller, marcher, voyager. En voya-
geant, Bacchus enseigna aux hommes l'art de faire le commerce
ensemble et de cultiver la vigne. Selon plusieurs auteurs anciens, les Phéniciens apprirent au reste des mortels comment il
faut acheter et vendre.   LOUIS MARCUS.

Page 46, ligne 2. Diadema.

On dit que Bacchus se mit dans les bonnes grâces d'Ariadne,
fille de Minos, en lui faisant présent d'une couronne qui fut placée au ciel, après la mort d'Ariadne, et qui y devint la constellation de la Couronne boréale.   L. M.

Page 146, ligne 2. Et triumphum.

On sait que, selon les mythologues anciens, Bacchus fit la
conquête de presque tout l'ancien continent.

L. M.

Chap. LVII, page 146, ligne 2. *Ceres.*

Cf. Virgile (*Géorg.*, I , 101), Ovide (*Métam.*, v, 341).

Le nom *Cérès*, déesse de l'agriculture, vient peut-être du mot hébreu *kharach*, 'cultiver la terre. Selon Pausanias, cette déesse enseigna aussi l'usage des figues, et la culture des figuiers aux hommes. Les pays que Cérès a le plus illustrés par ses bienfaits ou par le châtiment des méchans, sont Éleusis, ville de l'Attique; la Sicile; la Syrie et la Scythie. On connaît l'amour de Cérès pour Triptolème, fils de Célée, roi d'Éleusis; ce prince l'accompagna dans ses voyages, et, comme elle, enseigna aux hommes l'art d'ensemencer la terre et de faire du pain.   L. MARCUS.

Page 146, ligne 3. *Glande.*

Selon Apollonius de Rhodes, le roi Pélasge apprit aux Arcadiens à se nourrir de glands et à bâtir des chaumières. Arcas instruisit ce peuple dans l'art de faire des habits et de fabriquer des vête-mens de laine.   DALÉCHAMP.

Page 146, ligne 3. *Molere.*

Selon Pausanias, le Lacédémonien Mylætas, fils de Lelegas, inventa les moulins dans un village de la Laconie, qui porta depuis le nom d'*Alisia*, c'est-à-dire de boulangerie.   D.

Page 146, ligne 3. *Molere.*

Dire : « Cérès a inventé les moulins », c'est dire : « Cette invention remonte aux époques les plus reculées de l'histoire. » Il est probable que l'on se servit de pilons avant d'avoir des moulins à bras, et que ceux-ci précédèrent tous les autres. Sous César et Auguste, on inventa l'art de faire mouvoir les moulins par l'eau; mais on n'en tira aucun profit avant le règne de Constantin-le-Grand. On commença alors par bâtir des moulins près des sources des fleuves, et dans le voisinage des fontaines. Bélisaire, général de Justinien, en fit construire dans le milieu des rivières.   AJASSON.

Chap. LVII, page 146, ligne 4. *Et alia.*

Les uns prétendent que *alia* veut dire d'autres arts que ceux
du meûnier et du boulanger ; les autres, que Cérès est différente
de celle qui a inventé ces deux arts et l'agriculture. Ces derniers
soutiennent leur opinion, en disant que Virgile honora parfois
Cérès comme déesse de la lune ; et que la Cérès sicilienne est représentée, sur les monnaies antiques de ce pays, avec des torches
brûlantes dans les mains, telles que la lune en porte sur les
monumens grecs et romains. On peut objecter à ces savans que
les torches de Cérès rappellent les flambeaux que la déesse al-
luma aux feux de l'Etna lorsqu'elle allait chercher sa fille par
toute la terre ; donc il n'est pas certain que la Cérès sicilienne
soit la déesse de la lune, ni que Virgile ait voulu parler de cette
divinité sicilienne lorsque, invoquant Bacchus et Cérès, il s'é-
criait :

> . . . . Vos, ô clarissima mundi
> Lumina, labentem cœlo quæ ducitis annum,
> Liber et alma Ceres. . . . . .

« O vous ! lumières éclatantes du monde, qui du haut des cieux dirigez
le cours de l'année fugitive, Bacchus, et toi, Cérès.... »

L. MARCUS.

Page 146, ligne 5. *Eadem.*

En sa qualité de législatrice, Cérès porte le nom grec Θεσμο-
φόρος, Thesmophore, ainsi que sa fille. (*Voyez* XXIV.)   L. M.

Page 146, ligne 6. *Assyrias.*

Hardouin interprète ce mot par *apud Assyrios*, chez les Assyriens. On pourrait aussi l'interpréter par *assyriennes*, et faire dire
à Pline que les lettres assyriennes ont existé de tous temps, et
qu'elles ont été inventées ou par les Égyptiens, ou par les Syriens. Cette dernière assertion paraîtra étrange à tous ceux qui
savent que les Égyptiens se servaient d'une écriture hiéroglyphi-

que ; mais l'apparence nous trompe souvent. Les auteurs anciens rapportent que le philosophe égyptien Hermès ou Mercure n'est pas seulement inventeur de l'écriture hiéroglyphique, mais aussi des lettres. Anticlide, cité un peu plus tard par Pline, dit que l'Égyptien Memnon a inventé les lettres quinze ans avant Phoronée, deuxième roi d'Argos, et qui monta sur le trône vers l'an 1807 avant J.–C. M. Grotefend (*Mines de l'Orient*, t. v) a découvert sur des médailles et des abraxas égyptiens les traces d'un alphabet samaritano–phénicien qui, à ce qu'il paraît, fut connu des Égyptiens dès le temps de Psammétique, et peut-être même plus tôt. Ne serait-ce pas à cet alphabet que Pline donne l'épithète d'*assyrien?* l'erreur du naturaliste romain et d'autres auteurs anciens, qui revendiquent pour les Égyptiens la gloire d'avoir inventé les lettres, viendrait, dans ce cas, de ce qu'ils ont pris des lettres d'origine assyrienne ou phénicienne pour des lettres inventées en Égypte, où elles furent introduites dans le huitième ou septième siècle, avant le commencement de l'ère chrétienne. Cette conjecture est soutenue par une circonstance très-remarquable : c'est que les lettres samaritano–phéniciennes, rencontrées par Grotefend sur des médailles et abraxas égyptiens, ressemblent beaucoup aux lettres grecques qu'on trouve dans les papyrus gréco–égyptiens, et à celles que l'on voit sur les médailles des Ptolémées. Pline dit, sur le même sujet, que les lettres ont été introduites en Grèce par le Phénicien Cadmus. Mais ce Phénicien, s'il est permis d'ajouter quelque foi aux traditions des anciens sur ses voyages dans le nord de l'Afrique et en Égypte, a parcouru ces dernières contrées avant d'arriver en Grèce, où il bâtit Thèbes. C'est cette circonstance qui a fait penser à beaucoup d'auteurs anciens que les lettres introduites en Grèce par Cadmus furent inventées en Égypte, quoiqu'on ne s'en servît pas dans ce pays, mais en Phénicie, du temps de Cadmus.

Il est bon de remarquer que plusieurs lettres de l'alphabet signalé par Grotefend ressemblent à des lettres éthiopiennes ou grecques; l'*m* et le *t* sont de ce nombre. L. MARCUS.

CHAP. LVII, page 146, ligne 7. *Apud Ægyptios.*

Selon Plutarque (*Sympos.*, IX, 3, p. 338), la première lettre
de l'alphabet égyptien fut exprimée par le dessin d'un ibis; parce
que cet oiseau était consacré à Hermès, et que celui-ci est l'inventeur des lettres.   L. MARCUS.

Page 146, ligne 8. *Apud Syrios.*

Clément d'Alexandrie dit que les lettres ont été inventées par
les Phéniciens et par les Syriens. Il est donc possible que les lettres dont Pline parle ici, soient les mêmes que celles découvertes
par Grotefend; car Hérodote (VII, 637) dit que les mots assyriens et syriens furent synonymes dans les temps anciens. Cependant il se pourrait aussi que les lettres en question aient composé un de nos alphabets samaritains modernes.   L. M.

Page 146, ligne 10. *Phœnice.*

Quinte-Curce (IV) dit que les Tyriens ont inventé les lettres.
     DALÉCHAMP.

Page 146, ligne 10. *Cadmum.*

Ce même fait est rapporté par Tacite (*Ann.*, liv. XI, p. 138),
par Lucain (III, v. 220), par Sextus Empiricus (*Advers. ma-
thematicos*, p. 11).   HARDOUIN.

C'est aussi l'opinion de Plutarque.   L. M.

Page 146, ligne 10. *Sedecim numero.*

Plutarque dit aussi que les lettres de Cadmus se montèrent à
seize, et que Palamède et Simonide leur ont ajouté huit nouvelles
lettres (*Sympos.*, IX, 3, pag. 738).   L. M.

Page 146, ligne 10. *Palamedem.*

Quelques auteurs anciens comptent le χ parmi les quatre lettres

inventées par Palamède. Ils ajoutent qu'il en a emprunté la forme
au vol des grues. D'autres disent que ce héros grec a imité la
forme du ♃ de celle d'une croix (SCALIGER, *in Ausonium*).

CHAP. LVII, page 146, ligne 10. *Simonidem Melicum.*

Voyez, sur ce personnage, le vingt-quatrième chapitre de ce
livre. Hygin dit aussi que ce Simonide de l'île de Céos, et non
celui de l'île de Samos, est l'inventeur de quatre lettres grecques.
Tzetzes (*Chil.*, XII, v. 13) ne sait auquel des deux Simonides
il doit attribuer cette invention.   HARDOUIN.

Page 146, ligne 14. *Ab Epicharmo.*

Hygin (*loco cit.*) est de l'avis d'Aristote ; Tzetzes (*loco cit.*, v. 49),
de celui de Pline.   H.

Page 146, ligne 17. *Phoroneum.*

Phoronée fut fils d'Inachus et de Mélisse, et second roi d'Argos.
Il monta sur le trône vers l'an 1807 avant J.-C.   L. MARCUS.

Page 146, ligne 18. *E diverso Epigenes, etc.*

Il y a deux manières d'interpréter ce passage. On peut dire
d'abord que la pensée de Pline est que les observations astronomiques des Babyloniens, dont il est question dans le texte, commencent 720 ans avant Épigène et 490 ans avant Bérose et Critodème ; on peut dire aussi que le naturaliste romain n'a pas prétendu indiquer quand on commença, à Babylone, à écrire des
observations astronomiques sur des pierres cuites, mais seulement que l'on en connaît qui embrassent une époque de 720 ou
de 490 ans. C'est ainsi que le père Hardouin a interprété le passage
en question, et j'avoue que cette interprétation me semble préférable à l'autre, qui a été adoptée par Bailly (*Hist. de l'Astronomie
ancienne*, tome II, page 371, sqq.) ; par Bayle (*Dictionnaire histo-
rique et critique*, article *Babylone*) ; par Périzonius (*Origines Ba-*-

byloniennes ; Leyde, 1711, in-8', ch. 1) ; par Ideler (*Untersuchungen über die astronomischen Beobachtungen der Alten*, p. 170) ; et par Brotier (*Notes de Pline*). En se rangeant du côté du père Hardouin, on n'est pas forcé d'intercaler dans le texte la lettre initiale M du mot latin *millia*, mille, puisque les observations astronomiques de 720 ou de 490 ans peuvent appartenir à n'importe quelle époque ; en admettant l'opinion de Bailly, Bayle, etc., on est forcé d'intercaler cette lettre dans le texte, puisqu'autrement les observations écrites sur des briques remonteraient tout au plus à l'an 1000 avant J.-C., et que par conséquent elles auraient été écrites long-temps après le siècle de Cadmus, introducteur des lettres phéniciennes en Grèce, et qui vécut vers 1540 avant notre ère. Mais Pline se sert de ces observations pour prouver que l'usage des lettres est très-ancien parmi les hommes, et surtout à Babylone, où on écrivait sur des briques, même avant l'époque où les lettres furent inventées en Égypte, selon Anticlide.

Porphyre dit dans Simplicius (*Comment. in Arist. de cœlo*, livre II, page 123), que Callisthène envoya à Aristote une série d'observations astronomiques faites par les Chaldéens, et dont la plus ancienne datait de l'an 1903 avant Alexandre-le-Grand. En regardant les 720,000 ans que, selon Bailly et Ideler, l'historien grec Épigène, cité par Pline, attribue aux observations écrites des Chaldéens comme autant de jours, et en faisant vivre cet historien dans le troisième siècle avant Jésus-Christ, on trouve que ces observations remontent jusqu'à l'an 1791 avant Alexandre, ce qui a engagé Bailly à regarder les années d'Épigène comme des jours, et à prétendre que les observations astronomiques envoyées par Callisthène à Aristote sont celles dont Épigène parle. Cette conjecture est peut-être plus ingénieuse que vraie. Pline prend les années d'Épigène pour des années et non pour des jours ; et s'il eût trouvé le nombre 720,000 à la place de 720 dans Épigène, il n'aurait pas manqué d'imiter l'exemple de Cicéron, et de traiter de fable tout ce que l'historien grec et d'autres disent des observations astronomiques des Babyloniens dans l'endroit cité. Cicéron nous apprend que les peuplades du Caucase et les Babyloniens veulent posséder des monumens couverts d'inscriptions contenant des observations astronomiques dont la plus ancienne date de 470,000 ans. Diodore de Sicile fait remonter jusqu'à l'an 473,000 les observations astronomiques dont les Chaldéens parlent; mais il n'ajoute pas foi à cette tradition. L. MARCUS.

CHAP. LVII, page 146, ligne 19. *Epigenes.*

Selon Bailly (*loco citato*), Épigène vécut sous Ptolémée Philadelphe; ce qu'on ne peut prouver, ni par ce passage de Pline, ni par ceux de Censorin (*de Die nat.*, VII et XVII), et de Sénèque (*Quæst. nat.*, VII, 3), dans lesquels il est encore question d'Épigène. L. M.

Page 146, ligne 20. *Coctilibus laterculis.*

Les Babyloniens étaient connus, dès le siècle de Moïse (*Gen.*, XI, 3), comme habiles dans l'art de faire des briques. L. M.

Page 146, ligne 20. *Inscriptas.*

On trouve dans les environs de l'ancienne Babylone des pierres cuites qui sont couvertes d'inscriptions écrites en lettres cunéiformes. Je ne dirai pas si les observations astronomiques dont Pline parle furent écrites ou non avec les mêmes caractères. M. Grotefend, qui le premier a déchiffré cet alphabet, a fait insérer dans les troisième, quatrième et cinquième tomes des *Mines de l'Orient*, plusieurs planches qui contiennent presque toutes les inscriptions en lettres cunéiformes que l'on connaît jusqu'à présent. L. M.

Page 146, ligne 23. *Pelasgi.*

Pline (III, 8) et Tacite (*Annales*, XI, pag. 159) disent que les Pélasges sont émigrés de la Grèce en Italie; ce qui eut lieu probablement peu de temps après le déluge de Deucalion, en l'an 1503 avant J.-C., lorsque les Hellènes com mencèrent à chasser les Pélasges du sol de la Grèce. En Italie, les Étrusques dûrent à Démocrate de Corinthe la connaissance de l'écriture ; les Aborigènes la reçurent d'Évandre, qui passa, vers l'an 1270 avant Jésus-Christ, de l'Arcadie en Grèce.

HARDOUIN.

Selon Plutarque (*Quæstiones romanæ*, p. 278), Hercule enseigna l'usage des lettres à l'Arcadien Évandre, dans le Latium. Souvent, dans la suite, les parens instruisirent eux-mêmes leurs enfans dans l'art de lire et d'écrire, jusqu'au temps de l'affranchi Sp. Carbilius (225 av. J.-C.), qui fonda la première école à Rome.

L. MARCUS.

CHAP. LVII, page 148, ligne 1. *Euryalus et Hyperbius fratres.*

Pausanias appelle l'un de ces deux frères Argolus au lieu d'Euryalus. Il nous apprend qu'ils étaient Pélasges d'origine.

H.

Page 148, ligne 3. *Cœli.*

On lit *Celii* dans plusieurs manuscrits et éditions.   H.

Page 148, ligne 5. *Cecrops.*

Il était né à Saïs, ville d'Égypte, et conduisit, vers l'an 1556, ou, selon d'autres, 1586 avant J.-C., une colonie d'Égyptiens dans l'Attique, et régna dans cette contrée. Isidore (*Orig.*, xv, ch. 1) et l'auteur anonyme des Choses incroyables (*Incredibilia*, p. 97), s'expriment dans les mêmes termes que Pline sur Cécrops.

H.

Page 148, ligne 8. *Cinyra.*

Cinyras vécut du temps de la guerre de Troie ; il fit présent d'un harnais à Agamemnon, ce qui a fait penser à Pline qu'il est l'inventeur de l'art du forgeron et du chaudronnier. Selon Hygin (*fab.* 270), Cadmus enseigna aux Grecs l'art de travailler l'airain. Voilà pourquoi, en grec, on nomme *cadmeia* tout ce qui renferme beaucoup de fer ou d'airain.   L. M.

CHAP. LVII, page 148, ligne 8. *Agriopæ.*

Au lieu de ce mot , on lit *Agricolæ* dans tous les manuscrits vus par Hardouin.

Page 148, ligne 9. *Et metalla æris.*

Selon l'Ancien-Testament , Tubel-Caïn est inventeur de l'art de travailler les métaux. Ce que Pline dit, dans ce chapitre et dans les suivans , sur les inventions des hommes , se rapporte principalement à l'histoire des arts et des métiers chez les Grecs. Du temps de Moïse , qui vécut plusieurs siècles avant Cinyras , les Israélites s'entendaient déjà très-bien à la fabrication d'ouvrages en fer, cuivre , or et argent.   L. MARCUS.

Page 148, ligne 9. *In insula Cypro.*

Étienne de Byzance (*Onomasticon urbium* Κύσρος, *Cyprus*) dit que l'île de Cypre doit son nom à Cypros , fille de Cinyras. Cypros est un nom propre hébreu ; et la mère d'Hérode et la mère du roi juif Agrippa , s'appelèrent ainsi (EUSEBIUS, *ex edit. Scaligeri*, p. 149). Cette remarque favoriserait l'opinion de ceux qui pensent que Cinyras, premier roi de Cypre , émigra de l'Assyrie ou de la Phénicie dans cette île. Au reste , nous savons, par des témoignages positifs des anciens , que des Phéniciens et des Égyptiens se sont établis de très-bonne heure dans l'île de Cypre (DIOGENES LAERTIUS *et* SUIDAS *in* ZENONE ; DIOD., II, pag. 114). C'est à ces colons que l'on est forcé d'attribuer les inventions que Pline attribue à Cinyras, roi de Cypre , qui peut-être fut l'un de ces étrangers qui se fixèrent dans l'île.   L. M.

Page 148, ligne 10. *Danaus.*

Danaüs arriva de l'Égypte dans l'Argolide, province de la Grèce, l'an 1475 avant J.-C. Les Grecs donnent le nom d'Armaïs au vaisseau qui le conduisit de sa patrie dans la leur ; les

Égyptiens (CHAMPOLLION , *l'Égypte sous les pharaons* , tom. I)
appellent ainsi Danaüs lui-même , et voient en lui le frère de
Sésostris ou Ramassès , l'Egyptus des Grecs. Strabon (édit.
Casaub. , p. 317), dit aussi que Danaüs et ses cinquante filles
firent creuser des puits dans le pays d'Argos, cette contrée ayant
été très-pauvre en eau lorsque ce prince y arriva. Le même fait
est rapporté par Pausanias (II, 19) et par Apollodore (II, 1).
Quelques savans modernes pensent que Danaüs fit connaître en
outre l'usage des pompes aux Grecs ; ce qui est assez probable,
puisque ces instrumens hydrauliques furent connus en Égypte
depuis les siècles les plus reculés de l'histoire.   **L. MARCUS.**

CHAP. LVII , page 148 , ligne 11. Argos Dipsion.

C'est-à-dire Argos sans eaux (mot à mot, qui a soif). *Voyez*
HOMÈRE (*Iliad.*, IV, 371), chez qui Argos est appelée πολυ-
δίψιον ; et Strabon (VIII, 370), qui lui donne l'épihète d'ἄνυδρος,
sans eau.   HARDOUIN.

Page 148 , ligne 12. Cadmus.

Clément d'Alexandrie dit également que Cadmus est inventeur
de l'art de tailler les pierres ; mais il ne dit pas où il a inventé
cet art.   H.

Page 148 , ligne 12. Thebis.

C'est-à-dire Thèbes d'Égypte , et non Thèbes de Béotie,
ville bâtie par Cadmus. Selon Apollodore (II , 4) et selon
Eusèbe (*Chr.* , II , A 562), ainsi que selon d'autres écrivains
anciens , Cadmus naquit à Thèbes en Égypte, et alla de là de-
meurer à Tyr.   **L. M.**

Page 148 , ligne 14. Cyclopes.

Comparez Virgile (*Æneid.* , VI) et Strabon (III , p. 312 , éd.
Casaub.). Les Cyclopes , dont il est question dans le texte, de-
meurèrent dans l'Argolide ; ils y bâtirent les murs de Tirynthe
et de Mycènes.   H.

CHAP. LVII, page 148, ligne 14. *Tirynthii.*

C'est ainsi qu'on nomme les habitans de Tirynthe en Argolide, dont il a été fait mention dans la note précédente. Nous en parlerons plus tard (IV, 5). HARDOUIN.

Page 148, ligne 14. *Ægyptii textilia.*

Martianus (II , 39) dit qu'Isis fit connaître aux Égyptiens l'usage du lin. Julius Firmicus attribue à Minerve, fille de Nilas, roi d'Égypte , l'invention de l'art du tisserand. H.

Les tissus et la toile de l'Égypte étaient très-célèbres dans la Grèce et dans l'Afrique du temps d'Hérodote (III , 105) et de Scylax (éd. Huds., p. 129). L'antiquité de la fabrication de la toile et des tissus faits de cette étoffe est attestée par le Pentateuque , les Juifs ayant appris dans l'Égypte l'art de faire des couvertures et des tapisseries dont la longueur se monta à cent aunes et au delà.

Depuis que les monumens égyptiens abondent dans tous les cabinets de l'Europe , on y a admiré des tissus de lin qui ne le cèdent en rien à ceux que l'on fabrique aujourd'hui. Du temps de Joseph , fils de Jacob , on donnait en Égypte des habits précieux en signe d'estime. L. MARCUS.

Page 148 , ligne 15. *Lydi.*

Le même fait est rapporté par Hygin, fable 274. H.

Les Phéniciens, surtout ceux de Sidon et de Tyr, étaient aussi très-célèbres dans l'art de teindre la laine ; peut-être ont-ils plus de droits que les Lydiens à revendiquer l'invention de cet art. Homère (*Iliade* , VI , 271 ; *Odyss.*, XV, 225) parle déjà des habits colorés des Sidoniens ; mais il ne connaît pas encore ceux des Lydiens. Ces derniers sont encore regardés par les anciens comme les inventeurs des monnaies d'or et d'argent. L. M.

Chap. LVII, p. 148, ligne 15. *Lanificio.*

Selon Justin (II, 6), les Athéniens ont fait connaître les premiers l'usage de la laine.   HARDOUIN.

Il est probable que l'Égyptien Cécrops, qui s'établit dans l'Attique avec plusieurs milliers de ses compatriotes, leur a appris la fabrication des vêtemens en laine.   L. MARCUS.

Page 148, ligne 16. *Arachne.*

Native de Colophon, ville de la Lydie sur les côtes de l'Ionie, bâtie près de la mer par Mopsus, fils de Manto, et peuplée par une colonie ionienne conduite par le fils de Codrus, Arachné surpassa Minerve dans l'art de broder, et représenta mieux que cette déesse les amours de Jupiter avec Europe, Danaé, Alcmène, etc., sur la toile. Minerve s'en vengea en frappant de sa navette la tête d'Arachné, qui se pendit de désespoir et fut changée en araignée (OVIDE, *Métamorph.*, VI; JUVÉN., II, 56).   H.

Page 148, ligne 16. *Linum.*

Selon Martianus (II, 39), les Égyptiens ont semé les premiers du lin pour en faire de la toile.   L. M.

Page 148, ligne 18. *Tychius Bœotius.*

On lit aussi *Bœthius* et *Tibus Bœotius* dans quelques manuscrits; mais la leçon du texte paraît être préférable aux deux autres, puisque Homère écrit Tychius le nom de l'inventeur de l'art du cordonnier, et qu'il dit que ce personnage vit le jour à Hylé, ville de la Béotie. Ovide (*Fast.*, III, 823), Nonnus, (*Dionys.*, XIII, p. 354), Hérodote (*Vita Homeri*, ch. 9) appellent également Tychius l'inventeur de cet art.   H.

Chap. LVII , page 148 , ligne 19. *Ægyptii.*

Clément d'Alexandrie (*Strom.*, 1, 307) dit que ce dieu égyptien est inventeur de la médecine , et qu'Esculape perfectionna cette science.   Hardouin.

Page 148 , ligne 20. *Apollinis.*

Esculape est aussi regardé comme fils d'Apollon par les anciens.   H.

Page 148 , ligne 21. *Chirone.*

Hygin (*fab.* 274) est de la même opinion. Il attribue à Chiron l'invention de l'art de guérir les plaies par des herbes, à Apollon l'invention de l'art de guérir les yeux , et à Esculape l'invention de la clinique.   H.

Page 148 , ligne 22. *Æs conflare.*

Selon Diodore (1 , 19) , les Thébains de l'Égypte sont les inventeurs de l'art de travailler l'airain ; selon Hygin (*fab.* 274), c'est Cadmus qui enseigna cet art aux Grecs ; mais Cadmus était natif de Thèbes, selon plusieurs auteurs anciens. L. Marcus.

Pausanias dit que , chez les Samiens, Rhæcus et Théodore ont inventé l'art de forger et de tremper l'airain.   Daléchamp.

Conflare, et temperare. Ces deux mots ont la signification de tremper. Les anciens savaient tremper et le cuivre et l'airain , témoins les ustensiles de cuivre et d'airain qu'on trouve dans plusieurs musées d'antiquités. Nous ne savons pas tremper le cuivre. Depuis quelques années M. d'Arcet a trouvé le moyen de tremper le métal des tamtams , en le laissant refroidir lentement , tandis que la trempe s'opère ordinairement par un refroidissement brusque.   Ajasson.

CHAP. LVII, page 148, ligne 22. *Lydum Scythen.*

Lydus le Scythe. Les peuples de la Scythie ou des pays situés entre la mer Noire, la mer Caspienne et le lac de Baïkal
(HÉRODOTE, IV, 11, 12; MANNERT, *Geographie der grieschen und
Römer*, tom. IV, 3; RENNEL, *Geogr. of Herodotus*, p. 57), sont
déjà connus dans l'Ancien-Testament, sous les noms de Gog et
de Magog (EZÉCHIEL, XXVII, 13; *idem.* XXXVIII et XXXIX),
comme d'excellens fabricans d'ouvrages en cuivre. Hérodote
(IV, 13) nous apprend qu'à l'est de la mer Caspienne les Massagètes, peuple d'origine scythique, portaient des armes d'airain; et Ammien-Marcellin (XXII) dit que les Chalybes, peuple
scythique qui demeurait dans le Caucase, et dont le nom vient
du grec *chalybs*, acier, ont inventé l'art de travailler le fer. Arrien
(*Expédition d'Alexandre*), Callimaque, Eudoxe, Xénophon (*Cy-
ropédie*, V), sont de l'opinion d'Ammien, et Aristote lui-même en
diffère peu. (*Voyez* BOCHART, *Phaleg*, p. 184). L. MARCUS.

Scythem. Il est naturel de penser que l'art de travailler le cuivre
et l'airain a été inventé dans les contrées où l'on trouve ces métaux en grande quantité; or, c'est ce qui a lieu dans le midi de
la Sibérie, qui est la Scythie des anciens. Tout le monde sait
que l'on y exploite de grandes mines de cuivre près des villes appelées Turia-Wasieliskoi, Froleski, Algowskoi. Ce métal y
est, en outre, presque tout pur; on peut donc le travailler très-
facilement.   AJASSON.

Page 148, ligne 23. *Theophrastus.*

Dans son *Traité des Inventions*, cité par Diogène Laërce.
                                              HARDOUIN.

Page 150, ligne 1. *Chalybas.*

Voyez notre note sur les mots *Lydum Scythem* de ce chapitre.
                                              L. M.

Page 150, ligne 1. *Cyclopas.*

C'est-à-dire ceux de l'île de Sicile, qui ont fabriqué la foudre

de Jupiter. Selon Pausanias le Samien, Théodore a inventé l'art
de fabriquer des vases et d'autres ouvrages de cuivre. DALÉCH.

CHAP. LVII, page 150, ligne 2. *Dactyli Idæi.*

S. Clément d'Alexandrie dit que les habitans du mont Ida ont
inventé l'art de fabriquer des ouvrages en fer, non en Crète,
mais en Cypre. Il les nomme Kelmis et Damnamène. Sophocle
(STRABON, x, p. 473) émet la même opinion que Pline. Le nom
Dactyles vient du mot grec δάκτυλος, doigt, le nombre des
dactyles ayant été égal à celui des doigts d'une des deux mains.
Ida est le nom d'une montagne de l'île de Candie, près de laquelle les Dactyles demeuraient.   HARDOUIN.

Selon Pausanias, l'inventeur de l'art du forgeron se nomme
Glaucus, et naquit dans l'île de Chio. Strabon attribue (xxxv)
l'honneur de cette invention aux Telchines, natifs de Crète ou
de Rhodes, où ils forgèrent le trident de Neptune et la faux dont
la Terre arma Saturne.   D.

Page 150, ligne 3. *Erichthonius.*

Hygin (*fab.* 274) dit que le roi Indus des Scythes inventa
l'art de travailler l'argent, et que le roi Erichthonius introduisit
cet art dans l'Attique. Cassiodore (*Var.* iv, 34) dit : « Indus,
roi des Scythes, inventa l'art de travailler l'argent, et Éaque
celui de faire les ouvrages en or. »   H.

Page 150, ligne 3. *Æacus.*

C'est ainsi que l'on doit lire, et non *Cæacus;* témoin le passage de Cassiodore que nous venons de citer.   H.

Page 150, ligne 4. *Ad Pangæum....*

Le même fait nous est rapporté par S. Clément d'Alexandrie
(*Stromat.*, 1, p. 307).   H.

Ad Pangæum montem. Le mont Pangéum est situé dans l'Abyssinie, où plusieurs branches du Nil prennent leur source dans cette montagne (*Antiq. cosmogr.*, chap. III). Selon Diodore de Sicile (pag. 19), les habitans de Thèbes en Égypte ont inventé l'art d'exploiter les mines d'or et d'argent, et de travailler ces deux métaux. Les mines d'or qu'on trouve dans le midi de l'É-gypte (D'ANVILLE, *Mém. sur l'Egypte*, p. 274; HEEREN, *Ideen über den Handel der Alten; zweite Aufl.*, th. II, p. 711; *Valentia travels to India*, t. II, p. 320; QUATREMÈRE, *Mém. sur l'Égypte*, t. II; HÉRODOTE, III, 97) furent exploitées avant la conquête même de ce pays par Sabaccon, roi de Méroé (c'est-à-dire avant l'an 753 avant notre ère (*Agatharchides de Rubro mari ex edit. Hudsonii; scriptores geogr. Græci minores*, t. I, p. 22). Méroé, c'est-à-dire Sennaar et la partie sud-ouest de l'Abyssinie, sont comptés par les anciens parmi les pays riches en or (DIOD., I, p. 29; STRAB., p. 1177), et ils le sont aussi.

Le commerce de l'or que les Égyptiens faisaient avec les ha-bitans de ces contrées remonte pour le moins jusqu'au neuvième siècle avant J.-C., comme l'auteur de cette note le prouvera dans un traité sur le commerce des anciens avec le Sogdan, qui sera bientôt publié. (*Voyez*, en attendant, HEEREN, *Ideen über politik und Handel der Alten*, éd. II, p. 370 et suiv.) Ce savant a prouvé que le commerce en question date d'environ l'an 600 avant J.-C.   L. MARCUS.

CHAP. LVII, page 150, ligne 5. *Thoas et Eaclis in Panchaia.*

Thoas fut roi de la Chersonèse taurique ; Æaclis n'est pas connu. Il est remarquable que Mela donne le nom de Panchaïc au pays que Pline et Æticus appellent Pangéum, et où, selon le naturaliste romain, Cadmus inventa l'art d'exploiter les mines d'or et de travailler ce métal.   L. M.

Hygin dit (*fab.* 274) que Sacus, fils de Jupiter, inventa l'art dont nous venons de parler, sur le mont Thasos en Panchaïe.

Hardouin a regardé ce passage d'Hygin comme une copie très-mal faite du passage de Pline, ce qui n'est pas certain. Le nom Sacus me rappelle celui que les anciens Persans donnaient aux Scythes selon Hérodote, et qui est Σακοὶ, *Saci*, pluriel de Sacus. Dans les pays habités par les Scythes d'Hérodote, il y avait, selon cet historien grec, beaucoup d'or (IV, 27 et 28), et il n'y en a pas dans la Chersonèse taurique, où régna Thoas. Ainsi, le passage d'Hygin mérite plus d'égards que celui de Pline; et si nous l'avons bien expliqué en rapprochant le nom de Sacus, inventeur de l'orfévrerie, de celui de Scythe chez les Persans, les anciens auraient placé les demeures des premiers exploiteurs des mines d'or dans le midi de Sennaar et de l'Abyssinie, et dans la chaîne des Altaï en Asie, où demeuraient les Arimaspes et les Massagètes, deux nations d'origine scythique, dont les pays étaient riches en or (HÉROD., IV, 27; VII, 201-216).

L. MARCUS.

CHAP. LVII, page 150, ligne 7. *Ex Cassiteride insula.*

Cassiteron signifie, en grec, plomb et étain, comme *Anakh* (*Amos*, VII, 7) en hébreu. Les auteurs grecs et romains appellent ordinairement Cassitérides plusieurs îles de l'océan Britannique, qui sont riches en étain, et d'où les Phéniciens cherchèrent ces métaux dans les temps les plus reculés de l'histoire (STRABON, III, p. 175; HÉRODOTE, VII, 36; FESTUS AVIENUS, *Ora maritima*). Bochart (*Canaan*, p. 651) est parti de ces faits pour prétendre qu'au lieu de Midacritus, dans la ligne suivante, on devrait lire Melicartus, mot qui est le nom de l'Hercule Phénicien, lequel introduisit l'usage du plomb et de l'étain des îles britanniques dans les pays situés sur les côtes de la Méditerranée. Hardouin pense, au contraire, qu'au lieu de Midacritus, on devrait lire *Midas Phrygius*, Midas le Phrygien. Cette assertion est basée sur un passage d'Hygin (*fab.* 274), dont voici la version exacte : « *Midas, roi de la Phrygie et fils de Cybèle, fit connaître le plomb blanc et noir.* »

L. M.

Page 150, ligne 8. *Midacritus.*

Voyez la note qui précède. — Cassiodore, cité par Hardouin (VAR., III, *epist.* 31), dit : « Ionos, roi de Thessalie, fit connaître l'usage de l'airain, et Midas, roi de Phrygie, celui du plomb. »

Chap. LVII, page 150, ligne 9. *Corœbus Atheniensis.*

Plus bas (xxxv, 45), Pline explique ce fait, et dit que Corèbe inventa l'art du potier, et que Chalcosthène l'exerça le premier. Il ajoute que cette invention est la cause de ce qu'on a donné le surnom de Κεραμικὸς, *Ceramicos*, à Athènes. Athénée (1, p. 28) rapporte les mêmes faits.   Hardouin.

L'art de faire des vases de porcelaine et d'argile paraît avoir été porté à un très-haut degré de perfection en Égypte, et chez les Phéniciens et les Juifs.   L. Marcus.

Page 150, ligne 10. *Anacharsis Scythes.*

Vers 592 avant J.-C. Ce fait est aussi rapporté par Sénèque (*Epist.* xxx, p. 398), et par Diogène Laërce et Suidas. Cependant Strabon (vii, p. 209) a prouvé que la roue du potier n'était pas inconnue à Homère.   H.

Page 150, ligne 10. *Ut alii Hyperbius.*

Ce fut l'opinion de Théophraste (*Scholiast. Pindari, Olymp.*, *ode* xiii, p. 113).   H.

Page 150, ligne 11. *Dædalus.*

Isidore (*Orig.*, xix, ch. 19) et Hygin (*fab.* 274) revendiquent pour Perdices, neveu de Dédale, l'invention de la scie. Diodore (iv, 277) attribue cette invention et celle de la roue du potier, de la vis, de la règle, de la toupie, des compas, etc., à Talus, neveu de Dédale. Ovide (*Métam.*, viii, 244) attribue aussi l'invention de tous ces objets à un neveu de Dédale.   H.

Page 150, ligne 13. *Normam.*

Selon Vitruve (ix, 2), Pythagore est inventeur de la règle.   H.

Chap. LVII , page 150 , ligne 14. *Theodorus Samius.*

Selon Pausanias , ce personnage est inventeur de l'art de travailler le fer et le cuivre.   Hardouin.

Page 150 , ligne 14. *Phidon.*

Le même fait se lit dans Strabon (viii , p. 358), dans Pollux, dans Hérodote , et sur les marbres d'Oxford.   H.

Page 150, ligne 17. *Prometheus.*

Selon Pausanias , les Argiens prétendaient que ce n'est pas Prométhée , mais Phoronée leur premier roi, qui fit connaître le feu et ses usages aux mortels.   Dalechamp.

Page 150 , ligne 18. *Phryges.*

Selon les marbres d'Arondel , Érechthée, quatrième roi d'Athènes , est inventeur des chars.   L. Marcus.

Page 150 , ligne 19. *Pœni.*

Au commencement de ce chapitre Pline a dit que Bacchus enseigna le commerce aux hommes. On doit penser qu'il parlait alors du commerce qui se fait par terre , et qu'ici il s'agit du commerce maritime. Denys le Périégète et Pomponius Sabinus (*in lib.* i) disent que les Phéniciens firent les premiers le commerce par mer.   H.

Page 150 , ligne 19. *Eumolpus.*

Eumolpe était natif de Thrace , et émigra dans l'Attique à la tête d'une colonie de ses compatriotes. Voilà pourquoi Pline lui donne l'épithète d'Athénien.   H.

Les Thraces passent pour avoir célébré , les premiers de tous les Grecs , des fêtes en l'honneur de Bacchus, dieu du vin. On raconte que Cadmus, père de Sémélé, mère de Bacchus, et Orphée, apportèrent le culte de Bacchus dans la Thrace, d'où il se répandit dans la Béotie, dans l'Argolide et dans l'Attique.

L. MARCUS.

CHAP. LVII, page 150, ligne 19. *Eumolpus Atheniensis.*

Ératosthène (*Catasterismi*) et Hygin (*fab.* 130) racontent que Bacchus ayant reçu l'hospitalité de l'Athénien Icare, père d'Érigone, lui apprit l'art de planter la vigne et de faire le vin. Icare donna ensuite du vin aux bergers de l'Attique, qui s'enivrèrent, et qui, se croyant empoisonnés, le tuèrent et le jetèrent dans un puits. Érigone se pendit de désespoir, et une chienne, témoin de ce meurtre, en mourut de douleur. Peu après Icare, sa fille et le chien furent placés au rang des astres, Icare sous le nom de Bootès, bouvier, Érigone sous celui de la Vierge, le chien d'Érigone sous celui de la Canicule, et l'on institua des fêtes en leur honneur. C'est depuis cette époque que les Athéniens cultivent la vigne, selon Ératosthène et selon Hygin.   L. M.

Page 150, ligne 20. *Staphylus.*

Apollodore (*de Diis*, 1, p. 53) dit que Staphylus est fils de Bacchus. Plutarque (*Vie de Thésée*, p. 9), le fait fils de Thésée. Un certain Staphyle a écrit, selon Athénée (11, p. 36), que l'art de mêler le vin avec de l'eau a été inventé par Mélampe. Théopompe, cité par Athénée (*loco cit.*), raconte que Midas, roi de Phrygie, voulant prendre Silène vivant, fit verser du vin dans un puits, et inventa ainsi l'art de tremper le vin avec de l'eau.   HARDOUIN.

Le nom propre Staphylus vient du mot grec σταφυλὴ, *staphylé*, grappe de raisin. Selon Nonnus, Staphyle est un roi d'Assyrie qui reçut Bacchus dans ses états, et apprit de lui l'art de planter la vigne, de faire du vin, et de le mêler avec de l'eau. On sait par le Pentateuque que la culture de la vigne fut en usage chez les habitans indigènes de la Terre-Sainte avant la conquête de ce pays par les Juifs. Les Phéniciens firent un grand commerce de vin avec l'Égypte (HEEREN, *Ideen, etc.*, 1re part.,

2ᵉ sect. , p. 751), et les Carthaginois transportèrent la connaissance de la culture de la vigne jusque chez les habitans de la
partie sud-ouest de Fez et de Maroc (SCYLAX, édit. Huds.,
scriptoribus Geogr. græc. minoribus, t. 1, p. 54).   L. MARCUS.

CHAP. LVII , page 150, ligne 21. *Aristœus Atheniensis.*

Selon Diodore (IV, p. 128) et Nonnus (XIII, p. 366), cet
Aristée naquit à Cyrène en Afrique, et non à Athènes, comme le
dit Pline. La culture de l'olivier et l'art d'en tirer de l'huile furent
connus en Égypte et dans la Palestine avant le siècle de Moïse,
témoin le Pentateuque. Donc l'opinion de Diodore et de Nonnus,
qu'Aristée est natif de Cyrène, mérite d'être préférée à celle de
Pline, qui pense qu'il est d'Athènes.   L. M.

Page 150, ligne 21. *Idem Mella.*

Comparez notre dernière note. Moïse, ayant l'intention de
louer la fertilité de la Palestine, dit : *Dans ce pays coulent le lait
et le miel.* Sol, fils de l'Océan, fit connaître le premier l'usage
du miel aux hommes.   L. M.

Page 150, ligne 22. *Buzyges Atheniensis.*

Le mot *Buzygès* signifie, en grec, qui attèle des bœufs. Hésychius (p. 196), dit : « Buzygès est un héros athénien qui attela
le premier des bœufs à la charrue ; son vrai nom est Épiménide. »   HARDOUIN.

Page 150, ligne 22. *Triptolemus.*

Triptolème d'Éleusis, ville de l'Attique, fut aimé de Cérès,
qui lui enseigna à ensemencer la terre et à faire du pain. Elle
lui donna aussi un char traîné par deux dragons, avec lequel il
parcourut toute la terre, afin d'enseigner l'agriculture aux
hommes (APOLL., III, v. 242 ; CALLIMAQUE, *Hymn. à Cérès,*
v. 22 ; PAUSAN., II , 14 ; HYG.,*fab.* 277, etc.).   L. M.

Chap. LVII, page 150 , ligne 23. *Regiam civitatem.*

C'est-à-dire monarchie.   **Hardouin.**

Page 150 , ligne 23. *Popularem.*

C'est-à-dire démocratie.   **H.**

Page 152 , ligne 1. *Phalaris.*

Contemporain du roi romain Servius Tullius , qui régna de
578 à 534 avant J.-C.   **H.**

Page 152 , ligne 2. *Lacedæmonii.*

1059 ans avant J.-C. , lorsque Ægis I, fils d'Euristhène et roi
de Lacédémone , vainquit les Hellotes ou Ilotes , habitans de la
ville d'Hélos , au fond du golfe Laconique ; environ 500 ans
après que Moïse eut donné aux Juifs des lois relatives au trai-
tement des esclaves ; et 400 ans avant la sortie des Juifs de
l'Égypte commença l'état de servitude auquel ils furent réduits
dans ce pays. Dans l'Orient, l'Éthiopie et l'Égypte il y avait, à
ce qu'il paraît , des esclaves depuis les siècles les plus reculés de
l'histoire.   **L. Marcus.**

Page 152 , ligne 2. *Judicium capitis.*

Élien (**Var.** , *Hist.* , III , 38) convient de ce fait.   **H.**

Page 152 , ligne 3. *Afri.*

Voyez Hygin (*fab.* 274) , qui en dit autant.   **H.**

Page 152 , ligne 5. *Prœtus et Acrisius.*

Frères jumeaux et natifs d'Argos ; ils se firent la guerre.
Apollodore (*de Diis* , II , 85) attribue aussi l'invention des
boucliers à ces deux frères, qui vécurent vers 1400 avant Jésus-
Christ.   **Ajasson.**

Chap. LVII , page 152 , ligne 6. *Athamantis.*

Athamas était roi de la Béotie et fils d'Éole, fils d'Hellen. Il vécut vers 1400 avant J.-C.   L. Marcus.

Page 152 , ligne 7. *Galeam, gladium.*

Savoir le casque, le glaive et la lance des Lacédémoniens, qui portaient des armes différentes de celles des Béotiens , des Corinthiens et des autres Grecs. Les glaives des Lacédémoniens étaient courts comme un poignard.   Hardouin.

Selon Hygin (*fab.* 274), Bélus, fils de Neptune, est inventeur du glaive.   L. M.

Page 152 , ligne 7. *Hastam.*

La lance illustra les Spartiates , dit Grégoire de Nazianze (*ad Themistium* , epist. 139).   H.

Page 152 , ligne 8. *Scythen.*

Cette tradition , ainsi que celle qui porte que Persès , fils de Persée , est inventeur de l'arc et des flèches , doit son origine à la réputation que les Scythes et les Persans se sont faite chez les peuples anciens par leur grande habileté à tirer des flèches (Xénophon , *Retr.*, III ; Hérodote , I, 73 ; IV, 46 ; Hippocrate , *de l'Air, de l'Eau, etc.* ; Platon , *Lois*, VII , etc.). Les écrivains grecs et romains parlent beaucoup du séjour de Persée dans la Perse (Et. de Byz., *Onomasticon urbium* , art. Ἀρταία ; Hérodote , VII).   L. M.

Page 152 , ligne 10. *Ætolium Martis filium.*

Selon Apollodore (*de Diis*, I, p. 29), Ætolus était fils d'Endymion.   H.

Page 152 , ligne 11. *Pilum.*

On lit dans quelques manuscrits *pilumque ; Penthesileam Ama zonem securim ; Pisœum venabula ; et in tormentis scorpionem Cretas ;* mais la leçon *pilum Penthesileam Amazonem ; securim Pisœum , venabula et in tormentis scorpionem Cretas* est préférable , puisque Julius Firmicus (*Mathes.* , VIII, 9, p. 219) attribue l'invention des objets de chasse aux Crétois.

Gratius (*Cyneg.* , p. 6), attribue cette dernière invention à Dercyle d'Amycles , ville de Laconie.   HARDOUIN.

CHAP. LVII , page 152 , ligne 13. *Catapultam.*

Cet instrument fut inventé , selon Élien , par Denys, premier roi de Syracuse.   DALECHAMP.

Page 152 , ligne 13. *Ballistam et fundam.*

Selon Strabon , les habitans des îles Baléares , célèbres dans l'antiquité par leur adresse à jeter la fronde, apprirent cet art des Phéniciens.

Fundam. Selon Strabon , les Étoliens inventèrent la fronde.
          H.

Page 152, ligne 14. *Tubam.*

Hygin (*fab.* 274) dit que Tyrrhène, fils d'Hercule, inventa la flûte. Clément d'Alexandrie (EUSEB., *Prœp. evang.* , X, p. 475) attribue aussi cette invention aux Tyrrhéniens. Athénée (IV , p. 184) fait la même chose.   H.

Page 152 , ligne 16. *Epeum.*

Selon Septimius Florens et Vitruve, le belier ou le cheval fut inventé par les Carthaginois.   D.

Page 152 , ligne 17. *Bellerophontem.*

Bellérophon vécut vers l'an 1220 avant J.-C. Il fut fils d'Hipponoüs , fils de Glaucus, roi d'Égypte , et d'Eurymède , fille de Sisyphe. Il tua la Chimère de l'île de Cilicie , et monta Pégase.   L. MARCUS.

Cʜᴀᴘ. LVII , page 152 , ligne 18. *Pelethronium.*

Selon Philargyre (Sᴇʀᴠɪᴜs *sur Virg.* , *Georg.* , III , 115) ,
Pelethronius fut roi des Lapithes , peuple de Thessalie , auquel
Virgile (*Georg.* , III , v. 115) attribue l'invention des brides et
des selles. Pelethronium est aussi le nom d'une montagne , d'une
ville et d'une grotte de la Thessalie. Selon Phavorinus et Hésychius , le centaure Chiron fut élevé dans la ville de Pelethronium , et reçut de celle-ci le surnom de Pelethronius.   Hᴀʀᴅ.

Page 152 , ligne 20. *Quadrigas Erichthonius.*

Selon Cicéron (*de Nat. deorum* , III) , Minerve , fille de Jupiter et de Coryphe , fille de l'Océan, attela le premier les chars
de quatre chevaux.   Dᴀʟᴇᴄʜᴀᴍᴘ.

Selon le père Hardouin , cet Erichthonius ou Érechthée n'est
pas le roi athénien auquel Hygin (*fab.* 166), Pausanias (IV, 2) ,
Eusèbe (*Chronica ex edit. Scaligeri* , page 79), attribuèrent l'invention des chars , mais Erichthonius, fils de Dardanus et second roi de la Troade , dont parle Apollodore (III , 10). Érechthée l'Athénien vécut vers l'an 1471 , et Érechthée le Troyen
vers l'an 1370.   L. Mᴀʀᴄᴜs.

Page 152 , ligne 21. *Tesseras.*

Selon Platon (Pʜèᴅʀᴇ), les Égyptiens sont inventeurs des dés.
Philostrate (*Heroica*) , Grégoire de Nazianze , Pausanias , Sophocle sont de l'opinion de Pline.   D.

Le père Hardouin pense qu'il n'est pas question ici des dés ,
mais d'un signal usité dans la guerre , et dont Virgile (*Énéide* ,
VII , v. 637) parle (peut-être le mot d'ordre).

Page 152 , ligne 24. *Lycaon.*

On lit *Lycanorem* dans le *Pline* de Dalechamp.

Page 152 , ligne 25. *Theseus.*

Diodore (V , page 341) attribue à Mercure l'invention qui

Pline rapporte à Thésée ; d'autres l'attribuent à d'autres personnages dont le polygraphe moderne, Polydore Virgile (*de Rerum inventione*, II, p. 123), a fait l'énumération.   Hardouin.

CHAP. LVII, page 154, ligne 1. *Auguria ex avibus.*

Pline va dire bientôt que l'on doit à Tirésias l'art de prévoir par l'inspection des oiseaux : *Auspicia avium.* Les mots *augurium ex avibus* et *auspicia ex avibus* ne sont pas synonymes. Selon Festus, ce mot *augurium* vient de *avium garritus*, cri des oiseaux ; et *auspicium*, de *ave specienda*, inspection des oiseaux, c'est-à-dire inspection des entrailles des oiseaux immolés aux dieux et pénates (CICÉRON, *de Divinatione*, II, p. 223).

S. Clément d'Alexandrie (*Stromat.*, I, 306) attribue aux Cariens l'invention de l'astrologie, et aux Phrygiens celle des augures tirés du vol et du cri des oiseaux.   H.

Page 154, ligne 2. *Aruspicam.*

C'est-à-dire l'inspection des entrailles des quadrupèdes. H.

Page 154, ligne 3. *Amphiaraus.*

Fameux devin, fils d'Oiclée, ou, selon d'autres, d'Apollon et d'Hypermnestre, fut, selon Apollodore, un des Argonautes ; il participa à la guerre des Épigones contre Thèbes. Il vécut donc entre les années 1263 et 1220 avant J.-C. L. MARCUS.

Voyez les détails que Cicéron (*de Divinatione*, I, p. 192) raconte de la vie de ce personnage.   H.

Page 154, ligne 3. *Tiresias.*

Voyez Cicéron (*de Divinatione*, I, p. 192).

Tirésias vécut vers l'an 1220 avant J.-C.   L. M.

Chap. LVII , page 154, ligne 4. *Amphiction.*

Connu par la fondation des amphictyonies. Il vécut vers 1500 avant J.-C.   L. Marcus.

Page 154 , ligne 5. *Astrologiam, etc.*

Voyez nos notes sur les mots *sphæram ipsam multo ante Atlas*, du sixième chapitre du second livre. Nous dirons ici seulement que le mot *astrologie* comprend , dans ce passage de Pline , l'astronomie et la science des prédictions par les astres , témoin les mots *sphæram in ea Milesius Anaximander*, par lesquels Pline nous indique le nom de l'inventeur des globes terrestres. (*Voyez* la note suivante d'Hardouin.)   L. M.

Page 154 , ligne 6. *Sphæram.*

Pline (II , 6) , ayant attribué à Atlas l'invention des globes célestes , ne peut parler que des globes terrestres dans ce passage. Diogène Laërce (II , 1) et Agathémère (*Geogr.*, 1) attribuent cette dernière invention à Anaximandre de Milet , auquel Pline (II , 6) attribue aussi la découverte de l'obliquité de l'écliptique.
                              Hardouin.

Page 154 , ligne 7. *Æolus.*

Il vécut vers 1700 avant J.-C. Le même fait est rapporté par Hygin (*fab.* 125).

Page 154 , ligne 8. *Amphion.*

Voyez Plutarque (*liber de Musica*, p. 429).

Page 154 , ligne 8. *Fistulam et monaulum Pan.*

Selon Hygin (*fab.* 274) , Pan , fils de Mercure et de Pénélope , est inventeur des pipeaux. Selon Euphorion , cité par Athénée (IV, p. 184), Mercure est inventeur du *monaulos* , c'est-à-dire de la flûte simple opposée à la flûte double composée de deux tubes. Pollux (IV, p. 190) attribue cette invention aux Égyptiens.   HARDOUIN.

CHAP. LVII, page 154 , ligne 9. *Obliquam tibiam.*

Flûte traversière ; fut inventée , selon les Égyptiens , par leur roi Osiris. Athénée (p. 184) donne quelques détails sur la construction de cet instrument.   H.

Page 154 , ligne 9. *Phrygia.*

Les Phrygiens sont aussi inventeurs des flûtes dont on se servait aux convois des morts.   H.

Page 154 , ligne 10. *Lydios modulos, etc.*

Selon Apulée (*Florid.*, I), le mode éolien était tout simple, le mode carien très-varié , le mode lydien très-triste , le mode phrygien très-sérieux et religieux , le mode dorien très-belliqueux.   H.

Page 154, ligne 11. *Thamyras.*

Ce nom est aussi écrit Thamyris par les anciens (SUIDAS , PLUTARQUE , etc.).   H.

Page 154 , ligne 12. *Ut alii Linus.*

Suidas (II, 47) , dit Linus , est inventeur de la musique lyrique.   H.

Selon Ératosthène (*Catasterismi*) et selon Hygin , le dieu Mercure , étant enfant, trouva l'écaille d'une tortue sur les bords du Nil , et en fit une lyre en tendant trois cordes dessus. Il fit présent de cet instrument à Apollon qui le donna à Orphée, lequel lui ajouta deux cordes. La lyre d'Orphée fut placée parmi les astres après la mort de ce roi musicien. Elle y forme la constellation appelée *Lyre.*   L. MARCUS.

CHAP. LVII , page 154 , ligne 13. *Terpander.*

Vécut vers 970 avant J.-C. Les Lacédémoniens condamnèrent Terpandre à une amende pour avoir joué le premier d'une lyre à sept cordes.   L. MARCUS.

Page 154 , ligne 13. *Simonides.*

C'est aussi l'opinion de Plutarque (*de Musica* , pag. 1141)
HARDOUIN.

Simonide vécut vers 558 avant J.-C.   L. M.

Page 154 , ligne 14. *Thimotheus.*

Il vécut , selon Suidas , vers 380 avant J.-C.   H.

Page 154 , ligne 16. *Cithraædica dica , etc.*

Le même fait est rapporté par Proclus *apud* Photium (*Cod.* , 239 , p. 985), par Plutarque (*de Musica*, p. 1137), et par S. Clément d'Alexandrie (*Strom.* , 1, p. 308).   H.

Page 154 , ligne 17. *Trœzenius Ardalus.*

C'est ainsi que l'on doit lire , et non Trœzenius Dardanus , comme portent quelques manuscrits et éditions. Plutarque (*de Musica* , p. 1133) dit aussi qu'Ardale de Trézène est le premier qui maria la voix humaine aux sons de la flûte.   H.

Trézène est une ville de l'Argolide sur le fleuve Chrysorrhoas et près du golfe Saronique. Selon Pausanias (II , 31), Ardale est fils de Vulcain et d'Aglaé , une des Grâces. On ne sait pas à quelle époque il a vécu.   L. M.

Page 154 , ligne 17. *Saltationem armatam.*

Les évolutions de la danse armée se faisaient à pied et avec des armes de buis ; celles de la *pyrrhique* , dont Pline va parler tout-à-l'heure, se faisaient au contraire à cheval ou sur des ânes. Des hommes, des femmes et des enfans prenaient part à ces jeux. (Cf. SOLIN, XI, p. 19).   HARDOUIN.

CHAP. LVII, page 154, ligne 18. *Pyrrhichen Pyrrhus.*

Pyrrhus, inventeur des jeux équestres appelés *pyrrhiques*, fut, selon Proclus (*Chrestomathia*), fils d'Achille. Selon Aristote, c'est Achille lui-même qui a institué ces jeux. Hésychius et Stobée appellent le fondateur de ces jeux Pyrrhichus, et le font naître dans l'île de Crète.   **H.**

Page 156, ligne 1. *Pherecydes Syrius.*

C'est-à-dire de l'île de Scyros. Il vécut vers 530 avant Jésus-Christ, et eut Pythagore pour disciple. Cicéron (*de Orat.*, II, 29) et Apulée (*Métamorph.*, liv. II) disent aussi que Phérécyde est inventeur de l'art d'écrire en prose. Mais Pline dit, dans le trente-unième chapitre du cinquième livre, que **Cadmus de Milet**, qui vécut vers 600 avant Jésus-Christ, inventa cet art. Strabon attribue l'honneur de cette invention à Phérécyde, à Cadmus et à Hécatée, qui vécut vers 555 avant J.-C. La contradiction dans laquelle Pline semble être tombé en attribuant l'invention en question à Phérécyde dans ce chapitre, et à Cadmus dans le trente-unième du cinquième livre, s'explique par les mots *Historiam Cadmus Milesius*, qui suivent. Selon Diogène Laërce, Phérécyde a écrit le premier en prose sur la philosophie, et Cadmus sur l'histoire.   **H.**

Page 156, ligne 3. *Lycaon.*

Fils de Phoronée et roi d'Arcadie ; il vécut vers 1370 avant J.-C. Les jeux gymnastiques qu'il institua, et dans lesquels les athlètes parurent tout nus, mais graissés d'huile, furent célébrés en l'honneur de Jupiter Lycæus. Les Lupercales des Romains ressemblent beaucoup aux jeux Lycéens des Arcadiens. Tite-Live et Denys d'Halicarnasse disent que ces jeux furent

importés en Italie par l'Arcadien Évandre, vers 1260 avant
Jésus-Christ.   L. MARCUS.

CHAP. LVII, page 156, ligne 4. *Acastus Iolco.*

La ville d'Iolcos est située dans la Thessalie, au fond du
golfe Pélasgique. Ce fut dans le port de cette ville que s'em-
barquèrent les Argonautes, du nombre desquels fut Acaste, fils
de Pelias et roi d'Iolcos. Les jeux funèbres, qu'il institua le
premier, furent célébrés en l'honneur de Pélias, père d'Acaste.
                                                L. M.

Page 156, ligne 4. *Post eum Theseus.*

Les jeux Isthmiques furent institués par Sisyphe, roi de Corinthe, l'an 1326 avant J.–C., en mémoire de Mélicerte, qui
fut changé en dieu marin lorsque sa mère Ino se précipita avec
lui dans la mer, vers 1202. Thésée rétablit ces jeux, qui furent
interrompus pendant quelque temps, et leur donna une nouvelle
organisation en les consacrant à Neptune. Au lieu de Thésée,
Pline aurait donc dû nommer Sisyphe.   L. M.

Page 156, ligne. 5. *Olympiæ.*

Diodore (IV) et Eusèbe (*Chron.*) disent aussi qu'Hercule,
fils de Jupiter et d'Alcmène, est fondateur des jeux Olympiques.   HARDOUIN.

Selon les Éléens, dont Pausanias rapporte les traditions,
l'Hercule qui fonda les jeux Olympiques n'est pas le célèbre fils
de Jupiter et d'Alcmène, qui exécuta les douze travaux héra-
cléens, mais un des cinq Dactyles du mont Ida de l'île de Crète,
qui enlevèrent Jupiter. Quelques auteurs anciens attribuent la
fondation des jeux Olympiques à Jupiter lui-même, d'autres
(PAUS., V, 1) à Æthlius, premier roi d'Élis, père d'Endymion, qui engendra cinquante filles avec la lune.   L. M.

Page 156, ligne 5. *Pythus pilam.*

Il y a beaucoup d'opinions diverses sur le nom du personnage à qui l'on doit cette invention. Anagallis l'attribuait à Nausicaa, fille d'Alcinoüs, qui vécut vers 1184 avant J.-C. Diacque revendique l'honneur de cette invention pour les Sicyoniens, Hippase pour les Lacédémoniens.   HARDOUIN.

Chap. LVII, Page 156, ligne 5. *Gyges Lydus.*

On lit en place *Cyges Ludus*, *Cynges Lyctius* et *Cynges Luctus* dans les manuscrits. De ces diverses leçons, celle de *Cyges Ludus* est la plus convenable ; car Pline dit, dans le cinquième chapitre du trente-cinquième livre, qu'à en croire les Égyptiens l'art de la peinture avait été inventé dans leur pays 6000 ans avant qu'il fût connu en Grèce ; dans cette hypothèse, l'inventeur de cet art en Égypte était indigène ; mais Lyctus est une ville de l'île de Crète, et non de l'Égypte, et Lydia est le nom d'un pays situé dans l'Asie Mineure ; et ni dans l'Égypte, ni dans l'Éthiopie ou Méroé, il n'y a que le nom Ludius qui rappelle celui d'un peuple de ces deux dernières contrées ; et ce peuple, ce sont les Ludim de la *Genèse*, qu'on prend ordinairement, avec Bochart, pour les habitans anciens des frontières méridionales de l'Égypte, et pour ceux de la Nubie et de la partie nord de Méroé. Comme le nom biblique Ludim (en latin *Ludi*) des nations qui demeurent dans ces contrées, ne se trouve nulle part dans les écrits des auteurs anciens de la Grèce et de Rome, ce nom nous garantit par lui seul la haute antiquité de la tradition selon laquelle Cyges Ludus ou Cyges de la Ludie inventa, dans l'Égypte, l'art de peindre : il est donc véritable, puisque les Égyptiens, comme le dit Pline, dataient de très-loin l'invention de la peinture dans leur patrie. Le nom Cyges n'étant pas plus connu que celui de Ludus aux Grecs et aux Romains, on conçoit facilement comment les copistes sont parvenus à changer les mots Cyges Ludus de Pline en Gyges Lydus ou Gyges le Lydien ; ce personnage ayant été un roi très-célèbre de la Lydie en Asie, la leçon Gyges Lydus pour Cyges Ludus est un sûr garant de ce que cette dernière est la vraie. Au reste, le nom propre Cyges ne fut pas moins en usage que celui de Lud ou Ludus, Ludien, chez les anciens habitans de l'Égypte, de la Nubie et du Sennar. Nous

trouvons ce nom, sous la forme de *Sigyen*, Σίγυεν, dans l'inscription grecque d'Adulis ; et la syllabe finale *en* de ce mot
peut être regardée comme l'*an* de la terminaison du pluriel des
substantifs dans la langue gyz de l'Abyssinie. Le nom *Sigyen*
appartient à cette langue, et les *Sigyen* de l'inscription d'Adulis
sont les *Shihos* des voyageurs anglais Bruce et Salt, qui demeurent sur les côtes septentrionales de l'Abyssinie. Ils se nourrissent
principalement des poissons de mer, et l'on peut, en conséquence,
les regarder comme les descendans des Ichthyophages d'Agatharchide, lesquels portent dans la Bible (*Psaumes*) le nom *Ciyim*.
On remarquera encore que la racine *Ciyah* de ce mot hébreu veut
dire désert dans cette langue, et qu'en gyz *Cyahh* signifie plaine
sablonneuse. L'Égyptien qui inventa la peinture serait-il né,
selon la tradition de ses compatriotes, dans le désert de la Nubie,
où on trouve beaucoup de ruines près du mont Barcal?

L. MARCUS.

CHAP. LVII, page 156, ligne 7. *Polygnotus.*

Voyez PLINE, XXXV, 35.

Page 156, ligne 9. *Danaus.*

Voyez APOLLODORE (*de Diis*), qui prétend que le premier
navire de Danaüs avait cinquante rames.   HARDOUIN.

Le même fait est rapporté par Hygin, qui nous apprend encore
que le vaisseau de Danaüs fut bâti par Minerve dans l'île de
Rhodes, et qu'il s'appela *Armaïs*, nom que les Égyptiens donnent à Danaüs lui-même. Si effectivement ce personnage traversa
la mer le premier pour aller débarquer en Grèce, il fut fondateur
de la première colonie qui arriva de l'Égypte dans ce pays. Cependant on convient ordinairement que l'Égyptien Cécrops alla
par mer en établir une cent ans avant Danaüs. Cadmus, Pélops
et d'autres étrangers débarquèrent aussi dans ce pays long-temps
avant Danaüs.

L. M.

Selon Eschyle, Prométhée a construit le premier vaisseau.

DALÉCHAMP.

CHAP. LVII , page 156 , ligne 10. *Antea ratibus , etc.*

La flotte que Sésostris , roi d'Égypte, envoya de la mer Rouge
aux Indes pour aller faire la conquête de ce pays, était composée,
selon Hérodote et selon Diodore , de vaisseaux longs. Cette expédition maritime partit avant la fuite de Danaüs ; car, selon
Manéthon , Danaüs , appelé par les Égyptiens Armaïs, est frère
de Sésostris ou de Ramassès, nommé aussi Égyptus par les Grecs,
et ce dernier força son frère de s'expatrier à son retour dans
l'Egypte , parce qu'il avait tenté de lui enlever la couronne pendant son absence. Les Egyptiens racontent qu'avant Sésostris,
leur premier roi Osiris avait fait la conquête des Indes au moyen
d'une flotte composée de vaisseaux longs, et montée d'un grand
nombre de guerriers égyptiens et éthiopiens. Ils sont donc loin
d'attribuer l'invention des grands vaisseaux à Danaüs. Selon Hygin, la constellation du vaisseau est le navire Armaïs de Danaüs,
ou l'Argo des Argonautes ; mais selon une tradition des Égyptiens, rapportée par Plutarque dans son *Traité sur Isis et Osiris*,
c'est la caisse *Sçôr*, dans laquelle Typhon, frère d'Osiris, étouffa
ce dernier et le jeta dans la bouche Canopique du Nil. On trouve,
surtout à Thèbes, quelques représentations de batailles navales,
dans lesquelles les vaisseaux égyptiens ont une forme très-longue,
et se terminent au devant par une tête de cheval ou de lion.

L. MARCUS.

Page 156 , ligne 11. *A rege Erythra.*

Strabon (XVI , p. 779) dit que le roi Erythras passa de Perse
à l'île Tyrrhine de la mer Rouge, et qu'il y fixa sa résidence.
Selon ce savant, Erythras donna son nom à l'océan Indien, appelé mer Erythrée par les anciens.   HARDOUIN.

Voyez aussi MELA (III , 7), et ARRIEN , *Indiques* , VI , 19.

L. M.

Page 156 , ligne 13. *In Britannico oceano.*

L'art de construire des radeaux a été appris peut-être par les
Phéniciens et par les Carthaginois aux Brittes. Ces deux premiers

peuples se servaient aussi de radeaux pour débarquer leurs mar-
chandises sur les côtes occidentales de l'Afrique (Scylax, édit.
Huds., p. 57).   L. Marcus.

CHAP. LVII, page 156, ligne 15. *Longa nave.*

Voyez XIII, 21.

Page 156, ligne 15. *In nilo.*

Comparez notre note sur les mots *antea ratibus* de ce chapitre.
Le vaisseau dont il est question en cet endroit était probablement,
comme les bâtimens de Sémiramis (*voyez* Suidas), un navire
qu'on pouvait décomposer et charger sur une voiture, pour le
transporter par terre et le recomposer ensuite quand on en avait
besoin. Apollonius de Rhodes nous apprend qu'à leur retour de la
Colchide les Argonautes chargèrent leur vaisseau sur leurs épaules,
et le portèrent ainsi de l'Ister ou Danube jusqu'à une rivière qui
se jette dans la mer Adriatique.   L. M.

Page 156, ligne 17. *Paralum.*

Phylarque, cité par Harpocrate (pag. 231), dit que le héros
Paralus a inventé le vaisseau à trois rames qui porte son nom.
(*Voyez* aussi, sur ce personnage, XXXV, 36.)   Hardouin.

Page 156, ligne 18. *Erythræos.*

Erythres était une ville de l'Ionie sur le bord de la mer Égée,
et à l'opposite de l'île de Chio. On donnait aussi ce nom à une
ville des Locriens sur la mer. On ignore dans laquelle de ces deux
villes eut lieu l'invention dont parle Pline.   L. M.

Page 156, ligne 18. *Thucydides.*

(*Bell. Pelop.*, lib. 1, cap. 13.) Cette invention eut lieu trois ans
avant la guerre du Péloponèse, terminée l'an 403 avant J.-C.
M. Bougainville (*Mém. de l'Acad. des Inscr.*, t. XXVIII, p. 288)
s'est servi de ce passage pour prétendre que le Périple d'Hannon

date peut-être de l'an 703, la flotte d'Hannon étant composée de vaisseaux de cinquante rames.   L. MARCUS.

CHAP. LVII, page 156, ligne 20. *Carthaginienses.*

S. Clément d'Alexandrie (*Stromat.*, 1, p. 307) partage l'avis d'Aristote.   HARDOUIN.

Page 156, ligne 20. *Quinqueremem.*

On lit dans toutes les éditions publiées avant celles d'Hardouin : *Quinqueremem constituit Nesichthon Salaminius; sex ordinum Xenagoras Syracusius; ab ea ad decemremem Mnesigiton; Alexandrum Magnum ferunt instituisse ad* XII *ordines; Philostephanus Ptolemæum Soterem ad quindecim. Demetrium Antigoni ad* XXX. *Ptolemæum Philadelphum ad* XL. *Ptolemæum Philopatorem qui Tryphon cognominatus est ad* L. Hardouin a justifié la leçon adoptée dans cette édition de Pline, en nous envoyant d'abord à l'index des auteurs du second livre, où les noms Mnésigiton, Xenagoras, Philostephanus, etc., se succèdent l'un à l'autre dans le même ordre que dans le texte. Ensuite il a produit plusieurs passages d'anciens auteurs qui attribuent les mêmes inventions aux mêmes personnages que Pline. Selon lui, les passages sont : 1° l'un de Plutarque (*Vita Demetrii*, p. 897), qui dit que Demetrius, fils d'Antigone, a inventé les vaisseaux à quinze rames ; 2° un d'Athénée (v, p. 203), qui dit que les navires à quarante rames ont été inventés par Ptolémée Philopator. Ajoutez à cela que ce dernier genre de vaisseau a été connu long-temps avant Ptolémée Philopator, témoin le Périple d'Hannon et Hérodote.   L. M.

Page 156, ligne 23. *Ptolemæum Soterem.*

Ceci n'est pas juste, témoin Hérodote, qui parle déjà des vaisseaux à trente rames.   L. M.

Page 158, ligne 2. *Onerariam.*

Navire de voiture ou de charge, appelé en grec φορτηγόν.

Ce navire était mu, tantôt par des voiles et tantôt par des rames
(Magius, *Miscellan.*, liv. i, ch. 6, p. 28).   Hardouin.

CHAP. LVII, page 158, ligne 3. *Lembum.*

Une galiote munie de quinze rames et sans voiles (l. xxviii).
H.

Page 158, ligne 3. *Cymbam.*

Petite barque.

Page 158, ligne 4. *Celetem.*

Aulu-Gelle (x, 25, p. 564) emploie le mot *celoces* en place
de celui de *celesas* ; il ajoute que *celetes* est l'expression grecque
pour *celoces*, mot latin qui vient, selon Nonius, de *celox*, rapide.   H.

Page 158, ligne 4. *Cercuron Cyprii.*

Selon Suidas, le mot *cercuros*, κέρκυρος, vient de κέρκυρα,
nom de l'île de Corcyra, où les navires appelés *cercuri* par les
anciens ont été inventés, selon cet auteur grec et selon Thucydide. Le père Hardouin, ayant préféré l'opinion de Pline à celle
de Suidas et de Thucydide, rejette cette étymologie, et décom-
pose le mot grec *cercuros* en κέρκος, *cercos*, queue, et en
οὐρα, *oura*, queue. Il justifie cette étymologie en disant que,
selon Plaute (*Stich.*, acte ii, scène 2, vers 13), les *cercuri*
étaient plus longs que tous les autres, et qu'ils se terminaient en
pointe. Il est difficile de dire laquelle de ces deux opinions est
vraie.   L. Marcus.

Page 158, ligne 4. *Siderum.*

Voyez Strab., xvi, p. 757.   H.

Selon Aratus (v, 100) les Phéniciens dirigèrent leurs courses
sur mer d'après la position des astres de la petite ourse, et les
Grecs d'après celle de la grande. Cette dernière constellation est
déjà mentionnée par Homère ; mais la connaissance de la première fut introduite par Thalès, de la Phénicie en Grèce (*Scholiaste d'Aratus, ad locum cit.* ; Hygin, *Scholiaste de Germ.*). Voilà

pourquoi les Grecs appelèrent la petite ourse φοινικὴ, *phœnice*, constellation phénicienne.   L. MARCUS.

CHAP. LVII, page 158, ligne 5. *Copæ.*

Il y a deux villes de la Béotie appelées ainsi, parce qu'on y construisit les premières rames, qu'on nomme κωπαὶ, *copæ*, en grec.   HARDOUIN.

Page 158, ligne 5. *Latitudinem ejus Platææ.*

Le plat de la rame s'appelle en grec πλάτη, *platé*; de là le nom de la ville de Platea, où cette partie des rames a été inventée, selon Pline, et selon d'autres écrivains anciens.   H.

Page 158, ligne 6. *Vela Icarus.*

Icare vécut vers 1200 avant J.-C. Pausanias attribue à Dédale, père d'Icare, l'invention que Pline revendique pour le fils. Diodore la rapporte à Éole, dieu des vents; Pausanias en fait honneur à Dédale, arrière-petit-fils d'Éole, fils d'Hellen, fils de Deucalion, sous lequel arriva, vers 1503, la grande inondation qui porte le nom de déluge de Deucalion.   H.

Page 158, ligne 7. *Hippagum.*

Vaisseau destiné au transport des chevaux, selon Festus et selon Plutarque (*Pyrrhus*, p. 391).   H.

Page 158, ligne 9. *Pisæus Tyrrhenus.*

Le même, auquel Pline attribue aussi l'invention de la hache et de la flûte.   H.

Page 158, ligne 10. *Bidentem.*

Le même fait est rapporté par Strabon (VII, p. 303).   PINTIANUS.

Page 158, ligne 10. *Harpagonas et manus.*

Selon Quinte-Curce (IV, 9), *harpagonas* est le mot grec pour *manus ferreæ* , nom latin d'un instrument de guerre dont on se servait pour démolir les redoutes en l'y jetant. *Voyez* la description de ces instrumens dans Tite-Live (XXX , p. 355) et dans Frontin (*Strat.*, II , 3).   HARDOUIN et PINTIANUS.

CHAP. LVII , page 158 , ligne 11. *Typhis.*

Pilote du navire *Argo* des Argonautes (APOLLODORE , *de Diis,* I , p. 53).   H.

Page 158 , ligne 12. *Minos.*

C'est aussi l'opinion de Diodore (IV, 263) , de Thucydide (I , p. 4), de Strabon (XVI) et d'Aristote (*de Republ.*, II).   DALÉCH. et HARD.

Page 158 , ligne 13. *Prometheus.*

Selon Eusèbe (*Chron.*, page 95) et Saint Jérôme (page 75), Cécrops immola le premier des bœufs à Jupiter. Il est donc possible que Pline ait voulu parler dans ce passage de celui qui abattit le premier des bœufs dans un but profane.   H.

Page 158 , ligne 16. *Ionum.*

Scaliger (*Animad. ad Euseb.*, p. 102) donne un *fac simile* de l'écriture ionienne, copié d'après une colonne que l'on a trouvée sur la voie Appienne, et il prouve ensuite que l'aphabet ionien est imité du phénicien ; ce qui est aussi l'opinion d'Hérodote , qui dit (V, 9) que les anciennes lettres des Ioniens ressemblent beaucoup à celles des Phéniciens.   H.

Page 158 , ligne 17. *Veteres græcas.*

Tacite (*Annal.*, XI, p. 159) dit : *Et formæ litteris latinis , quæ veterrimis Græcis :* « Les lettres latines ont la même forme que les plus anciennes des Grecs. »   H.

Page 160 , ligne 4. *In tonsoribus.*

Chrysippe, cité par Athénée (XIII, p. 365), dit que la cou—

tume de se raser a été introduite du temps d'Alexandre-le-Grand. On fit la barbe , tantôt en ôtant les poils en entier, tantôt en mettant un peigne entre la peau et le rasoir, afin de laisser subsister une partie des poils (PLAUTE , *Capt.*, act. II , scène 2 , v. 16). HARDOUIN.

CHAP. LVII , page 160, ligne 8. *Varro.*

(*De re Rusticâ* , ch. XI.)

Page 160 , ligne 13. *Rationi.*

Dans le choix commun des lettres on fut dirigé par le libre arbitre ; dans celui de la division du temps ou de l'observation des heures , on avait la nature pour guide , et on prenait par conséquent une marche rationnelle. H.

Page 160 , ligne 14. *In secundo volumine.*

(II , 78).

Page 160 , ligne 17. *Et meridies.*

Selon Aulu-Gelle (XVII, 2), on lisait les mots *ante meridiem* , avant midi ; *post meridiem* , après midi , sur les Douze-Tables. Selon Censorin (*de Die natali,* cap. 23), on y rencontra les mots *ante meridiem,* avant midi; ainsi la remarque de Pline sur l'absence du mot *midi* dans les Douze-Tables n'est pas évidemment juste Les Douze-Tables furent rédigées l'an 450 avant J.-C. , et la première horloge solaire fut érigée à Rome l'an 292 ; donc il est très-probable qu'à la première époque les Romains ne savaient pas encore déterminer au juste l'heure de midi. L. MARCUS.

Page 160, ligne 17. *Accenso consulum.*

Le massier du consul ou du préteur annonçait aussi à haute voix le lever et le coucher du soleil, neuf heures du matin et trois heures de l'après-midi , au peuple romain (VARRO , *de Lingua latina* , v). L. M.

Chap. LVII, page 160, ligne 20. *Supremam.*

Aulu-Gelle (XVII, 2), Varron (*de Lingua latina*, V, p. 44), Censorin (*de Die natali*, cap. 24), Macrobe (*Saturnal.*, I, 3), disent que le mot *suprema* signifie le coucher du soleil, dans les Douze-Tables: *Sol occasus suprema tempestas esto.* HARDOUIN.

Page 160, ligne 22. *Undecim annos.*

Vingt ans avant J.-C.

Page 160, ligne 23. *Ad œdem Quirini.*

Censorin (*de Die nat.*, cap. XXII) dit : « Il est difficile de dé-terminer quelle fut la plus ancienne horloge solaire des Romains : les uns disent qu'elle fut érigée près du temple de Quirinus, les autres qu'elle était placée dans le Capitole, ou près du temple de Diane, sur le mont Aventin. »   H.

Page 162, ligne 1. *Dedicaret.*

(*Voyez* TITE-LIVE, X, p. 187.) Le père de Lucius Papirius Censor commandait les armées romaines contre les Samnites lorsqu'il fit vœu d'ériger une horloge solaire près du temple de Quirinus, situé, selon Victor, dans le sixième quartier de Rome.   H.

Page 162, ligne 4. *Varro.*

Peut-être dans l'ouvrage qu'il avait intitulé *de Rebus humanis*, et que nous avons perdu aujourd'hui. Selon Aulu-Gelle (III, 2), il y avait consigné beaucoup de recherches sur la chronologie et la gnomonique des différens peuples de la terre, et surtout des Romains. Les meilleurs traités que nous ayons sur les horloges solaires et les clepsydres des anciens, sont: MARTINI, *Abhandlung von den Sonnenuhren der Alten* (Leipzig, 1777 à 1778, en allem.); BECK CALKOEN, *Dissertatio mathematico-antiquaria de horologiis veterum sciothericis* (Amsterd., 1797, in-8°). Ajoutez encore CASSIODORE, *Varr.*, l. I, epist. 45; CENSORIN, *de Die nat.*,

cap. XXIII; VITRUVE, *de Architectura*, IX, 9; ÆNEAS, *de Strateg.*,
cap. XXII; APULÉE, *Métam.*, III, p. 73; THÉON, *Amalg.*, I,
p. 6, II, p. 84; *Hypotyp.*, p. 107, édit. Halma; MACROBE,
Somn. Scipionis, II, 21.   L. MARCUS.

CHAP. LVII, page 162, ligne 4. *Primum statutum.*

Le même fait est rapporté par Censorin (*de Die nat.*, 23);
mais il appelle L. Philippus, le censeur auquel Pline donne le
nom de Q. Marcius Philippus.   L. M.

Page 162, ligne 9. *Nec congruebant, etc.*

La raison de ce fait est que la ville d'Alina en Sicile était d'environ quatre degrés plus rapprochée de l'équateur que Rome.

L. M.

Page 162, ligne 14. *Usque ad proximum lustrum.*

Et par conséquent jusqu'à l'an 595 de Rome, 158 avant J.-C.

HARDOUIN.

Page 162, ligne 15. *Primus aqua, etc.*

Selon Vitruve (*de Architect.*, IX, 9), cette clepsydre de Scipion
Nasica fut construite d'après le modèle de l'horloge hydraulique
inventée, vers 158 avant J.-C., par Ctésibius, mécanicien d'A-
lexandrie en Egypte, et décrit en détail par Vitruve.   H.

Les Romains connaissaient encore une autre horloge hydraulique qu'ils appelèrent, comme les Grecs, clepsydre. C'était un
vase criblé au fond, et rempli d'eau qui s'écoulait par les trous.
On s'en servait dans les tribunaux pour déterminer le temps accordé aux avocats des parties, et à ceux-ci pour parler; et dans
les camps, pour rechanger les gardes par intervalles égaux (APU-
LÉE, *Metam.*, III; VÉGÈCE, *de Re militari*, III, 8). L'auteur
anonyme du traité sur les causes de la corruption de l'éloquence
(*de Causis corruptæ eloquentiæ*) dit que Pompée, étant consul
pour la troisième fois, introduisit l'usage de donner un temps
fixe aux avocats pour prononcer leurs plaidoyers; ce qui a donné

lieu à plusieurs savans de prétendre que les Romains ne se servaient pas des clepsydres avant cette époque : mais il se pourrait
bien que ces horloges hydrauliques furent employées dans les
camps et dans les maisons des particuliers pour mesurer le temps,
avant que l'on s'avisât de contraindre les avocats et leurs parties
à ne parler que pendant un temps fixe et convenu, devant les
tribunaux. Une troisième horloge hydraulique, mentionnée par
les auteurs grecs, n'est pas citée par les écrivains latins : c'est
le ὑδρίον ὡροσκοπεῖον, hydrion-horoscope, l'horoscope hydraulique. On appelait ainsi un vase rempli jusques aux bords par
de l'eau qui s'écoulait par une ouverture, tandis qu'un autre vase
remplissait le premier de nouveau. Cette horloge hydraulique est
la première que les peuples de l'antiquité aient connue. On convient généralement que les Babyloniens l'ont inventée. Elle offrait
plus d'exactitude que les deux autres horloges hydrauliques, et
Hipparque et Ptolémée s'en servaient pendant leurs observations
astronomiques.   L. MARCUS.

CHAP. LVII, page 162, ligne 17. *Tandiu, etc.*

Voltaire dit, dans son *Essai sur les mœurs :* « Les généraux
romains triomphaient toujours, mais ils ne savaient pas quel jour
ils triomphaient. »   L. M.

LIVRE HUITIÈME.

C. PLINII SECUNDI
HISTORIARUM MUNDI
LIBER VIII.

De elephantis : de sensu eorum.

I. 1. A_D reliqua transeamus animalia, et primum terrestria. Maximum est elephas, proximumque humanis
sensibus : quippe intellectus illis sermonis patrii, et im-
periorum obedientia, officiorumque, quæ didicere, memoria : amoris, et gloriæ voluptas : immo vero (quæ
etiam in homine rara), probitas, prudentia, æquitas :
religio quoque siderum, solisque ac lunæ veneratio.
Auctores sunt, in Mauritaniæ saltibus ad quemdam amnem cui nomen est Amilo, nitescente luna nova, greges eorum descendere : ibique se purificantes solemni-
ter aqua circumspergi, atque ita salutato sidere in silvas
reverti, vitulorum fatigatos præ se ferentes. Alienæ quoque regionis intellectu, creduntur maria transituri non

HISTOIRE NATURELLE

DE PLINE.

LIVRE VIII.

Les éléphans : leur instinct.

I. 1. Passons aux autres animaux, et d'abord aux animaux terrestres. L'éléphant est le plus grand de tous, et celui dont l'intelligence approche le plus de celle de l'homme. Il comprend la langue du pays, obéit au commandement, et se souvient des devoirs auxquels on l'a formé. Il est sensible à l'amour et à la gloire. Il a de la probité, de la prudence, de l'équité, qualités rares, même dans l'homme, et un religieux respect pour les astres, honorant d'un culte particulier le soleil et la lune. On lit dans quelques auteurs que des troupeaux d'éléphans, à l'apparition de la nouvelle lune, descendent du haut des montagnes de la Mauritanie, vers un fleuve nommé Amile ; que là ils se purifient par des ablutions solennelles ; et qu'après avoir ainsi rendu hommage à l'astre naissant, ils regagnent leurs forêts, portant avec leur trompe ceux de leurs petits qui sont fatigués. On croit

ante naves conscendere, quam invitati rectoris jureju-
rando de reditu. Visique sunt fessi ægritudine (quando
et illas moles infestant morbi) herbas supini in cœlum
jacientes, veluti tellure precibus allegata. Nam quod ad
docilitatem attinet, regem adorant, genua submittunt,
coronas porrigunt. Indis arant minores, quos appellant
nothos.

Quando primum juncti.

II. 2. Romæ juncti primum subiere currum Pompeii
Magni Africano triumpho : quod prius India victa,
triumphante Libero patre, memoratur. Procilius negat
potuisse Pompeii triumpho junctos egredi porta. Germanici Cæsaris munere gladiatorio, quosdam etiam incon-
ditos motus edidere, saltantium modo. Vulgare erat,
per auras arma jacere non auferentibus ventis, atque
inter se gladiatorios congressus edere, aut lasciviente
pyrrhiche colludere : postea et per funes incessere, lec-
ticis etiam ferentes quaterni singulos puerperas imitan-
tes : plenisque homine tricliniis accubitum iere per lec-
tos ita libratis vestigiis, ne quis potantium attingeretur.

qu'ils vont jusqu'à concevoir ce que c'est qu'une région étrangère, et qu'ils ne consentent à monter sur le vaisseau qui doit les porter au delà des mers que quand le kornac a fait le serment de les ramener dans leur patrie. On en a vu qui, fatigués par la souffrance (car ces masses colossales sont aussi la proie des maladies), se couchaient sur le dos, et jetaient des herbes vers le ciel, comme pour associer la terre à leurs prières. Quant à leur docilité, ils rendent l'hommage au prince, fléchissent le genou, présentent des couronnes. Dans l'Inde, l'agriculture emploie une espèce plus petite, qu'on nomme éléphans bâtards.

Quand furent-ils attelés pour la première fois ?

II. 2. Rome vit, pour la première fois, des éléphans attelés à un char, lorsque le grand Pompée triompha de l'Afrique. Pareil spectacle, dit-on, eut lieu après la conquête de l'Inde, lors du triomphe de Bacchus. Procilius rapporte que ceux qui traînaient le char de Pompée ne purent passer de front par la porte de la ville. Aux combats de gladiateurs donnés par Germanicus, des éléphans exécutèrent, avec des mouvemens grossièrement mesurés, une espèce de danse. Chaque jour ils lançaient des traits avec tant de roideur que les vents ne pouvaient les détourner, faisaient assaut comme des gladiateurs, exécutaient les pas folâtres de la pyrrhique. Plus tard on les fit marcher sur la corde, et même quatre d'entre eux en portaient un cinquième étendu dans une litière comme une nouvelle accouchée. On les vit aussi se

De docilitate eorum.

III. 3. Certum est unum tardioris ingenii in accipiendis quæ tradebantur, sæpius castigatum verberibus, eadem illa meditantem noctu repertum. Mirum maxime, et adversis quidem funibus subire, sed regredi magis utique pronis. Mucianus ter consul auctor est, aliquem ex his et litterarum ductus græcarum didicisse, solitumque præscribere ejus linguæ verbis : « Ipse ego hæc scripsi, et spolia celtica dicavi. » Itemque se vidente Puteolis, quum advecti e nave egredi cogerentur, territos spatio pontis procul a continente porrecti, ut sese longinquitatis æstimatione fallerent, aversos retrorsus isse.

Mirabilia in factis eorum.

IV. Prædam ipsi in se expetendam sciunt solam esse in armis suis, quæ Juba cornua appellat, Herodotus tanto antiquior, et consuetudo melius, dentes. Quamobrem deciduos casu aliquo, vel senecta defodiunt. Hoc solum ebur est : cetero, et in his quoque, qua corpus intexit, vilitas ossea. Quanquam nuper ossa etiam in laminas secari cœpere penuria. Etenim rara ampli-

placer à table, dans des salles remplies de peuple étendu sur des lits, et mesurer leurs pas de manière à ne toucher aucun des buveurs.

Leur aptitude à apprendre.

III. 3. Il est certain qu'un de ces animaux, qui avait plusieurs fois été fustigé pour sa lenteur à comprendre ce qu'on lui enseignait, fut aperçu la nuit, répétant sa leçon. Il est très-étonnant que des éléphans puissent non-seulement marcher sur une corde en montant, mais encore rétrograder sur cette corde inclinée. Mucien, trois fois consul, rapporte qu'un éléphant avait appris à tracer des caractères grecs, et qu'il écrivait, en langue grecque, la phrase suivante : « J'ai moi-même écrit ces mots, et dédié ces dépouilles celtiques. » Mucien dit encore avoir vu à Pouzzoles des éléphans qu'on faisait sortir d'un vaisseau, effrayés de l'étendue des planches qui formaient le pont de communication avec le rivage, marcher à reculons pour se dissimuler la longueur du trajet.

Actions merveilleuses de l'éléphant.

IV. Ils savent qu'on ne recherche en eux que ces armes que Juba appelle leurs cornes, mais qu'Hérodote, plus ancien, et l'usage général, ont plus exactement nommées leurs dents. Aussi les cachent-ils dans la terre, lorsqu'elles sont tombées par accident ou par vieillesse. Il n'existe pas d'autre ivoire ; encore, la partie couverte par la chair n'est qu'une matière osseuse de vil prix. De nos jours on s'est avisé d'employer

tudo jam dentium, præterquam ex India, reperitur : cetera in nostro orbe cessere luxuriæ. Dentium candore intelligitur juventa. Circa hos belluis summa cura : alterius mucroni parcunt, ne sit prœliis hebes : alterius operario usu fodiunt radices, impellunt moles : circumventique a venantibus, primos constituunt, quibus sunt minimi, ne tanti prœlium putetur : postea fessi, impactos arbori frangunt, prædaque se redimunt.

De natura ferarum ad pericula sua intelligenda.

V. 4. Mirum in plerisque animalium, scire quare petantur : sed et per cuncta quid caveant. Elephas homine obvio forte in solitudine, et simpliciter oberrante, clemens placidusque etiam demonstrare viam traditur. Idem vestigio hominis animadverso prius quam homine, intremiscere insidiarum metu, subsistere ab olfactu, circumspectare, iras proflare, nec calcare, sed erutum proximo tradere, illum sequenti, nuntio simili usque ad extremum : et tunc agmen circumagi, et reverti, aciemque dirigi : adeo omnium odori durare virus illud, majore ex parte ne nudorum quidem pedum. Sic et tigris etiam feris ceteris truculenta, atque ipsa elephanti

l'os à défaut d'ivoire, et de le diviser par lames. Les
grandes dents sont devenues rares, et ne se trouvent
plus que dans l'Inde, le luxe ayant épuisé celles que
fournissait notre monde. La blancheur de ces deux
dents indique l'âge des éléphans. Ils en prennent un
très-grand soin : l'une, dont ils ménagent beaucoup la
pointe, est réservée pour les combats ; l'autre leur sert
journellement pour arracher des racines et pousser des
masses pesantes. S'ils se voient investis par les chasseurs, ils mettent en avant ceux qui ont les plus petites
dents, pour faire croire qu'ils ne sont pas dignes qu'on
les attaque ; et quand leurs forces sont épuisées, ils
heurtent leurs dents contre un arbre, les brisent, et
sauvent leur vie par cette rançon.

Instinct des animaux pour sentir le danger.

V. 4. Une chose admirable dans la plupart des animaux, c'est qu'ils sachent pourquoi on les attaque, et ce
qu'ils ont à redouter dans chaque objet. Qu'un éléphant
rencontre dans les déserts un voyageur qui ne soit véri-
tablement qu'égaré, il l'épargne, le respecte, et même,
dit-on, le remet dans son chemin. Mais si, avant de voir
l'homme, il aperçoit ses vestiges, il frissonne, il craint un
piège, il s'arrête en flairant, regarde autour de lui, souffle
de colère, et, sans fouler cette trace, il l'enlève, la passe
à son voisin, qui la transmet au suivant : ce message se
continue jusqu'au dernier de la bande. Alors la troupe
fait volte-face, revient sur ses pas et se range en bataille,
tant ces puissantes et terribles exhalaisons affectent son
odorat lors même que les pieds de l'homme ne sont pas

quoque spernens vestigia, hominis viso transferre dicitur protinus catulos. Quonam modo agnito? ubi ante
conspecto illo, quem timet? Etenim tales silvas minime
frequentari certum est. Sane mirentur ipsam vestigii raritatem : sed unde sciunt timendum esse? Immo vero
cur vel ipsius conspectum paveant, tanto viribus, magnitudine, velocitate præstantiores? Nimirum hæc est
natura rerum, hæc potentia ejus, sævissimas ferarum
maximasque nunquam vidisse quod debeant timere, et
statim intelligere quum sit timendum.

5. Elephanti gregatim semper ingrediuntur. Ducit
agmen maximus natu, cogit ætate proximus. Amnem
transituri minimos præmittunt, ne majorum ingressu at-
terente alveum, crescat gurgitis altitudo. Antipater auctor est, duos Antiocho regi in bellicis usibus, celebres
etiam cognominibus, fuisse : etenim novere ea. Certe
Cato, quum imperatorum nomina Annalibus detraxerit,
eum qui fortissime prœliatus esset in punica acie, Su-
rum tradidit vocatum, altero dente mutilato. Antiocho
vadum fluminis experienti renuit Ajax, alioquin dux agminis semper. Tum pronuntiatum, ejus fore principa-
tum, qui transisset : ausumque Patroclum, ob id phaleris argenteis, quo maxime gaudent, et reliquo omni
primatu donavit. Ille, qui notabatur, inedia mortem

nus. Ainsi le tigre, terrible pour tous les autres animaux, et qui voit sans inquiétude les traces de l'éléphant lui-même, n'a pas plus tôt aperçu celles de l'homme, qu'il transporte ailleurs ses petits. Comment a-t-il reconnu, où avait-il déjà vu celui qu'il redoute? ces forêts ne sont pas fréquentées. Des animaux peuvent être étonnés d'une trace qu'ils ne connaissent pas; mais d'où savent-ils qu'ils doivent craindre? et même pourquoi trembler à l'aspect de l'homme, eux, si supérieurs en force, en grandeur, en légèreté? Telle est l'action puissante de la nature, que les animaux les plus grands et les plus cruels, sans avoir jamais vu l'objet qu'ils ont à craindre, ont, au premier abord, le sentiment de leur danger.

5. Les éléphans marchent toujours de compagnie. Le plus âgé conduit la troupe, le second d'âge ferme la marche. Pour traverser une rivière, ils font passer d'abord les plus petits, de peur que le poids des grands n'enfonce le terrain et n'augmente la profondeur de l'abîme. Antipater parle de deux éléphans dont Antiochus se servait à la guerre, et auxquels il avait donné des noms célèbres; car ces animaux sentent ces distinctions. Caton, qui, dans ses Annales, a passé sous silence les noms des généraux, a consigné celui de Surus, éléphant mutilé d'une dent, qui se distingua par son courage dans l'armée carthaginoise. L'un des éléphans d'Antiochus, nommé Ajax, qui avait jusque-là marché à la tête, refusa d'entrer dans un fleuve dont il fallait sonder le passage. Alors Antiochus déclara que le premier rang appartiendrait à celui qui passerait le premier ce fleuve.

ignominiæ prætulit. Mirus namque pudor est, victusque
vocem fugit victoris : terram ac verbenas porrigit.

Pudore nunquam nisi in abdito coeunt : mas quinquennis, femina decennis. Initur autem biennio, quinis
(ut ferunt) cujusque anni diebus, nec amplius : sexto,
perfunduntur amne, non ante reduces ad agmen. Nec
adulteria novere : nullave propter feminas inter se prœ-
lia, ceteris animalibus pernicialia : non quia desit illis
amoris vis : namque traditur unus amasse quamdam in
Ægypto corollas vendentem : ac ne quis vulgariter elec-
tam putet, mire gratam Aristophani, celeberrimo in
arte grammatica. Alius Menandrum Syracusanum incipientis juventæ in exercitu Ptolemæi, desiderium ejus,
quoties non videret, inedia testatus. Et unguentariam
quamdam dilectam Juba tradit. Omnium amoris fuere
argumenta, gaudium a conspectu, blanditiæque incon-
ditæ, stipesque, quas populus dedisset, servatæ, et in
sinum effusæ. Nec mirum esse amorem, quibus sit memoria. Idem namque tradit, agnitum in senecta, multos
post annos, qui rector in juventa fuisset. Item divina-
tionem quamdam justitiæ. Quum Bocchus rex triginta

Un autre éléphant, Patrocle, le fit, et reçut en récompense un caparaçon d'argent, parure agréable à ces animaux, et les autres prérogatives qui distinguent le chef. L'éléphant dégradé se laissa mourir de faim, préférant la mort à l'ignominie. En effet, la honte les affecte à un point incroyable. Le vaincu fuit à la voix du vainqueur ; il lui présente de la terre et de la verveine.

Chastes, ils ne s'accouplent que loin des regards. Le mâle est en état de produire à cinq ans, la femelle à dix. Elle ne reçoit le mâle que tous les deux ans, et encore, dit-on, seulement pendant cinq jours. Le sixième, ils se baignent à un fleuve, et ne rejoignent la troupe qu'après cette immersion. Ils ne connaissent ni l'adultère, ni ces combats cruels que se livrent les autres animaux pour la possession des femelles. Ce n'est pas qu'ils ne soient susceptibles de se passionner vivement. On en cite un qui aima, en Égypte, une marchande de fleurs ; et ne croyez pas qu'il eût fait un choix vulgaire : c'était la maîtresse favorite d'Aristophane, célèbre grammairien. Un autre porta sa tendre préférence sur Ménandre, jeune Syracusain, soldat dans l'armée de Ptolémée ; et toutes les fois qu'il ne le voyait pas, il marquait ses regrets en refusant de manger. Juba fait mention d'un autre éléphant qui aima une marchande de parfums. Tous les trois manifestèrent leur amour par leur joie à la vue de la personne aimée, par d'inélégantes caresses, par l'attention avec laquelle ils lui réservaient et lui versaient dans le sein les pièces de monnaie qu'ils avaient reçues. Il n'est pas bien étonnant qu'un animal, doué de mémoire, ressente de l'af-

elephantis, totidem, in quos sævire instituerat, stipiti-
bus alligatos objecisset, procursantibus inter eos qui la-
cesserint, non potuisse effici, ut crudelitatis alienæ mi-
nisterio fungerentur.

Quando primum in Italia visi elephanti.

VI. 6. Elephantos Italia primum vidit Pyrrhi regis
bello, et boves Lucas appellavit, in Lucanis visos,
anno Urbis quadringentesimo septuagesimo secundo :
Roma autem in triumpho, septem annis ad superiorem
numerum additis. Eadem plurimos anno quingentesimo
secundo, victoria L. Metelli pontificis in Sicilia de Pœ-
nis captos. Centum quadraginta duo fuere (aut ut quidam cxl) transvecti ratibus, quas doliorum consertis
ordinibus imposuerat. Verrius eos pugnasse in Circo,
interfectosque jaculis tradit penuria consilii : quoniam
neque ali placuisset, neque donari regibus. L. Piso in-
ductos duntaxat in Circum, atque ut contemptus eorum
incresceret, ab operariis hastas præpilatas habentibus,
per Circum totum actos. Nec quid deinde iis factum sit,
auctores explicant, qui non putant interfectos.

fection. Le même Juba rapporte qu'un éléphant reconnut, après beaucoup d'années, un vieillard qui avait été son conducteur dans sa jeunesse. Il leur attribue aussi le discernement de la justice. Le roi Bocchus avait fait attacher à des poteaux trente éléphans, contre lesquels il avait résolu de sévir. On lâcha contre eux trente autres éléphans, mais en vain ; on ne put jamais les contraindre à servir la cruauté d'autrui.

Quand l'Italie vit-elle les premiers éléphans.

VI. 6. Ce fut pendant la guerre de Pyrrhus, l'an de Rome 472, qu'on vit pour la première fois de ces animaux en Italie. On les appela bœufs lucaniens, parce que ce fut en Lucanie qu'ils parurent d'abord. Sept ans après on en vit à Rome dans un triomphe. L'an 502, il y en fut amené beaucoup qui avaient été pris dans la bataille gagnée en Sicile sur les Carthaginois par le pontife L. Metellus. Cent quarante-deux ou cent quarante, suivant quelques-uns, furent transportés par des radeaux établis sur plusieurs rangs de tonneaux joints ensemble. Verrius dit qu'ils combattirent dans le Cirque, et qu'on les tua à coups de javelots, ne sachant qu'en faire ; car on ne voulait ni les nourrir, ni en faire présent aux rois. L. Pison dit qu'on les produisit seulement dans le Cirque, et qu'on les fit chasser tout autour de l'enceinte par des ouvriers n'ayant que des piques sans fer, afin de redoubler le mépris des Romains pour ces animaux ; ce qu'on en fit ensuite, ceux qui nient qu'on les ait tués ne l'expliquent pas.

Pugnæ eorum.

VII. 7. Clara est unius e Romanis dimicatio adversus elephantum, quum Annibal captivos nostros dimicare inter sese coegisset. Namque unum qui supererat, objecit elephanto : et ille, dimitti pactus, si interemisset, solus in arena congressus, magno Pœnorum dolore, confecit. Annibal, quum famam ejus dimicationis contemptum allaturam belluis intelligeret, equites misit, qui abeuntem interficerent. Proboscidem eorum facillime amputari, Pyrrhi prœliorum experimentis patuit. Romæ pugnasse Fenestella tradit primum omnium in Circo, Claudii Pulchri ædilitate curuli, M. Antonio, A. Postumio coss., anno Urbis sexcentesimo quinquagesimo quinto. Item post annos xx, Lucullorum ædilitate curuli adversus tauros. Pompeii quoque altero consulatu, dedicatione templi Veneris Victricis, pugnavere in Circo viginti, aut, ut quidam tradunt, xvii. Gætulis ex adverso jaculantibus, mirabili unius dimicatione, qui pedibus confossis repsit genibus in catervas, abrepta scuta jaciens in sublime, quæ decidentia voluptati spectantibus erant in orbem circumacta, velut arte, non furore belluæ jacerentur. Magnum et in altero miraculum fuit, uno ictu occiso. Pilum autem sub oculo adactum, in vitalia capitis venerat. Universi eruptionem tentavere, non

Leurs combats.

VII. 7. On cite un combat célèbre d'un Romain contre un éléphant. Annibal avait obligé nos prisonniers à combattre les uns contre les autres. Un seul était resté. Il lui opposa un éléphant, lui promettant la liberté s'il le tuait. Le Romain, s'étant avancé seul dans l'arène, réussit au grand regret des Carthaginois. Annibal, sentant que la nouvelle de cette victoire ferait paraître ces animaux moins formidables, envoya sur sa route des cavaliers pour l'assassiner. Dans les batailles contre Pyrrhus, on éprouva qu'il est facile de couper une trompe d'éléphant. Fenestella rapporte qu'ils combattirent pour la première fois, dans le Cirque, pendant l'édilité curule de Claudius Pulcher, sous le consulat de M. Antoine et de A. Postumius, l'an de Rome 655; et que vingt ans après, pendant l'édilité de Lucullus, on les fit combattre contre des taureaux. Sous le second consulat de Pompée, à la dédicace du temple de Vénus Victorieuse, vingt éléphans, ou dix-sept selon d'autres, combattirent contre des Gétules, armés de javelots. L'un de ces éléphans excita l'admiration générale. Les pieds percés de coups, il se traîna sur les genoux vers la troupe ennemie, et faisant voler dans les airs les boucliers qu'il arrachait, il donnait aux spectateurs le plaisir de les voir retomber en pirouettant, comme si c'eût été l'effet de l'adresse et non de la fureur. Un autre fait qui surprit beaucoup aussi, ce fut de voir un éléphant tomber mort d'un seul coup. Un javelot l'avait

sine vexatione populi, circumdati clathris ferreis. Qua
de causa Cæsar dictator, postea simile spectaculum edi-
turus, euripis arenam circumdedit : quos Nero princeps
sustulit, equiti loca addens. Sed Pompeiani amissa fugæ
spe misericordiam vulgi inenarrabili habitu quærentes
supplicavere, quadam sese lamentatione complorantes :
tanto populi dolore, ut oblitus imperatoris, ac munifi-
centiæ honori suo exquisitæ, flens universus consurge-
ret, dirasque Pompeio, quas ille mox luit, imprecaretur.
Pugnavere et Cæsari dictatori tertio consulatu ejus, viginti contra pedites quingentos : iterumque totidem tur-
riti cum sexagenis propugnatoribus eodem, quo priores,
numero peditum, et pari equitum ex adverso dimicante :
postea singuli, principibus Claudio et Neroni, in con-
summatione gladiatorum.

Ipsius animalis tanta narratur clementia contra minus
validos, ut in grege pecudum occurrentia manu dimo-
veat, ne quod obterat imprudens : nec nisi lacessiti noceant, ideoque gregatim semper ambulent, minime ex

frappé au dessous de l'œil, et avait pénétré jusqu'au centre de la vie. Ils essayèrent tous ensemble de forcer l'enceinte, non sans occasioner beaucoup de désordre parmi le peuple qui entourait les grilles de fer. C'est pourquoi, lorsque le dictateur César voulut, dans la suite, donner un spectacle semblable, il entoura l'arène de fossés remplis d'eau. Néron les a fait combler depuis pour augmenter les places des chevaliers. Lorsque les éléphans de Pompée virent qu'il fallait renoncer à l'espérance d'échapper, ils cherchèrent à émouvoir le peuple par les postures les plus suppliantes; ils semblaient, par leurs cris lamentables, déplorer leur cruelle destinée. Ils excitèrent une telle pitié que, sans égard pour la dignité de Pompée, sans considérer que la magnificence de ces jeux était un hommage qu'il rendait au peuple romain, les spectateurs se levèrent tous à la fois en versant des larmes, et le chargèrent d'imprécations, dont il fut bientôt victime. César, dictateur et consul pour la troisième fois, fit combattre vingt éléphans contre cinq cents hommes à pied; puis, une autre fois, vingt éléphans, portant des tours défendues par soixante hommes, contre cinq cents fantassins et autant de cavaliers. Sous les empereurs Claude et Néron, les exercices des gladiateurs étaient terminés par des combats singuliers d'éléphans.

On dit que l'éléphant est si doux pour les animaux plus faibles que lui, que, s'il vient à rencontrer un troupeau de moutons, il écarte avec sa trompe ceux qu'il pourrait écraser sans le vouloir. Il ne fait de mal que lorsqu'il est attaqué. Sa douceur naturelle le portant à

omnibus solivagi. Equitatu circumventi, infirmos aut fessos, vulneratosve, in medium agmen recipiunt : ac velut imperio ac ratione, per vices subeunt. Capti celerrime mitificantur hordei succo.

Quibus modis capiantur.

VIII. 8. Capiuntur autem in India unum ex domitis agente, rectore : qui deprehensum, solitarium, abactumve a grege, verberet ferum : quo fatigato, transcendit in eum, nec secus ac priorem regit. Africa foveis capit, in quas deerrante aliquo, protinus cæteri congerunt ramos, moles devolvunt, aggeres construunt, omnique vi conantur extrahere. Antea domitandi gratia, greges equitatu cogebant in convallem manu factam, et longo tractu fallacem : cujus inclusos ripis fossisque, fame domabant. Argumentum erat ramus, homine porrigente clementer acceptus. Nunc dentium causa, pedes eorum jaculantur, alioquin mollissimos. Troglodytæ contermini Æthiopiæ, qui hoc solo venatu aluntur, arbores propinquas itineri eorum conscendunt. Inde totius agminis novissimum speculati, extremas in clunes desiliunt. Læva apprehenditur cauda : pedes stipantur in sinistro femine. Ita pendens alterum poplitem dextra cædit præa-

rechercher la société, il n'est pas d'animal qui aime moins que lui à vivre solitaire. Si des éléphans sont investis par une troupe de cavaliers, ils font passer au centre ceux qui sont faibles, fatigués ou blessés, et combattent chacun à leur tour, comme s'ils obéissaient à un chef, ou qu'ils connussent l'art de la guerre. Une fois pris, ils s'apprivoisent aisément avec de l'orge.

Manière de les prendre.

VIII. 8. Voici comment on les prend dans l'Inde. Un homme conduit un éléphant apprivoisé pour frapper et réduire l'éléphant sauvage qu'il pourra rencontrer errant ou écarté des autres. Quand celui-ci est fatigué, il lui saute sur le dos et le conduit aussi facilement que le premier. En Afrique, on leur tend des chausses-trapes. Lorsque l'un y tombe, les autres y amoncèlent aussitôt des branches, y roulent des masses pour former une élévation, et font tous leurs efforts pour tirer le prisonnier de la fosse. Autrefois, quand on voulait les prendre et les subjuguer, des chasseurs à cheval les poussaient dans un long défilé sans issue, préparé de main d'homme pour cette chasse, et quand ils les y avaient renfermés, ils les domptaient par la faim. On reconnaissait qu'ils se rendaient, lorsqu'ils acceptaient paisiblement la branche qu'un homme leur présentait. A présent qu'on ne les poursuit que pour avoir leurs dents, on les attaque en perçant à coups de flèches leurs pieds, qui sont en eux la partie la plus molle. Les Troglodytes, aux confins de l'Éthiopie, qui ne vivent que de cette chasse,

cuta bipenni : hoc crure tardato profugiens, alterius poplitis nervos ferit, cuncta præceleri pernicitate peragens. Alii tutiore genere, sed magis fallaci, intentos ingentes arcus defigunt humi longius. Hos præcipui viribus juvenes continent : alii connixi pari conatu contendunt, ac prætereuntibus sagittarum venabula infigunt, mox sanguinis vestigiis sequuntur. Elephantorum generis feminæ multo pavidiores.

Quibus domentur.

IX. 9. Domantur autem rabidi, fame et verberibus, elephantis aliis admotis, qui tumultuantem catenis coerceant : et alias circa coitus maxime efferantur, et stabula Indorum dentibus sternunt. Quapropter arcent eos coitu, feminarumque pecuaria separant, quæ aut alio modo, quam armentorum, habent. Domiti militant, et turres armatorum in hostes ferunt, magnaque ex parte Orientis bella conficiunt. Prosternunt acies, proterunt armatos. Iidem minimo suis stridore terrentur, vulneratique et territi retro semper cedunt, haud minore

montent sur les arbres qui sont sur le passage des éléphans; de là ils épient celui qui marche le dernier, et lui sautent sur la croupe. De la main gauche ils lui saisissent la queue, entourent de leurs pieds sa cuisse gauche, et ainsi suspendus, coupent de leur main droite, avec une hache bien tranchante, le jarret droit de l'animal; puis, en fuyant, ils lui coupent l'autre jarret; et tout cela s'exécute avec une extrême vitesse. D'autres emploient un moyen moins périlleux, mais aussi moins certain. Ils fichent en terre des arcs tendus d'une grandeur immense. Plusieurs jeunes gens vigoureux les tiennent assujettis, d'autres les tendent avec effort, et percent de flèches énormes les éléphans qui passent; puis, ils les suivent à la trace du sang. Les femelles sont beaucoup plus timides que les mâles.

Manière de les dompter.

IX. 9. Quand ils sont en fureur, on les réduit par la faim et par les coups, et l'on emploie d'autres éléphans pour contenir dans les chaînes ces révoltés. C'est surtout lorsqu'ils entrent en chaleur qu'ils deviennent plus intraitables, et renversent avec leurs dents les huttes indiennes. Aussi s'oppose-t-on aux accouplemens, et isole-t-on les femelles, réunies en troupeaux dans des pâturages. Les éléphans domptés servent à la guerre : ils portent contre les ennemis des tours remplies de soldats, et décident, en grande partie, le sort des batailles dans l'Orient. Ils dispersent les armées, écrasent les combattans. Mais le moindre cri du pour-

partium suarum pernicie. Indicum Afri pavent, nec contueri audent : nam et major Indicis magnitudo est.

De partu eorum et reliqua natura.

X. 10. Decem annis gestare in utero vulgus existimat : Aristoteles biennio, nec amplius quam singulos : vivere ducenis annis, et quosdam trecenis. Juventa eorum a sexagesimo incipit. Gaudent amnibus maxime, et circa fluvios vagantur, quum alioquin nare propter magnitudinem corporis non possint. Iidem frigoris impatientes: maximum hoc malum : inflationemque et profluvium alvi, nec alia morborum genera sentiunt. Olei potu tela, quæ corpori eorum inhæreant, decidere invenio : a sudore autem facilius adhærescere. Et terram edisse his tabificum est, nisi sæpius mandant. Devorant autem et lapides. Truncos quidem gratissimo in cibatu habent. Palmas excelsiores fronte prosternunt, ac ita jacentium absumunt fructum. Mandunt ore : spirant et bibunt, odoranturque haud improprie appellata manu. Animalium maxime odere murem : et, si pabulum in præsepio positum attingi ab eo videre, fastidiunt. Cruciatum in potu maximum sentiunt hausta hirudine, quam sangui-

ceau les remplit de terreur, et quand ils sont une fois effrayés et blessés, ils reculent obstinément, et sont alors aussi redoutables à leur parti qu'ils l'étaient à l'ennemi. L'éléphant d'Afrique craint celui de l'Inde, et n'ose le regarder en face ; car celui-ci est beaucoup plus grand.

Du part de l'éléphant : autres particularités.

X. 10. Le vulgaire croit que la femelle porte dix ans. Aristote réduit à deux le temps de sa gestation, et enseigne qu'elle ne produit qu'un petit à la fois. Suivant lui, les éléphans vivent deux cents et quelquefois trois cents ans. Leur jeunesse commence à la soixantième année. Ils aiment l'eau et se tiennent dans le voisinage des rivières ; mais ils ne peuvent nager à cause de leur énorme grosseur. Ils ne peuvent non plus supporter le froid : c'est leur plus grande incommodité. Ils n'éprouvent d'autres maladies que des gonflemens et des flux de ventre. Je trouve, dans quelques auteurs, qu'en leur faisant boire de l'huile, on fait tomber de leur corps les traits qui s'y sont enfoncés, et que la sueur, au contraire, les rend plus adhérens. Manger de la terre est un poison pour eux, à moins qu'ils n'y soient accoutumés. Ils avalent aussi des pierres. Les troncs d'arbres sont la nourriture qu'ils aiment le plus. Ils renversent avec leur tête les palmiers trop élevés, et, quand ils sont abattus, ils en prennent le fruit : la bouche reçoit les mets solides ; leur trompe, on peut dire leur main, boit, respire et flaire. De tous les animaux c'est le rat

sugam vulgo cœpisse appellari adverto. Hæc ubi in ipso animæ canali se fixit, intolerando adficit dolore.

Durissimum dorso tergus, ventri molle, setarum nullum tegumentum : ne in cauda quidem præsidium abigendo tædio muscarum (namque id et tanta vastitas sentit): sed cancellata cutis, et invitans id genus animalium odore. Ergo quum extenti recepere examina, arctatis in rugas repente cancellis, comprehensas enecant. Hoc iis pro cauda, juba, villo est.

Dentibus ingens pretium, et deorum simulacris lautissima ex iis materia. Invenit luxuria commendationem et aliam, expetiti in callo manus saporis, haud alia de causa, credo, quam quia ipsum ebur sibi mandere videtur. Magnitudo dentium videtur quidem in templis præcipua. Sed tamen in extremis Africæ, qua confinis Æthiopiæ est, postium vicem in domiciliis præbere: sepesque in iis et pecorum stabulis, pro palis, elephantorum dentibus fieri, Polybius tradidit. auctore Gulussa regulo.

qu'ils ont le plus en horreur, et s'ils en voient un toucher au fourrage qui leur est donné, ils n'en veulent plus. La plus cruelle des tortures à laquelle ils soient exposés en buvant, a lieu lorsqu'ils viennent à avaler cette espèce d'hirudo que, pour l'ordinaire, on appelle sangsue ; elle s'attache au conduit de la respiration, et leur cause une douleur insupportable.

Très-dure sur le dos, molle sous le ventre, leur peau n'est revêtue d'aucun pelage. Auxiliaire impuissant, leur queue n'écarte pas même la mouche importune ; car ces colosses craignent une mouche. De leur peau toute sillonnée de rides s'exhale une odeur qui attire ces insectes. Ils tiennent cette peau tendue pour les laisser se poser ; puis, la fronçant brusquement, ils les écrasent dans ses plis. Ce moyen remplace pour eux la queue, la crinière, et le poil.

Leurs dents sont d'un très-grand prix, et fournissent la plus belle matière aux statues des dieux. Le luxe a découvert en eux un autre genre de mérite : des cartilages de leur trompe se fait un mets singulièrement prisé, par la seule raison, je pense, qu'on s'imagine manger de l'ivoire même. Les dents les plus fortes sont employées dans les temples ; aux extrémités de l'Afrique, sur les confins de l'Éthiopie, elles servent à faire des jambages de porte, et à palissader les maisons et les parcs. Tel est le récit de Polybe, d'après le roi Gulussa.

Ubi nascantur : discordia eorum et draconum.

XI. 11. Elephantos fert Africa ultra Syrticas solitudines, et in Mauritania : ferunt Æthiopes et Troglodytæ, ut dictum est : sed maximos India, bellantesque cum iis perpetua discordia dracones, tantæ magnitudinis et ipsos, ut circumplexu facili ambiant, nexuque nodi præstringant. Commoritur ea dimicatio : victusque corruens, complexum elidit pondere.

De solertia animalium.

XII. 12. Mira animalium pro se cuique solertia est, ut his una. Ascendendi in tantam altitudinem difficultas draconi : itaque iter ad pabula speculatus, ab excelsa se arbore injicit. Scit ille imparem sibi luctatum contra nexus : itaque arborum aut rupium attritum quærit. Cavent hoc dracones, ob idque gressus primum adligant cauda. Resolvunt illi nodos manu. At hi in ipsas nares caput condunt, pariterque spiritum præcludunt, et mollissimas lancinant partes : iidem obvii deprehensi, in adversos erigunt se, oculosque maxime petunt. Ita fit ut plerumque cæci, ac fame et mæroris tabe confecti reperiantur. Quam quis aliam tantæ discordiæ causam attulerit, nisi naturam, spectaculum sibi ac paria compo-

Leur patrie. Antipathie de l'éléphant et du dragon.

XI. 11. On trouve des éléphans en Afrique, au delà des déserts des Syrtes, et dans la Mauritanie; on en voit dans l'Éthiopie et dans le pays des Troglodytes, comme je l'ai déjà dit : mais les plus grands se trouvent dans l'Inde. Cette contrée produit aussi des dragons qui leur font une guerre continuelle, et si grands eux-mêmes, qu'ils se replient facilement autour de l'éléphant, et l'étouffent dans leurs nœuds. La mort des lutteurs est le dénouement de cette lutte; l'éléphant écrase, en tombant, le serpent qui l'embrasse.

De l'adresse des animaux.

XII. 12. Il n'est point d'animaux qui n'aient un instinct admirable pour leur avantage; mais ceux-ci l'emportent sur tous. Le serpent, sentant la difficulté de s'élever à la hauteur de l'éléphant, devine la route par laquelle son adversaire ira au pâturage, et se lance sur lui du haut d'un arbre. L'éléphant, de son côté, sait qu'il lutterait vainement contre les nœuds de son ennemi, et cherche à le froisser contre les arbres et contre les rochers. Celui-ci le prévient, et commence par lui entraver les jambes par les replis de sa queue. L'autre veut se dégager avec sa trompe. Le serpent, y enfonçant sa tête, bouche la respiration, et déchire les parties les plus tendres. Quand ils se rencontrent à l'improviste, le serpent se dresse et l'attaque principalement aux yeux. Voilà pourquoi l'on rencontre assez souvent des élé-

nentem? Est et alia dimicationis hujus fama. Elephantis frigidissimum esse sanguinem : ob id æstu torrente præcipue a draconibus expeti. Quamobrem in amnibus mersos insidiari bibentibus : arctatisque illigata manu in aurem morsum defigere : quoniam is tantum locus defendi non possit manu. Dracones esse tantos, ut totum sanguinem capiant. Itaque elephantos ab iis ebibi, siccatosque concidere : et dracones inebriatos opprimi, commorique.

De draconibus.

XIII. 13. Generat eos et Æthiopia Indicis pares, vicenum cubitorum. Id modo mirum, unde cristatos Juba crediderit. Asachæi vocantur Æthiopes, apud quos maxime nascuntur. Narratur in maritimis eorum quaternos quinosque, inter se cratium modo implexos, erectis capitibus velificantes ad meliora pabula Arabiæ vehi fluctibus.

Miræ magnitudinis serpentes.

XIV. 14. Magasthenes scribit, in India serpentes in tantam magnitudinem adolescere, ut solidos hauriant

phans aveugles, et languissans de faim et de tristesse. A quoi attribuer une inimitié si vive, si ce n'est que la nature se donne un spectacle à elle-même, en mettant aux prises des forces égales? On fait encore une autre exposition de ces combats. On dit que le sang de l'éléphant est très-froid, et qu'il est, par cette raison, vivement convoité par le serpent, surtout dans la grande chaleur. Caché au fond des fleuves, il attend que l'éléphant vienne boire, s'élance, se replie autour de sa trompe, et le mord à l'oreille, seule partie du corps que la trompe ne puisse défendre. Il boit (ces reptiles énormes le peuvent) tout le sang de l'éléphant. Celui-ci, épuisé, tombe, écrase dans sa chute le serpent enivré, et ils meurent tous les deux.

Des dragons.

XIII. 13. L'Éthiopie produit aussi des serpens pareils à ceux de l'Inde, qui ont vingt coudées de long. Je ne sais ce qui a fait croire à Juba qu'ils ont des crêtes. C'est au canton des Éthiopiens Asachées qu'ils naissent en plus grand nombre. On raconte que, sur les côtes de la mer, les serpens s'entrelacent quatre ou cinq ensemble en forme de claie, et que, dressant leurs têtes pour leur servir de voiles, ils sont portés par les flots vers l'Arabie, où ils trouvent une meilleure nourriture.

Serpens énormes.

XIV. 14. Mégasthène écrit que, dans l'Inde, les serpens parviennent à une telle grandeur, qu'ils avalent

cervos taurosque. Metrodorus, circa Rhyndacum amnem in Ponto, ut supervolantes quamvis alte perniciterque alites haustu raptas absorbeant. Nota est, in punicis bellis ad flumen Bagradam a Regulo imperatore ballistis tormentisque, ut oppidum aliquod, expugnata serpens cxx pedum longitudinis. Pellis ejus maxillæque usque ad bellum Numantinum duravere Romæ in templo. Faciunt his fidem in Italia appellatæ boæ : in tantam amplitudinem exeuntes, ut divo Claudio principe, occisæ in Vaticano solidus in alvo spectatus sit infans. Aluntur primo bubuli lactis succo, unde nomen traxere. Cæterorum animalium quæ modo convecta undique, Italiam contigere sæpius, formas nihil attinet scrupulose referre.

De scythis animalibus : de bisontibus.

XV. 15. Paucissima Scythia gignit, inopia fruticum : pauca contermina illi Germania : insignia tamen boum ferorum genera, jubatos bisontes, excellentique vi et velocitate uros, quibus imperitum vulgus bubalorum nomen imponit, quum id gignat Africa, vituli potius cervique quadam similitudine.

entiers des cerfs et des taureaux. Métrodore rapporte
qu'aux environs du fleuve Rhyndaque, dans le Pont, il y
en a qui, par la force de leur haleine, aspirent les
oiseaux qui passent au dessus d'eux, quelles que soient
l'élévation et la rapidité de leur vol. On sait qu'un serpent de cent vingt pieds de long fut pris par Regulus,
pendant les guerres puniques, auprès du fleuve Ba-
grada, et qu'il fallut l'attaquer, comme une citadelle,
avec des balistes et des machines de guerre. On en a
conservé la peau et les mâchoires dans un temple de
Rome, jusqu'à la guerre de Numance. Ce qui rend ces
faits croyables, c'est que les serpens qu'on appelle boas
en Italie deviennent si grands, qu'un enfant fut trouvé
tout entier dans l'estomac de l'un d'eux qui avait été tué
au Vatican, sous le règne de Claude. Le lait de vache
est leur première nourriture, et c'est de là que leur
vient leur nom. Il est peu nécessaire de décrire avec
une scrupuleuse exactitude la forme de tous les autres
animaux qui ont été si souvent et de toutes parts amenés en Italie.

Animaux de Scythie : les bisons.

XV. 15. La Scythie produit très-peu d'animaux, parce
qu'elle manque d'arbrisseaux pour les nourrir. La Germanie, qui l'avoisine, n'en a pas beaucoup ; cependant
on y trouve quelques espèces remarquables de bœufs
sauvages ; les bisons, pourvus de crinières ; et les ures,
d'une force et d'une vélocité supérieures, auxquels le
vulgaire ignorant donne le nom du bubale, animal

De septentrionalibus : alce ; achli ; bonaso.

XVI. Septentrio fert et equorum greges ferorum, sicut asinorum Asia, et Africa : præterea alcem, ni proceritas aurium et cervicis distinguat, jumento similem. Item natam in Scandinavia insula, nec unquam visam in hac urbe, multis tamen narratam, achlin, haud dissimilem illi, sed nullo suffraginum flexu: ideoque non cubantem, sed acclinem arbori in somno, eaque incisa ad insidias, capi, alias velocitatis memoratæ. Labrum ei superius prægrande : ob id retrograditur in pascendo, ne in priora tendens involvatur. Tradunt in Pæonia feram, quæ bonasus vocetur, equina juba, cetera tauro similem, cornibus ita in se flexis, ut non sint utilia pugnæ : quapropter fuga sibi auxiliari, reddentem in ea fimum, interdum et trium jugerum longitudine : cujus contactus sequentes ut ignis aliquis amburat.

De leonibus : quomodo gignantur.

XVII. Mirum pardos, pantheras, leones et similia.

d'Afrique dont la forme se rapprocherait plutôt de celle du taureau et du cerf.

Animaux du septentrion : l'alcès ; l'achlis ; le bonase.

XVI. On voit aussi, dans le nord, des troupeaux de chevaux sauvages, comme il y en a d'ânes sauvages en Afrique et en Asie. On y trouve de plus l'alcès, qu'on prendrait pour une de nos bêtes de somme, sans la longueur de son cou et de ses oreilles. Un animal qui naît dans l'île de Scandinavie, que jamais on n'a vu à Rome, et dont pourtant beaucoup d'auteurs ont parlé, c'est l'achlis, qui ressemble à l'alcès, mais dont les jambes n'ont pas de jointures. Aussi ne se couche-t-il jamais : il dort, appuyé contre un arbre. Le moyen de le prendre, c'est de couper insidieusement l'arbre d'avance ; car il est d'ailleurs d'une célérité surprenante. Sa lèvre supérieure est très-longue, ce qui l'oblige à paître en reculant ; car elle se roulerait s'il paissait en avançant. On dit qu'on trouve dans la Péonie un animal sauvage nommé bonase, qui a la crinière du cheval, et qui, du reste, ressemble à un taureau. Ses cornes sont tellement courbées l'une vers l'autre, qu'elles ne peuvent lui servir pour combattre : c'est pourquoi il a recours à la fuite ; mais, en fuyant, il jette de temps en temps, derrière lui, quelquefois à trois arpens de distance, des excrémens dont le contact brûle, comme du feu, ceux qui le poursuivent.

Des lions : de leur naissance.

XVII. Il est remarquable que le léopard, la pan-

condito in corporis vaginas unguium mucrone, ne refringatur hebeteturve, ingredi : aversisque falculis currere, nec nisi appetendo protendere.

16. Leoni præcipua generositas, tunc quum colla armosque vestiunt jubæ. Id enim ætate contingit leone conceptis. Quos vero pardi generavere, semper insigni hoc carent : simili modo feminæ. Magna iis libido coitus, et ob hoc maribus ira. Africa hæc maxime spectat, inopia aquarum ad paucos amnes congregantibus se feris. Ideo multiformes ibi animalium partus : varie feminis cujusque generis mares aut vi aut voluptate miscente. Unde etiam vulgare Græciæ dictum : « Semper aliquid novi Africam afferre. » Odore pardi coitum sentit in adultera leo, totaque vi consurgit in pœnam. Idcirco ea culpa flumine abluitur, aut longius comitatur. Semel autem edi partum, lacerato unguium acie utero in enixu, vulgum credidisse video. Aristoteles diversa tradit, vir quem in iis magna secuturus ex parte, præfandum reor. Alexandro Magno rege inflammato cupidine animalium naturas noscendi, delegataque hac commentatione Aristoteli, summo in omni doctrina viro, aliquot millia hominum in totius Asiæ Græciæque tractu parere jussa, omnium quos venatus, aucupia, piscatusque alebant :

thère, le lièvre, et autres animaux semblables, tiennent, en marchant, leurs ongles renfermés dans une espèce de gaîne naturelle, pour que la pointe n'en soit ni brisée, ni émoussée. Lorsqu'ils courent, leurs griffes sont retirées en arrière, et ils ne les étendent que pour saisir une proie.

16. Le lion de la plus noble espèce est celui dont le cou et les épaules sont revêtus d'une crinière. Cet ornement vient avec l'âge à ceux qui sont nés d'un lion; mais ceux qui sont nés d'un pard n'ont jamais cette marque distinctive; les femelles en sont également privées. Ces animaux sont très-ardens en amour; les mâles deviennent alors furieux. L'Afrique est le principal théâtre de ces fureurs, parce que la disette d'eau rassemble les bêtes féroces sur un petit nombre de rivières. C'est pour cela aussi que ces contrées voient naître tant d'animaux multiformes, les mâles s'accouplant de gré ou de force avec des femelles de toute espèce. De là aussi vient ce proverbe grec : « L'Afrique a toujours du nouveau. » Le lion reconnaît à l'odeur du pard l'adultère de sa compagne, et déploie sa puissance tout entière par la vengeance : c'est pourquoi la coupable se lave dans une eau courante, ou ne le suit que de loin. Je trouve que, d'après une ancienne opinion populaire, la lionne n'a qu'une portée, parce que, pour se délivrer, elle se déchire le ventre avec ses ongles. Aristote a un autre système; et comme c'est de lui que j'emprunterai la plus grande partie de ce que je vais écrire, je crois devoir, avant tout, dire quelque chose de cet homme célèbre. Alexandre-le-Grand, enflammé du désir de connaître

quibusque vivaria, armenta, alvearia, piscinæ, aviaria
in cura erant : ne quid usquam genitum ignoraretur ab
eo : quos percunctando, quinquaginta ferme volumina
illa præclara de animalibus condidit : quæ a me collecta
in arctum, cum iis quæ ignoraverat, quæso ut legentes
boni consulant, in universis rerum naturæ operibus,
medioque clarissimi regum omnium desiderio, cura
nostra breviter peregrinantes. Is ergo tradit leænam
primo fetu parere quinque catulos, ac per annos singulos uno minus : ab uno sterilescere. Informes minimasque carnes magnitudine mustelarum esse initio, semes-
tres vix ingredi posse, nec nisi bimestres moveri. In
Europa autem inter Acheloum tantum Nestumque amnes leones esse : sed longe viribus præstantiores iis, quos
Africa aut Syria gignant.

Quæ genera eorum.

XVIII. Leonum duo genera : compactile et breve,

l'histoire naturelle des animaux, chargea ce philosophe, qui réunissait tous les genres d'instruction, de faire les recherches nécessaires, et mit à sa disposition plusieurs milliers d'hommes dans toute l'étendue de l'Asie et de l'Afrique ; notamment tout ce qu'il y avait de chasseurs, oiseleurs, pêcheurs de profession, et toutes les personnes préposées au soin des parcs, des bestiaux, des ruches, des viviers et des volières, afin que nulle espèce d'animaux n'échappât à sa connaissance. C'est sur leurs informations qu'Aristote rédigea environ cinquante volumes admirables sur l'histoire des animaux : je vais en donner ici le précis, en y joignant ce qu'il a pu ignorer. Je réclame l'indulgence de mes lecteurs pour ce travail, qui va les faire voyager rapidement dans l'ensemble des œuvres de la nature, et au milieu de cette foule d'objets que le plus illustre des rois désira connaître. Aristote nous apprend donc que la lionne, à sa première portée, met bas cinq petits; qu'à chacune des années suivantes, elle en a un de moins; et qu'après avoir été réduite à un, elle reste stérile. Les lions naissans, ajoute-t-il, sont une masse de chair informe et petite, de la grandeur d'une belette, à peine capable de marcher à six mois, et de se mouvoir avant deux. On ne trouve de lions en Europe qu'entre le fleuve Achéloüs et le fleuve Nestus; mais ils sont beaucoup plus forts que ceux d'Afrique et de Syrie.

Leurs espèces.

XVIII. Il y a deux espèces de lions : les uns ont le

crispioribus jubis. Hos pavidiores esse, quam longos simplicique villo : eos contemptores vulnerum. Urinam mares crure sublato reddere, ut canes, gravem odore, nec minus halitum : raros in potu : vesci alternis diebus : a saturitate interim triduo cibis carere. Quæ possint, in mandendo solida devorare : nec capiente aviditatem alvo, conjectis in fauces unguibus extrahere, ut, si fugiendum in satietate, abeant. Vitam iis longam docet argumento, quod plerique dentibus defecti reperiantur. Polybius Æmiliani comes, in senecta hominem appeti ab iis refert, quoniam ad persequendas feras vires non superant. Tunc obsidere Africæ urbes : eaque de causa crucifixos vidisse se cum Scipione, quia cæteri metu pœnæ similis absterrerentur eadem noxa.

Quæ propriæ naturæ.

XIX. Leoni tantum ex feris clementia in supplices : prostratis parcit : et ubi sævit, in viros potius, quam in feminas fremit, in infantes non nisi magna fame. Credit Libya intellectum pervenire ad eos precum. Captivam certe Gætuliæ reducem audivi, multorum in silvis impetum a se mitigatum alloquio, ausam dicere se feminam,

corps ramassé et la crinière crépue : ce sont les plus timides; les autres sont plus allongés, et leur poil est uni : ceux-ci ne craignent pas les blessures. Les mâles lèvent la cuisse comme les chiens, pour rendre leur urine, qui est fétide ainsi que leur haleine. Ils boivent rarement, ne mangent que tous les deux jours, et même, quand ils se sont amplement rassasiés, ils se passent quelquefois de nourriture pendant trois jours. Autant qu'ils peuvent, ils avalent sans mâcher. Lorsque leur estomac est trop plein, ils s'enfoncent les griffes dans le gosier, et retirent ce qui est de trop, afin que, s'il faut fuir dans l'état de satiété, ils puissent marcher librement. Aristote dit encore qu'ils vivent long-temps, et la preuve qu'il en donne, c'est qu'on en trouve beaucoup qui n'ont plus de dents. Polybe, qui accompagna Scipion Émilien, dit que les lions, dans leur vieillesse, attaquent l'homme, parce qu'ils n'ont plus la force de poursuivre les bêtes sauvages; qu'alors ils assiègent les villes d'Afrique, et que Scipion et lui en avaient vu de mis en croix, pour éloigner les autres par la crainte d'un pareil supplice.

Leurs caractères.

XIX. Seul de tous les animaux féroces, le lion connaît la clémence ; quand on le supplie, il fait grâce à ceux qu'il a terrassés. Quand il est en fureur, il se jette plutôt sur les hommes que sur les femmes, et jamais sur les enfans, à moins qu'il ne soit extrêmement pressé par la faim. On croit, en Libye, qu'il comprend les prières. J'ai entendu raconter qu'une esclave, reve-

profugam, infirmam, supplicem animalis omnium gene-
rosissimi, ceterisque imperitantis, indignam ejus gloria prædam. Varia circa hoc opinio, ex ingenio cujusque, vel casu, mulceri alloquiis feras : quippe obvium,
serpentes extrahi cantu, cogique in pœnam, verum fal-
sumne sit, vita non decreverit.

Leonum animi index cauda, sicut et equorum aures.
Namque et has notas generosissimo cuique natura tribuit. Immota ergo placidus, clemens, blandientique similis, quod rarum est : crebrior enim iracundia. Ejus in
principio, terra verberatur : incremento, terga, ceu quodam incitamento, flagellantur. Vis summa in pectore.
Ex omni vulnere, sive ungue impresso, sive dente, ater
profluit sanguis. Iidem satiati, innoxii sunt. Generositas
in periculis maxime deprehenditur : non in illo tantum-
modo, quod spernens tela diu se terrore solo tuetur, ac
velut cogi testatur : cooriturque non tamquam periculo
coactus, sed tamquam amentiæ iratus. Illa nobilior animi
significatio : quamlibet magna canum et venantium urgente vi, contemptim restitansque cedit in campis, et
ubi spectari potest : idem ubi virgulta silvasque penetra-

nue de Gétulie, avait, au milieu des forêts, arrêté plusieurs lions prêts à s'élancer sur elle en osant leur adresser la parole, et leur dire qu'elle était femme, fugitive, faible, implorant la pitié du plus généreux des animaux, de celui qui commandait aux autres, et qu'elle n'était pas une proie digne de sa gloire. Est-ce au hasard, est-ce aux dispositions naturelles des animaux qu'est due l'influence exercée sur eux par ce genre d'allocution? on varie sur ce point; car ce qu'on dit du serpent, que le chant l'entraîne et l'oblige à venir se livrer lui-même à la mort, c'est un fait qu'on a souvent occasion de vérifier, et que cependant rien ne constate encore.

Les diverses affections du lion se connaissent aux mouvemens de sa queue, comme celles du cheval aux oreilles. La nature a donné ces caractères distinctifs aux animaux de la plus noble espèce. Lors donc que la queue du lion est immobile, il est doux et paisible, il a l'air caressant, ce qui est rare : le courroux est son état habituel. Quand il commence à s'irriter, il bat la terre de sa queue; à mesure que sa fureur augmente, il se frappe les flancs, comme pour s'exciter lui-même. Sa plus grande force est dans la partie antérieure de son corps. Un sang noirâtre coule de toutes les blessures que font ou ses griffes ou ses dents. Rassasié, il ne fait point de mal. Sa fierté généreuse se manifeste surtout dans les dangers. Méprisant les traits qu'on lui lance, il se défend long-temps par la seule terreur qu'il inspire. Il semble attester de la violence qu'on lui fait. Il se lève, non qu'il cède à la force, mais il est indigné de la folle audace de ceux qui

vit, acerrimo cursu fertur, velut abscondente turpitudi-
nem loco. Dum sequitur, insilit saltu quo in fuga non
utitur. Vulneratus observatione mira percussorem novit,
et in quantalibet multitudine appetit. Eum vero qui telum quidem miserit, sed tamen non vulneraverit, correptum rotatumque sternit, nec vulnerat. Quum pro catulis feta dimicat, oculorum aciem traditur defigere in
terram, ne venabula expavescat. Cetero dolis carent et
suspicione : nec limis intuentur oculis, adspicique simili
modo nolunt. Creditum est, a moriente humum mor-
deri, lacrimamque leto dari. Atque hoc tale, tam sævum
animal, rotarum orbes circumacti, currusque inanes, et
gallinaceorum cristæ, cantusque etiam magis terrent,
sed maxime ignes. Ægritudinem fastidii tantum sentit,
in qua medetur ei contumelia, in rabiem agente adnexa-
rum lascivia simiarum. Gustatus deinde sanguis in remedio est.

Quis primus lcontomachiam Romæ, quis plurimos in ea **leones**
donaverit.

XX. Leonum simul plurium pugnam Romæ princeps

le provoquent. Son courage se montre plus noble encore, lorsque, dans la plaine, et tant qu'il peut être vu, quelque nombreux que soient les chasseurs et les chiens qui le pressent, il se retire d'un air de dédain, et s'arrêtant presque à chaque pas. Sitôt qu'il est entré dans les forêts, il s'échappe, emporté par une course rapide, comme pouvant fuir sans honte, dès qu'il fuit sans témoin. Quand il poursuit sa proie, il s'élance par bonds, ce qu'il ne fait pas en fuyant. Blessé, il reconnaît à merveille celui qui l'a frappé, et va le chercher au milieu des chasseurs, quel qu'en soit le nombre. Mais si quelqu'un lui a lancé un trait qui ne l'ait pas atteint, il le saisit, le fait pirouetter, et le terrasse sans le blesser. On dit que la lionne fixe les yeux à terre, quand elle combat pour ses petits, afin de n'être pas intimidée à la vue des épieux. Au reste, ces animaux ne connaissent ni la ruse, ni la défiance. Ils ne regardent jamais qu'en face, et ne veulent pas qu'on les regarde autrement. On a cru que le lion, en mourant, mord la terre et pleure. Mais, quelque puissant, quelque terrible que soit cet animal, le mouvement des roues, un char vide, la crête et plus encore le chant du coq lui font peur. Le feu surtout l'épouvante. Le dégoût est la seule incommodité qu'il éprouve; mais l'insulte qu'il croit recevoir de singes qui viennent folâtrer autour de lui allume sa fureur, et leur sang opère sa guérison.

Qui fit le premier combattre des lions à Rome ? qui en fit paraître le plus grand nombre dans les jeux ?

XX. Q. Scévola, fils de Publius, donna aux Ro-

dedit Q. Scævola P. filius in curuli ædilitate. Centum
autem jubatorum primus omnium L. Sulla, qui postea
dictator fuit, in prætura. Post eum Pompeius Magnus in
Circo DC; in iis jubatorum CCCXV. Cæsar dictator CCCC.

Mirabilia in leonum factis.

XXI. Capere eos, ardui erat quondam operis, foveis-
que maxime. Principatu Claudii casus rationem docuit,
pudendam pæne talis feræ nomine, pastoris Gætuli sago
contra ingruentis impetum objecto : quod spectaculum
in arenam protinus translatum est, vix credibili modo
torpescente tanta illa feritate, quamvis levi injectu operto
capite, ita ut devinciatur non repugnans : videlicet om-
nis vis constat in oculis. Quo minus mirum sit, a Ly-
simacho Alexandri jussu simul incluso strangulatum
leonem.

Jugo subdidit eos, primusque Romæ ad currum junxit
M. Antonius, et quidem civili bello, quum dimicatum esset in Pharsalicis campis, non sine quodam ostento temporum, generosos spiritus jugum subire illo prodigio
significante : nam quod ita vectus est cum mima Cythe-
ride, supra monstra etiam illarum calamitatum fuit. Primus autem hominum leonem manu tractare ausus, et

mains, pendant son édilité curule, le premier spectacle de plusieurs lions combattant ensemble; et L. Sylla, qui, plus tard, fut dictateur, donna, pendant sa préture, celui d'un combat de cent lions à crinière. Après lui, Pompée-le-Grand en fit combattre dans le cirque six cents, dont trois cent quinze à crinière; le dictateur César, quatre cents.

Actions surprenantes des lions.

XXI. Il était autrefois très-difficile de les prendre et l'on n'y parvenait guère qu'en les faisant tomber dans des fosses. Sous le règne de Claude, le hasard fournit un moyen qui ne semble pas digne d'un tel animal. Un pasteur gétulien ayant arrêté un lion qui s'élançait sur lui, en lui jetant son sayon sur la tête, ce spectacle fut aussitôt répété dans l'arène. On ne saurait croire à quel point le moindre voile jeté sur la tête d'un lion abat sa férocité : il se laisse enchaîner sans résistance, comme si toute sa force était dans ses yeux. Cela rend moins étonnant le fait de Lysimaque, qui étrangla celui avec lequel Alexandre l'avait fait renfermer.

M. Antoine soumit les lions au joug, et le premier les fit voir, dans Rome, attelés à un char. Ce fut pendant la guerre civile, après la bataille de Pharsale. Image de ces temps déplorables, ce prodige signifiait que des âmes généreuses subissaient le joug. Plus tard il se fit traîner par ce même attelage avec la comédienne Cythéris : spectacle plus monstrueux encore que toutes les autres horreurs de cette époque. On dit que ce fut Hannon,

ostendere mansuefactum, Hanno e clarissimis Pœnorum traditur : damnatusque illo argumento, quoniam nihil non persuasurus vir tam artificis ingenii videbatur : et male credi libertas ei, cui in tantum cessisset etiam feritas.

Sunt vero et fortuita eorum quoque clementiæ exempla. Mentor Syracusanus in Syria leone obvio suppliciter volutante, attonitus pavore, quum refugienti undique fera opponeret sese, et vestigia lamberet adulanti similis, animadvertit in pede ejus tumorem vulnusque, et extracto surculo liberavit cruciatu. Pictura casum hunc testatur Syracusis. Simili modo Elpis Samius natione, in Africam delatus nave, juxta litus conspecto leone hiatu minaci, arborem fuga petit, Libero patre invocato : quoniam tum præcipuus votorum locus est, quum spei nullus est. Neque profugienti, quum potuisset, fera institerat : et procumbens ad arborem, hiatu, quo terruerat, miserationem quærebat. Os morsu avidiore inhæserat dentibus, cruciabatque inedia, tum pœna in ipsis ejus telis, suspectantem, ac velut mutis precibus orantem : dum fortuitu fidens non est contra feram, multo diutius miraculo, quam metu, cessatum est. Degressus tandem evellit præbenti, et quam maxime opus esset, accommodanti. Traduntque quandiu navis ea in litore steterit, retulisse gratiam venatus aggerendo. Qua de

illustre Carthaginois, qui osa le premier manier un lion,
et le montrer apprivoisé. Il fut banni par la seule raison
qu'un homme si adroit sembla capable de tout persuader,
et qu'on crut que la liberté serait mal confiée à l'homme
qui remportait un tel triomphe sur la férocité même.

Des circonstances fortuites ont aussi quelquefois donné
lieu à la clémence de ces animaux. Mentor de Syracuse
en rencontra un, en Syrie, qui se roulait devant lui
d'une manière suppliante. Saisi de frayeur, il voulait
fuir; le lion lui barrait toujours le passage, et léchait
ses pas d'un air caressant. Mentor remarqua une tumeur
et une plaie au pied de l'animal; il en tira un éclat de
bois et le délivra de sa douleur. Un tableau, à Syracuse, atteste cet évènement. Elpis, de Samos, débarqué
en Afrique, aperçut de même, auprès du rivage, un
lion qui ouvrait une gueule menaçante. Il court à un
arbre, en invoquant Bacchus; car on ne fait jamais plus
de vœux que lorsqu'on perd l'espérance. L'animal, sans
le poursuivre comme il aurait pu le faire, vint se coucher au pied de l'arbre, et lui présenta, comme un objet de pitié, cette gueule ouverte qui l'avait épouvanté.
Un os dévoré trop avidement s'était engagé entre ses
dents. Tourmenté par la faim, portant son supplice dans
ses propres armes, il levait la tête vers Elpis, semblant
lui adresser une muette prière. Celui-ci ne voulait pas
se fier légèrement à une bête aussi formidable. Toutefois la surprise le retint plus long-temps encore que la
crainte. Enfin il descendit de l'arbre, et délivra le lion,
qui se prêta à cette opération autant qu'il était néces-

causa Libero patri templum in Samo Elpis sacravit,
quod ab eo facto Græci κεχηνότος Διονύσου appellavere. Mi-
remur postea vestigia hominum intelligi a feris, quum
etiam auxilia ab uno animalium sperent? Cur enim non
ad alia iere? aut unde medicas manus hominis sciunt?
nisi forte vis malorum, etiam feras omnia experiri cogit.

17. Æque memorandum et de panthera tradit Demetrius physicus, jacentem in media via hominis desiderio,
repente apparuisse patri cujusdam Philini, assectatoris
sapientiæ : illum pavore cœpisse regredi, feram vero
circumvolutari non dubie blandientem, seseque conflic-
tantem mœrore, qui etiam in panthera intelligi posset.
Feta erat, catulis procul in foveam delapsis. Primum
ergo, miserationis fuit non expavescere : proximum, ei
curam intendere : secutusque, qua trahebat vestem unguium levi injectu, ut causam doloris intellexit, simulque salutis suæ mercedem, exemit catulos : eaque cum
iis prosequente, usque extra solitudines deductus, læta
atque gestiente : ut facile appareret gratiam referre,

saire, en prenant la posture la plus commode. On dit
que tant que le vaisseau resta sur ces côtes, il témoigna
sa reconnaissance en apportant une chasse abondante.
En mémoire de cet évènement, Elpis consacra un temple
à Bacchus, que les Grecs nommèrent κεχηνότος Διονύσου, le temple de Bacchus à la bouche béante. Nous
étonnerons-nous après cela que des bêtes sauvages sachent distinguer les traces de l'homme, quand elles semblent comprendre encore que lui seul peut les secourir?
Car, pourquoi ces lions ne se sont-ils pas adressés à
d'autres animaux? D'où savaient-ils que la main de
l'homme pouvait les guérir. A moins peut-être aussi que
la violence de la douleur ne contraigne quelquefois les
animaux les plus farouches à recourir à tous les moyens.

17. Demetrius le physicien rapporte d'une panthère
un trait non moins digne d'être cité. Elle était couchée au
milieu du chemin, attendant qu'il passât quelque voyageur, lorsqu'elle fut tout à coup aperçue par le père du
philosophe Philinus. Saisi d'effroi, il veut retourner sur
ses pas; mais l'animal se roule devant lui, joignant aux
caresses les plus pressantes des signes de tristesse et de
douleur très-intelligibles, même dans une panthère. Elle
était mère, et ses petits étaient tombés dans une fosse,
à quelque distance. Le premier effet de la compassion
fut de ne plus craindre; le second, d'examiner ce qu'elle
demandait. Elle le tirait doucement par l'habit avec ses
griffes : il se laissa conduire. Lorsqu'il eut connu la
cause de sa douleur, et par quel service il devait rache-
ter sa vie, il retira les petits. Avec eux, la mère escorta
son bienfaiteur jusqu'au delà des déserts, en bondissant

et nihil invicem imputare : quod etiam in homine
rarum est.

A dracone agnitus et servatus.

XXII. Hæc fidem et Democrito afferunt, qui Thoan-
tem in Arcadia servatum a dracone narrat. Nutrierat
eum puer dilectum admodum : parensque serpentis naturam, et magnitudinem metuens, in solitudines tulerat,
in quibus circumvento latronum insidiis, agnitoque
voce, subvenit. Nam quæ de infantibus ferarum lacte
nutritis, quum essent expositi, produntur, sicut de con-
ditoribus nostris a lupa, magnitudini fatorum accepta
ferri æquius, quam ferarum naturæ arbitror.

De pantheris.

XXIII. Panthera et tigris macularum varietate prope
solæ bestiarum spectantur : cæteris unus ac suus cujusque generis color est. Leonum tantum in Syria, niger.
Pantheris in candido breves macularum oculi. Ferunt
odere earum mire sollicitari quadrupedes cunctas, sed
capitis torvitate terreri. Quamobrem occultato eo, reliqua dulcedine invitatas corripiunt. Sunt qui tradant in
armo iis similem lunæ esse maculam, crescentem in orbes, et cavantem pari modo cornua. Nunc varias, et

de joie autour de lui, témoignant ainsi le désir de payer la dette de la reconnaissance, sans rien demander en revanche : chose rare, même dans l'homme.

Homme reconnu et sauvé par un dragon.

XXII. Ces faits rendent croyable ce que Démocrite raconte de Thoas, sauvé en Arcadie par un dragon que, dans son enfance, il avait élevé avec beaucoup d'affection. Son père, redoutant le naturel et la grandeur du reptile, l'avait porté dans les déserts. Là Thoas, assailli par des brigands, fut délivré par ce dragon, qui accourut à la voix qu'il reconnaissait. Quant à ce que l'on rapporte d'enfans exposés qui ont été allaités par des bêtes sauvages, comme on dit que nos fondateurs l'ont été par une louve, on doit, je pense, rapporter ces évènemens plutôt à une haute destinée qu'à la nature des animaux.

Des panthères.

XXIII. La panthère et le tigre sont à peu près les seuls animaux dont la peau soit parsemée de taches diverses; les autres ont une couleur unique et propre à chaque espèce. Seuls, les lions de la Syrie sont noirs. Les taches de la panthère sont comme de petits yeux semés sur un fond blanc. On dit que son odeur a pour les autres animaux un attrait étonnant, mais que son aspect farouche les effraie. Elle cache donc sa tête, et saisit alors les animaux attirés par un charme irrésistible. Selon quelques auteurs, la panthère a sur l'épaule une mar-

pardos qui mares sunt, appellant in eo omni genere, creberrimo in Africa Syriaque. Quidam ab iis pantheras candore solo discernunt : nec adhuc aliam differentiam inveni.

Senatusconsultum et leges de Africanis. Quis primus Romæ
Africanas : quis plurimas.

XXIV. Senatusconsultum fuit vetus, « ne liceret Africanas in Italiam advehere ». Contra hoc tulit ad populum Cn. Aufidius tribunus plebis, permisitque Circensium gratia importare. Primus autem Scaurus ædilitate sua varias centum quinquaginta universas misit : dein Pompeius Magnus quadringentas decem : divus Augustus quadringentas viginti.

De tigribus. Quando primum Romæ visa tigris. De natura
earum.

XXV. Idem Q. Tuberone, Paulo Fabio Maximo coss. iv Nonas Maias, Theatri Marcelli dedicatione, tigrin primus omnium Romæ ostendit in cavea mansuefactum : divus vero Claudius simul quatuor.

18. Tigrin Hyrcani et Indi ferunt animal velocitatis tremendæ, et maxime cognitæ, dum capitur totus ejus

que en forme de croissant, qui se remplit et s'évide suivant le cours de la lune. On donne aujourd'hui le nom de mouchetées aux femelles, et celui de pards aux mâles de toute cette espèce, très-nombreuse en Afrique et en Syrie. Quelques-uns distinguent la femelle d'avec le mâle par la seule blancheur de la robe. Jusqu'ici je n'ai pas trouvé entre eux d'autre différence.

Sénatus-consulte et lois sur celles de l'Afrique. Qui fit voir à Rome les premières panthères africaines ; qui en a fait voir le plus.

XXIV. Un ancien sénatus-consulte prohibait l'introduction en Italie des panthères d'Afrique ; mais le tribun du peuple Cn. Aufidius fit porter une loi contraire qui permit d'en amener pour les jeux du Cirque. Scaurus, pendant son édilité, envoya le premier à Rome cent cinquante panthères, toutes de celles qu'on nomme mouchetées : ensuite Pompée-le-Grand en fit venir quatre cent dix ; et Auguste quatre cent vingt.

Tigres. Quand Rome en a vu pour la première fois ; leurs caractères.

XXV. Sous le consulat de Q. Tubéron et de Paulus Fabius Maximus, le 4 des nones de mai, pour l'inauguration du théâtre de Marcellus, ce même Auguste montra le premier aux Romains, dans l'amphithéâtre, un tigre apprivoisé ; l'empereur Claude en fit voir quatre à la fois.

18. Le tigre se trouve dans l'Inde et dans l'Hyrcanie. Cet animal est doué d'une vitesse effrayante, que l'on

fetus, qui semper numerosus est. Ab insidiante rapitur, equo quam maxime pernici, atque in recentes subinde transfertur. At ubi vacuum cubile reperit feta (maribus enim cura non est sobolis), fertur præceps, odore vestigans. Raptor adpropinquante fremitu, abjicit unum e catulis. Tollit illa morsu, et pondere etiam ocior acta remeat, iterumque consequitur, ac subinde : donec in navim regresso irrita feritas sævit in litore.

De camelis : genera earum.

XXVI. Camelos inter armenta pascit Oriens, quarum duo genera, Bactriæ et Arabiæ : differunt, quod illæ bina habent tubera in dorso, hæ singula : sub pectore alterum, cui incumbant. Dentium superiore ordine, ut boves, carent in utroque genere. Omnes autem jumentorum ministeriis dorso funguntur, atque etiam equitatu in prœliis. Velocitas inter equos, sed sua cuique mensura, sicuti vires : nec ultra adsuetum procedit spatium, nec plus instituto onere recipit. Odium adversus equos gerunt naturale. Sitim et quatriduo tolerant : implenturque, cum bibendi occasio est, et in præteritum, et in futurum, obturbata proculcatione prius aqua : aliter potu non gaudent. Vivunt quinquagenis an-

éprouve surtout lorsqu'on lui enlève toute sa portée,
qui est toujours nombreuse. Le ravisseur fuit de toute
la rapidité de son cheval, et change plusieurs fois de
coursier. Mais aussitôt que la femelle (le mâle ne s'occupe pas de sa progéniture) trouve sa tanière vide,
elle se précipite sur les traces que son odorat lui indique. Averti de son approche par ses cris menaçans, le
chasseur jette un des petits. Elle le prend dans sa gueule,
et, devenue plus alerte par ce fardeau même, elle l'emporte, puis revient à la poursuite de l'ennemi, et continue ainsi jusqu'à ce que, le voyant rembarqué, elle
exhale sur le rivage sa rage impuissante.

Du chameau : ses espèces.

XXVI. L'Orient nourrit des troupeaux de chameaux.
Il y en a de deux espèces : le chameau de la Bactriane,
et celui de l'Arabie. Leur différence consiste en ce que
le premier a deux bosses sur le dos, et que le second
n'en a qu'une. Sur la poitrine en est une autre, sur
laquelle ils s'appuient quand ils sont couchés. Ainsi
que les bœufs, les deux espèces n'ont point de dents à
la mâchoire supérieure. On les emploie, comme les bêtes
de somme, à porter des fardeaux, et l'on s'en sert aussi,
pour cavalerie, dans les combats. Ils égalent le cheval en
vitesse, mais leurs marches sont mesurées, ainsi que
leurs forces. Le chameau ne fait jamais au delà de sa
route ordinaire, ne porte jamais au dessus de sa charge
accoutumée. Ces animaux ont une aversion naturelle
pour le cheval. Ils passent quatre jours sans boire, et,

nis, quædam et centenis. Utcumque rabiem et ipsæ sentiunt. Castrandi genus, etiam feminas, quæ bello præparentur, inventum est : fortiores ita fiunt coitu negato.

De camelopardali : quando primum Romæ visa.

XXVII. Harum aliqua similitudo in duo transfertur animalia : nabun Æthiopes vocant, collo similem equo, pedibus et cruribus bovi, camelo capite, albis maculis rutilum colorem distinguentibus, unde appellata camelopardalis, dictatoris Cæsaris Circensibus ludis primum visa Romæ. Ex eo subinde cernitur, aspectu magis, quam feritate, conspicua : quare etiam ovis feræ nomen invenit.

De chamo : de cepis.

XXVIII. 19. Pompeii Magni primum ludi ostenderunt chama, quem Galli rufium vocabant, effigie lupi, pardorum maculis. Iidem ex Æthiopia, quas vocant κή-πους, quarum pedes posteriores, pedibus humanis et cru-

quand ils en trouvent l'occasion, ils boivent pour la soif passée, et pour la soif à venir, en commençant par troubler l'eau avec leurs pieds : autrement ils ne boiraient pas avec plaisir. Ils vivent cinquante ans, et quelques-uns cent. Ils sont sujets à la rage. On a imaginé un genre de castration, même pour les femelles que l'on destine à la guerre. On leur donne plus de force et de courage, en leur rendant le coït impossible.

De la girafe : quand la première parut à Rome.

XXVII. On trouve à deux autres animaux quelques rapports avec le chameau. L'un est celui que les Éthiopiens appellent nabus. Il a l'encolure du cheval, les pieds et les jambes du bœuf, la tête du chameau, des taches blanches semées sur un fond rougeâtre, d'où lui vient le nom de camélopard. Rome en vit un pour la première fois aux jeux du cirque donnés par le dictateur César. Depuis, on en voit de temps en temps. La forme de cet animal est plus sauvage que son caractère; c'est pourquoi on l'a aussi nommé brebis sauvage.

Du chama ; des cèpes.

XXVIII. 19. Ce fut aux jeux du grand Pompée que parut, pour la première fois, le chama , nommé rufius par les Gaulois. Il a la figure du loup et les taches de la panthère. On y vit aussi les animaux d'Éthiopie qu'on nomme cèpes , dont les pieds de derrière ressemblent

ribus, priores manibus fuere similes. Hoc animal postea
Roma non vidit.

De rhinocerote.

XXIX. 20. Iisdem ludis et rhinoceros, unius in nare
cornus, qualis sæpe visus. Alter hic genitus hostis elephanto : cornu ad saxa limato præparat se pugnæ, in
dimicatione alvum maxime petens, quam scit esse mol-
liorem. Longitudo ei par, crura multo breviora, color
buxeus.

De lynce, et sphingibus : de crocotis : de cercopithecis.

XXX. 21. Lyncas vulgo frequentes et sphingas, fusco
pilo, mammis in pectore geminis, Æthiopia generat,
multaque alia monstri similia : pennatos equos, et cornibus armatos, quos pegasos vocant : crocottas, velut
ex cane lupoque conceptos, omnia dentibus frangentes,
protinusque devorata conficientes ventre : cercopithecos nigris capitibus, pilo asinino, et dissimiles ceteris
voce : indicos boves unicornes, tricornesque : leucroco-
tam pernicissimam feram, asini fere magnitudine, cruribus cervinis : collo, cauda, pectore leonis, capite melium, bisulca ungula, ore ad aures usque rescisso, den-

aux pieds et aux jambes de l'homme, et les pieds de devant, à des mains. Depuis ce temps, ces animaux n'ont plus reparu à Rome.

Du Rhinocéros.

XXIX. 20. A ces mêmes jeux parut le rhinocéros, qui porte une corne sur le nez. On l'a revu plusieurs fois. C'est le second ennemi que la nature a suscité à l'éléphant. Il se prépare au combat en aiguisant sa corne contre les rochers, et attaque particulièrement son ennemi au ventre, où il sait que la peau est plus tendre. Ils sont tous deux de même longueur, mais le rhinocéros a les jambes beaucoup plus courtes. Il est de la couleur du buis.

Lynx, sphinx, crocotes, cercopithèques.

XXX. 21. L'Éthiopie produit un très-grand nombre de lynx, des sphinx qui ont le poil brun et deux mamelles à la poitrine, et beaucoup d'autres animaux monstrueux ; des chevaux ailés et armés de cornes, qu'on nomme pégases ; des crocotes, qui proviennent de la chienne et du loup (il n'est rien que leurs dents ne broient, rien que leur estomac ne digère à l'instant) ; des cercopithèques qui ont la tête noire, le poil de l'âne, et qui diffèrent des autres singes par la voix ; des bœufs à une corne et à trois cornes, comme dans l'Inde ; la leucrocote, animal d'une légèreté incroyable, à peu près de la grandeur de l'âne, ayant les jambes du cerf, le cou, la queue et la poitrine du lion, la tête du blaireau,

tium loco osse perpetuo. Hanc feram humanas voces tradunt imitari. Apud eosdem et quæ vocatur **eale**, magnitudine equi fluviatilis, cauda elephanti, colore nigra vel fulva : maxillas apri, majora cubitalibus cornua habens, mobilia, quæ alterna in pugna sistit, variatque infesta aut obliqua, utcumque ratio monstravit. **Sed** atrocissimos habet tauros silvestres, majores **agrestibus,** velocitate ante omnes, colore fulvos, oculis cæruleis, pilo in contrarium verso, rictu ad aures dehiscente, juxta cornua mobilia : tergori duritia silicis, omne respuens vulnus. Feras omnes venantur : ipsi non aliter, quam foveis capti, feritate semper intereunt. Apud eosdem nasci Ctesias scribit, quam mantichoran appellat, triplici dentium ordine pectinatim coeuntium, facie et auriculis hominis, oculis glaucis, colore sanguineo, corpore leonis, cauda scorpionis modo spicula infigentem: vocis, ut si misceatur fistulæ et tubæ concentus : velocitatis magnæ, humani corporis vel præcipue appetentem.

Indiæ terrestria animalia.

XXXI. In India et boves solidis ungulis, unicornes: et feram nomine axin, hinnulei pelle, pluribus candi-

le pied fourchu, la gueule fendue jusqu'aux oreilles, et au lieu de dents, un os sans interruption. On prétend qu'elle imite la voix humaine. Dans le même pays se trouve l'éale, qui a la grandeur du cheval de rivière, la queue de l'éléphant, la couleur noire ou fauve, les mâchoires du sanglier, des cornes de plus d'une coudée de long. Ces cornes sont mobiles, et, lorsqu'il se bat, il les présente alternativement, droites ou obliques, suivant le besoin. Ce pays produit encore des taureaux sauvages très-féroces, plus grands que ceux de nos campagnes, et d'une extrême vélocité. Ils ont la couleur fauve, les yeux bleus, le poil à contre-sens, le muffle fendu jusqu'aux oreilles, les cornes mobiles, la peau dure comme le caillou, impénétrable à toutes les blessures. Ils font la chasse à tous les animaux. On ne peut les prendre eux-mêmes que dans des fosses, où ils meurent toujours de fureur. Ctésias écrit que, chez ces mêmes Éthiopiens, se trouve l'animal qu'il nomme mantichore, ayant trois rangs de dents qui s'engrènent les unes dans les autres, la face et les oreilles de l'homme, les yeux verts, le pelage d'un rouge de sang, le corps du lion, la queue armée d'un dard comme le scorpion. Sa voix semble se composer des sons combinés de la flûte et de la trompette. Il est d'une grande célérité, et très-friand de chair humaine.

Animaux terrestres de l'Inde.

XXXI. On trouve encore, dans l'Inde, des bœufs solipèdes et unicornes, et l'axis, qui a le pelage d'un

dioribusque maculis, sacrorum Liberi patris. Orsæi Indi simias candentes toto corpore venantur. Asperrimam autem feram monocerotem, reliquo corpore equo similem, capite cervo, pedibus elephanto, cauda apro, mugitu gravi, uno cornu nigro media fronte cubitorum duum eminente. Hanc feram vivam negant capi.

Item Æthiopiæ. Bestia visu interficiens.

XXXII. Apud Hesperios Æthiopas fons est Nigris, ut plerique existimavere, Nili caput : argumenta, quæ diximus, persuadent. Juxta hunc fera appellatur catoblepas, modica alioquin, ceterisque membris iners, caput tantum prægrave ægre ferens : id dejectum semper in terram : alias internecio humani generis, omnibus qui oculos ejus videre confestim exspirantibus.

De basiliscis serpentibus.

XXXIII. Eadem et basilisci serpentis est vis. Cyrenaica hunc generat provincia, duodenum non amplius digitorum magnitudine, candida in capite macula, ut quodam diademate insignem. Sibilo omnes fugat serpentes : nec flexu multiplici, ut reliquæ, corpus impellit, sed celsus et erectus in medio incedens. Necat frutices, non con-

faon de biche, mais moucheté de taches très-blanches.
On l'offre en sacrifice à Bacchus. Les Indiens Orséens
font la chasse à des singes dont tout le corps est blanc.
Ils chassent aussi un animal très-féroce, le monocéros,
qui a la tête du cerf, les pieds de l'éléphant, la queue du
sanglier, et qui, du reste, ressemble au cheval. Son
mugissement est grave; au milieu de son front s'élève
une seule corne noire, longue de deux coudées. On dit
que cet animal ne peut être pris vivant.

Animaux de l'Éthiopie. Animal qui tue d'un regard.

XXXII. Dans la partie occidentale de l'Éthiopie est la
fontaine Nigris, regardée par beaucoup d'écrivains comme
la source du Nil. Les raisons que j'ai développées appuient
cette opinion. Vers cette source se trouve un animal
sauvage, nommé catoblépas, assez petit, ayant les membres comme frappés d'inertie, portant avec peine sa tête
pesante. Il la tient toujours penchée vers la terre; sans
cela il détruirait l'espèce humaine, car l'on ne peut voir
ses yeux sans expirer sur-le-champ.

Du serpent dit basilic.

XXXIII. La même propriété meurtrière est attachée
au basilic. C'est un serpent de la Cyrénaïque qui n'a que
douze doigts de longueur. Il a, en forme de diadème,
une tache blanche sur la tête. Son sifflement fait fuir
tous les serpens. Il ne rampe pas par replis multipliés
comme les autres reptiles; il s'avance le corps à moitié
dressé. Son contact, que dis-je, son haleine seule tue

tactos modo, verum et adflatos : exurit herbas, rumpit
saxa. Talis vis malo est. Creditum quondam, ex equo oc-
cisum hasta, et per eam subeunte vi, non equitem modo,
sed equum quoque absumptum. Atque huic tali mons-
tro (sæpe enim enectum concupivere reges videre) mustelarum virus exitio est : adeo naturæ nihil placuit esse
sine pari. Injiciunt eas cavernis facile cognitis soli tabe:
necant illæ simul odore, moriunturque, et naturæ pugna
conficitur.

De lupis. Unde fabula versipellis.

XXXIV. 22. Sed in Italia quoque creditur luporum
visus esse noxius : vocemque homini, quem priores con-
templentur, adimere ad præsens. Inertes hos parvosque
Africa et Ægyptus gignunt : asperos trucesque, frigi-
dior plaga. Homines in lupos verti, rursumque restitui
sibi, falsum esse confidenter existimare debemus, aut
credere omnia, quæ fabulosa tot sæculis comperimus.
Unde tamen ista vulgo infixa sit fama in tantum, ut in
maledictis versipelles habeat, indicabitur. Evanthes inter
auctores Græciæ non spretus, tradit Arcadas scribere,
ex gente Anthi cujusdam, sorte familiæ lectum, ad stagnum quoddam regionis ejus duci, vestituque in quercu

les arbrisseaux, brûle les herbes, rompt les pierres : telle est la force de son poison. Il a passé pour certain qu'une fois un homme à cheval ayant tué un basilic en le frappant d'une lance, le venin suivit cette arme comme un conduit, et tua non-seulement le cavalier, mais encore le cheval. La belette est le poison de ce monstre destructeur. L'épreuve en a souvent été faite par des rois qui désiraient voir ce reptile mort ; tant il est vrai que la nature ne veut point qu'il y ait d'être sans rival. On jette une belette dans le trou du basilic. Ce trou est facile à reconnaître, la terre étant brûlée tout à l'entour. Elle le tue par son odeur, et périt en même temps. Ainsi se termine ce combat de la nature contre elle-même.

Des loups ; d'où vient le mot proverbial de versipelles ?

XXXIV. 22. En Italie, on attribue aussi une maligne influence au regard du loup. On croit que s'il voit un homme avant d'en avoir été aperçu, il lui fait momentanément perdre la voix. Les loups d'Afrique et d'Égypte sont lâches et petits ; ceux des pays froids sont acharnés et cruels. Que des hommes se changent en loup, puis reviennent à leur première forme, c'est un conte qu'il faut hardiment refuser de croire, à moins qu'on ne veuille se résigner à adopter aveuglément toutes les fables que l'expérience de tant de siècles a réfutées. J'indiquerai néanmoins l'origine de cette opinion, tellement arrêtée dans le peuple, que le nom de versipelle (loup-garou) est devenu une espèce d'imprécation. Évanthe, écrivain grec assez estimé, rapporte, d'après des auteurs arcadiens, que.

suspenso transnatare, atque abire in deserta, transfigurarique in lupum, et cum ceteris ejusdem generis congregari per annos novem. Quo in tempore si homine se abstinuerit, reverti ad idem stagnum : et cum transnataverit, effigiem recipere, ad pristinum habitum addito novem annorum senio. Id quoque Fabius, eamdem recipere vestem. Mirum est quo procedat Græca credulitas! Nullum tam impudens mendacium est, ut teste careat. Itaque Agriopas, qui Olympionicas scripsit, narrat Demænetum Parrhasium in sacrificio, quod Arcades Jovi Lycæo humana etiam tum hostia faciebant, immolati pueri exta degustasse, et in lupum se convertisse : eumdem decimo anno restitutum athleticæ, certasse in pugilatu, victoremque Olympia reversum. Quin et caudæ hujus animalis creditur vulgo inesse amatorium virus exiguo in villo, eumque, cum capiatur, abjici, nec idem pollere, nisi viventi direptum. Dies, quibus coeat, toto anno non amplius duodecim. Eumdem in fame vesci terra. Inter auguria, ad dexteram commeantium præciso itinere, si pleno id ore fecerit, nullum ominum præstantius. Sunt in eo genere, qui cervarii vocantur, qualem e Gallia in Pompeii Magni arena spectatum diximus. Huic quamvis in fame mandenti, si respexerit, oblivionem cibi subrepere aiunt, digressumque quærere aliud.

dans la famille d'un certain Anthus, on choisit au sort un individu que l'on conduit au bord d'un étang de ce pays. Là, il suspend ses habits à un chêne, passe l'eau à la nage, gagne les déserts, où il est transformé en loup, et vit avec les autres loups pendant neuf ans. S'il est resté pendant tout ce temps sans voir un homme, il revient à l'étang, le repasse et redevient ce qu'il était, sauf qu'il a vieilli de neuf années. Fabius ajoute qu'il retrouve ses mêmes habits. Qui ne s'extasierait de l'excès de crédulité des Grecs! Il n'est mensonge si impudent qui n'ait son témoin. Ainsi Agriopas, auteur des *Olympioniques*, raconte que Déménète de Parrhase, dans le temps que les Arcadiens offraient encore des victimes humaines à Jupiter Lycéen, mangea, dans un sacrifice, des entrailles d'un enfant immolé, et fut changé en loup; et que, dix ans après, rendu à sa profession d'athlète, il disputa le prix du pugilat, et fut proclamé vainqueur à Olympie. On croit vulgairement qu'à la queue du loup se trouve un petit poil qui a la vertu d'inspirer l'amour; que ce poil tombe dès que le loup est pris, et qu'il n'a de vertu qu'autant qu'on l'arrache à l'animal vivant. On dit que le temps de l'accouplement des loups ne dure pas plus de douze jours dans l'année, et que ces animaux se nourrissent de terre, quand ils sont pressés par la faim. Il n'est point de plus heureux présage que de voir un loup traverser votre chemin, la gueule pleine, en passant à votre droite. Il y a une espèce de loups qu'on nomme cerviers. Tel était celui qui, comme nous l'avons dit, fut amené de Gaule, et produit dans l'arène, aux jeux du grand Pompée. Quelque affamé que soit cet

Serpentium genera.

XXXV. 23. Quod ad serpentes attinet, vulgatum est colorem ejus plerasque terræ habere, in qua occultentur. Innumera esse genera. Cerastis corpore eminere cornicula sæpe quadrigemina : quorum motu reliquo corpore occultato, sollicitent ad se aves. Geminum caput amphisbænæ, hoc est, et a cauda, tamquam parum esset uno ore fundi venenum. Aliis squamas esse, aliis picturas : omnibus exitiale virus. Jaculum ex arborum ramis vibrari : nec pedibus tantum pavendas serpentes, sed et missili volare tormento. Colla aspidum intumescere, nullo ictus remedio, præterquam si confestim partes contactæ amputentur. Unus huic tam pestifero animali sensus, vel potius affectus est. Conjugia ferme vagantur : nec nisi cum pari vita est : itaque alterutra interempta, incredibilis alteri ultionis cura. Persequitur interfectorem, unumque eum in quantolibet populi agmine notitia quadam infestat, perrumpit omnes difficultates, permeat spatia, nec nisi amnibus arcetur, aut præceleri fuga. Non est fateri, rerum natura largius mala, an remedia genuerit. Jam primum hebetes oculos huic malo dedit : eosque non in fronte ex adverso cernere,

animal, on dit que, s'il tourne la tête en mangeant, il oublie sa proie, et s'écarte pour en chercher une autre.

Diverses espèces de serpens.

XXXV. Quant à ce qui concerne les serpens, on sait qu'ils ont, pour la plupart, la couleur de la terre dans laquelle ils se cachent, et que les espèces sont infiniment variées. Les cérastes portent de petites cornes, ordinairement au nombre de quatre, par le mouvement desquelles, après s'être caché le reste du corps, ils attirent les oiseaux. Les amphisbènes ont deux têtes, c'est-à-dire une seconde à la queue, comme si ce n'était pas assez d'une pour répandre leur venin. Les uns ont des écailles, les autres une peau tachetée de diverses couleurs, tous un poison mortel. Le serpent appelé *jaculum* s'élance des rameaux des arbres. Ce n'est pas seulement pour les pieds que ces animaux sont à craindre ; ils fendent l'air comme le trait lancé par la baliste. Le cou de l'aspic se gonfle, et il n'y a pas d'autre remède contre sa piqûre que d'amputer promptement la partie blessée. Ce reptile, qui répand la mort, éprouve un sentiment ou plutôt une affection unique. Le mâle et la femelle vont toujours ensemble ; ils ne peuvent vivre l'un sans l'autre. De sorte que si l'un des deux est tué, l'autre met à sa vengeance un acharnement incroyable. Il reconnaît le meurtrier au milieu de la foule la plus nombreuse, le poursuit, s'attache à lui seul, surmonte les obstacles, franchit les distances ; il ne faut rien moins qu'une rivière ou la course la plus rapide pour mettre à l'abri de

sed in temporibus : itaque excitatur pede sæpius quam visu.

24. Deinde internecinum bellum cum ichneumone.

De ichneumone.

XXXVI. Notum est animal hac gloria maxime, in eadem natum Ægypto. Mergit se limo sæpius, siccatque sole. Mox ubi pluribus eodem modo se coriis loricavit, in dimicationem pergit. In ea caudam attollens, ictus irritos aversus excipit, donec obliquo capite speculatus invadat in fauces. Nec hoc contentus, aliud haud mitius debellat animal.

De crocodilo.

XXXVII. 25. Crocodilum habet Nilus, quadrupes malum, et terra pariter ac flumine infestum. Unum hoc animal terrestre linguæ usu caret. Unum superiore mobili maxilla imprimit morsum, alias terribilem, pectinatim stipante se dentium serie. Magnitudine excedit plerumque duodeviginti cubita. Parit ova quanta anseres :

sa fureur. On ne saurait décider de quoi la nature a été le plus prodigue, de maux ou de remèdes. Elle a donné à ce reptile malfaisant de très-mauvais yeux, et les lui a placés, non au front, pour qu'il vît devant lui, mais aux deux côtés des tempes; de sorte qu'il est plus souvent averti de la présence de quelqu'un par le pied qui le foule que par la vue.

24. Il a encore pour ennemi mortel l'ichneumon.

L'ichneumon.

XXXVI. Connu surtout par cette glorieuse inimitié, l'ichneumon naît aussi en Égypte. Il se plonge à plusieurs reprises dans le limon, puis se sèche au soleil. Quand il s'est ainsi cuirassé de plusieurs couches, il marche au combat. Dans l'action, dressant la queue et présentant le dos aux morsures impuissantes de l'aspic, il épie de côté le moment de le saisir à la gorge. Il ne se borne pas à une telle victoire; il triomphe d'un autre animal non moins dangereux.

Le crocodile.

XXXVII. 25. Le Nil nourrit le crocodile, quadrupède cruel, également redoutable sur la terre et dans le fleuve. C'est le seul animal terrestre qui n'ait pas l'usage de sa langue, le seul dont la mâchoire supérieure soit mobile. Il fait néanmoins une morsure terrible, parce que ses rangs de dents s'engrènent les uns dans les autres. Sa longueur excède ordinairement dix-huit coudées. Ses œufs

eaque extra eum locum semper incubat, prædivinatione quadam, ad quem summo auctu eo anno accessurus est Nilus. Nec aliud animal ex minori origine in majorem crescit magnitudinem. Et unguibus hic armatus est, contra omnes ictus cute invicta. Dies in terra agit, noctes in aqua, teporis utrumque ratione. Hunc saturum cibo piscium, et semper esculento ore, in litore somno datum, parva avis, quæ trochilos ibi vocatur, rex avium in Italia, invitat ad hiandum pabuli sui gratia, os primum ejus adsultim repurgans, mox dentes, et intus fauces quoque ad hanc scabendi dulcedinem quam maxime hiantes : in qua voluptate somno pressum conspicatus ichneumon, per easdem fauces, ut telum aliquod, immissus, erodit alvum.

De scinco.

XXXVIII. Similis crocodilo, sed minor etiam ichneumone, est in Nilo natus scincos, contra venena præcipuus antidotis : item ad inflammandam virorum Venerem. Verum in crocodilo major erat pestis, quam ut uno esset ejus hoste natura contenta. Itaque et delphini immeantes Nilo, quorum dorso tamquam ad hunc usum cultellata inest spina, abigentes eos præda, ac velut in

ont la grosseur de ceux des oies, et, par une sorte de
divination, il les couve, chaque année, au delà du terme
que le Nil doit atteindre dans sa plus grande crue.
Aucun animal ne parvient d'un état plus petit à un accroissement plus grand. Il est, de plus, armé de griffes, et sa peau est impénétrable. Il passe le jour à terre,
et la nuit dans l'eau, parce qu'il cherche la chaleur.
Quand il est rassasié de poisson, il s'endort sur le rivage ; et, comme il lui reste toujours quelques parcelles
dans les dents, un petit oiseau qu'on nomme en Égypte
trochile, et en Italie, le roi des oiseaux (*le roitelet*),
vient y chercher sa nourriture ; et pour l'engager à
ouvrir la gueule, il lui en nettoie d'abord les dehors en
sautillant, puis les dents, et enfin la gorge même, que
le crocodile, prenant plaisir aux picotemens de l'oiseau,
ouvre le plus qu'il peut. Tandis qu'il est ainsi plongé
dans un sommeil voluptueux, l'ichneumon, qui l'observe, s'élance comme un trait, entre dans son corps,
et lui ronge les intestins.

Le scinque.

XXXVIII. Le scinque, qui ressemble au crocodile,
mais qui est plus petit encore que l'ichneumon, habite
aussi le Nil. Sa chair est le plus sûr antidote contre les
poisons. Elle est, de plus, pour les hommes, un puissant aphrodisiaque. Le crocodile était un trop grand
fléau pour que la nature ne lui opposât qu'un seul ennemi. Les dauphins, dont le dos semble armé d'épines
saillantes exprès pour lui faire la guerre, remontent le

suo tantum amne regnantes, alioqui impares viribus ipsi, astu interimunt : callent enim in hoc cuncta animalia, sciuntque non sua modo commoda, verum et hostium adversa, norunt sua tela, norunt occasiones : partesque dissidentium imbelles. In ventre mollis est tenuisque cutis crocodilo : ideo se, ut territi, mergunt delphini, subcuntesque alvum illa secant spina. Quin et gens hominum est huic belluæ adversa in ipso Nilo Tentyritæ, ab insula, in qua habitat, appellata. Mensura eorum parva, sed præsentia animi in hoc tantum usu mira. Terribilis hæc contra fugaces bellua est, fugax contra insequentes : sed adversum ire soli hi audent. Quin etiam flumini innatant : dorsoque equitantium modo impositi, hiantibus resupino capite ad morsum, addita in os clava, dextra ac læva tenentes extrema ejus utrimque, ut frenis in terram agunt captivos : ac voce etiam sola territos, cogunt evomere recentia corpora ad sepulturam. Itaque uni ei insulæ crocodili non adnatant : olfactuque ejus generis hominum, ut Psyllorum serpentes fugantur. Hebetes oculos hoc animal dicitur habere in aqua, extra acerrimi visus : quatuorque menses hiemis inedia semper transmittere in specu. Quidam hoc unum quamdiu vivat, crescere arbitrantur : vivit autem longo tempore.

Nil; et, quoique bien inférieurs en force aux crocodiles qui veulent s'opposer à leurs incursions dans un fleuve dont ils se regardent comme les dominateurs exclusifs, ils parviennent néanmoins à les vaincre par la ruse. Car tous les animaux ont un instinct admirable pour découvrir leurs propres avantages et les désavantages de leurs ennemis. Ils connaissent leurs armes, les occasions favorables, et les parties faibles de ceux qu'ils combattent. Les crocodiles ont la peau du ventre molle et tendre; en conséquence les dauphins plongent dans l'eau, comme s'ils redoutaient leur approche, et passant sous leur ventre, le leur fendent avec l'épine dont ils sont armés. Le crocodile a, sur le Nil même, d'autres ennemis dans les Tentyrites, ainsi nommés de l'île qu'ils habitent. Ce sont des hommes de petite taille, mais d'une étonnante intrépidité, au moins pour de telles expéditions. Terrible pour ceux qui fuient, le colosse fuit lâchement ceux qui le poursuivent. Or, les Tentyrites osent seuls l'attaquer de front; ils le chassent même à la nage, se mettent à cheval sur son dos, et lorsqu'il renverse la tête pour les mordre, ils lui passent dans la gueule une massue dont ils prennent les deux bouts, et s'en servent comme d'un mors pour les conduire prisonniers à terre. Ils l'obligent aussi, par la seule terreur de leur voix, à rendre les corps qu'il vient de dévorer, et auxquels ils veulent donner la sépulture. Aussi les crocodiles se gardent bien d'approcher de cette île. L'odeur des Tentyrites les fait fuir, comme celle des Psylles fait fuir les serpens. On dit que cet animal a la vue mauvaise dans l'eau, mais excellente sur la terre, et qu'il passe, dans une caverne, quatre mois de l'hiver sans manger.

De hippopotamo.

XXXIX. Major altitudine in eodem Nilo bellua hippopotamus editur : ungulis binis, quales bubus, dorso equi, et juba, et hinnitu, rostro resimo, cauda et dentibus aprorum aduncis, sed minus noxiis : tergoris ad scuta galeasque impenetrabilis, præterquam si humore madeat. Depascitur segetes, destinatione ante [(ut ferunt) determinatas in diem, et ex agro ferentibus vestigiis, ne quæ revertenti insidiæ comparentur.

Quis primus ostenderit eum Romæ, et crocodilum.

XL. 26. Primus eum, et quinque crocodilos Romæ ædilitatis suæ ludis M. Scaurus temporario euripo ostendit. Hippopotamus in quadam medendi parte etiam magister exstitit. Assidua namque satietate obesus exit in litus, recentes arundinum cæsuras speculatum : atque ubi acutissimam videt stirpem, imprimens corpus, venam quamdam in crure vulnerat, atque ita profluvio sanguinis morbidum alias corpus exonerat, et plagam limo rursus obducit.

Quelques auteurs pensent que c'est le seul animal qui prenne de l'accroissement pendant toute sa vie, et sa vie est fort longue.

L'hippopotame.

XXXIX. Le Nil produit un autre amphibie d'une taille plus haute que le crocodile : c'est l'hippopotame : il a le pied fendu comme le bœuf, le dos, la crinière, le hennissement du cheval, le museau relevé, la queue et les dents saillantes du sanglier; mais ses dents sont moins dangereuses. Son cuir, impénétrable à moins qu'il n'ait trempé dans l'eau, sert à faire des boucliers et des casques. Cet animal dévaste les moissons; l'on prétend qu'il marque d'avance, pour chaque jour, celle dont il doit se repaître, et qu'il entre dans le champ à reculons, afin de mettre en défaut, par ses traces inverses, ceux qui voudraient lui tendre des embûches à son retour.

Qui fit voir à Rome le premier hippopotame avec un crocodile.

XL. 26. M. Scaurus fit voir le premier, à Rome, aux jeux qu'il donna pendant son édilité, un hippopotame et cinq crocodiles dans une pièce d'eau creusée pour cette circonstance. La médecine doit une de ses opérations à l'hippopotame. Quand une satiété assidue l'a chargé d'obésité, il va sur le rivage, examine les roseaux nouvellement coupés, et après avoir choisi le plus aigu, il s'appuie dessus, se perce une veine de la cuisse, et par le sang qu'il perd, décharge son corps, qui, sans cela, resterait dans un état de malaise. Ensuite il bouche la plaie avec du limon.

Medicinæ ab animalibus repertæ.

XLI. 27. Simile quiddam et volucris in eadem Ægypto monstravit quæ vocatur ibis : rostri aduncitate per eam partem se perluens, qua reddi ciborum onera maxime salubre est. Nec hæc sola a multis animalibus reperta sunt, usui futura et homini. Dictamnum herbam extrahendis sagittis cervi monstravere percussi eo telo, pastuque ejus herbæ ejecto. Iidem percussi a phalangio, quod est aranei genus, aut aliquo simili, cancros edendo sibi medentur. Est et ad serpentium ictus præcipua, qua se lacerti, quoties cum his conseruere pugnam, vulnerati refovent. Chelidoniam visui saluberrimam hirundines monstravere, vexatis pullorum oculis illa medentes.

Testudo cunilæ, quam bubulam vocant, pastu, vires contra serpentes refovet : mustela rutæ, in murium venatu cum iis dimicatione conserta. Ciconia origano, edera apri in morbis sibi medentur, et cancros vescendo, maxime mari ejectos. Anguis hiberno situ membrana corporis obducta, feniculi succo impedimentum illud exuit, nitidusque vernat. Exuit autem a capite primum, nec celerius quam uno die ac nocte replicans, ut extra

Remèdes empruntés aux animaux.

XLI. 27. Dans cette même Égypte, l'oiseau qu'on nomme ibis nous a enseigné quelque chose de semblable. Il se lave l'intérieur du corps en insinuant, avec son bec, de l'eau dans la partie par laquelle il importe à la santé que l'estomac se dégage du superflu des alimens; et ce ne sont pas les seules choses utiles que l'homme ait apprises des animaux. Les cerfs ont montré la vertu du dictame pour extraire une flèche d'une blessure. Quand un trait leur est entré dans le corps, ils l'en font sortir en broutant cette plante. Quand ils ont été piqués par l'espèce d'araignée qu'on nomme phalange, ou par quelque autre insecte venimeux, ils se guérissent en mangeant des cancres. Une herbe excellente contre la piqûre des serpens est celle à l'aide de laquelle se raniment les lézards, lorsqu'ils ont été blessés en se battant contre eux. Les hirondelles ont fait connaître la propriété curative de la chélidoine, en guérissant avec cette herbe les yeux malades de leurs petits.

La tortue reprend des forces pour combattre les serpens, en mangeant une herbe appelée cunile-aux-bœufs. La belette mange de la rue, lorsqu'en chassant aux rats, elle a disputé sa proie aux serpens. La cigogne, dans ses maladies, se guérit avec l'origan, le sanglier avec le lierre, ou bien en mangeant des cancres, particulièrement ceux que la mer a rejetés. Le serpent, dont la peau s'est flétrie dans sa torpeur hiémale, s'en dépouille au printemps avec le secours du fenouil, et reparaît brillant de jeunesse et de fraîcheur. Il commence par dégager sa

fiat membranæ, quod fuerat intus. Idem hiberna latebra visu obscurato, marathro herbæ sese adfricans, oculos inungit ac refovet : si vero squamæ obtorpuere, spinis juniperi se scabit. Draco vernam nauseam silvestris lactucæ succo restinguit. Pantheras perfricata carne aconito (venenum id est), barbari venantur. Occupat illico fauces earum angor : quare pardalianches id venenum appellavere quidam. At fera contra hoc excrementis hominis sibi medetur : et alias tam avida eorum, ut a pastoribus ex industria in aliquo vase suspensa altius, quam ut queat saltu attingere, jaculando se appetendoque deficiat, et postremo exspiret : alioqui vivacitatis adeo lentæ, ut ejectis interaneis diu pugnet. Elephas chamæleone concolori frondi devorato, occurrit oleastro huic veneno suo. Ursi, cum mandragoræ mala gustavere, formicas lambunt. Cervus herba cinare venenatis pabulis resistit. Palumbes, graculi, merulæ, perdices, lauri folio annuum fastidium purgant : columbæ, turtures, et gallinacei, herba quæ vocatur helxine : anates, anseres, ceteræque aquaticæ herba siderite : grues et similes, junco palustri. Corvus occiso chamæleone, qui etiam victori nocet, lauro infectum virus extinguit.

tête, puis il parvient peu à peu à retourner et à quitter le reste du fourreau ; opération qui ne dure pas moins
d'un jour et d'une nuit. Sa vue s'étant affaiblie dans sa
retraite, il lui redonne du ton en frottant ses yeux contre
l'herbe dite marathrum. Il se délivre, contre les épines du
genévrier, des écailles qui restent encore. Le dragon se
purge au printemps avec le suc de la laitue sauvage, pour
mettre fin à ses vomissemens. Les barbares font la chasse
aux panthères en leur jetant pour appât des viandes frot-
tées d'aconit, qui est un poison. Aussitôt qu'elles en ont
goûté, leur gorge se serre. Ce qui a fait donner aussi à cette
plante le nom de pardalianche. Mais la panthère trouve
un contre-poison dans les excrémens de l'homme. Elle
en est d'ailleurs tellement avide, que, quelquefois, les
bergers en suspendent exprès dans un vase hors de la
portée de ses bonds. Elle s'élance, pour l'atteindre, avec
tant de ténacité, qu'elle finit par s'épuiser et mourir sur
la place, quoiqu'elle soit cependant si vivace que, même
les intestins hors du corps, elle se débat encore long-
temps. Quand un éléphant a mangé un caméléon, dont
la peau est de même couleur que le feuillage, il a recours
à l'olivier sauvage, pour neutraliser l'effet d'un mets qui
pour lui est un poison. L'ours qui a goûté du fruit de la
mandragore va lécher quelques fourmis. Le cerf résiste à
l'effet des plantes vénéneuses en broutant la cinare. Les
ramiers, les geais, les merles, les perdrix, se débarrassent
tous les ans de leurs malaises avec la feuille du laurier ;
les colombes, les tourterelles, les poules, avec l'helxine ;
les canards, les oies, et les autres oiseaux aquatiques,
avec la sidérite ; les grues et les autres oiseaux de ce

Prognostica periculorum ex animalibus.

XLII. 28. Millia præterea, ut pote cum plurimis animalibus eadem natura rerum cæli quoque observationem et ventorum, imbrium, tempestatum præsagia, aliis alia dederit, quod persequi immensum est, æque scilicet quam reliquam cum singulis hominum societatem. Siquidem et pericula præmonent, non fibris modo extisque, circa quod magna mortalium portio hæret, sed alia quadam significatione. Ruinis imminentibus musculi præmigrant, aranei cum telis primi cadunt. Auguria quidem artem fecere apud Romanos : et sacerdotum collegium vel maxime solenne est. In Thracia locis rigentibus et vulpes, animal alioqui solertia dirum : amnes gelatos, lacusque non nisi ad ejus itum reditumque transeunt. Observatum, eam aure ad glaciem apposita, conjectare crassitudinem gelus.

Gentes ab animalibus sublatæ.

XLIII. 29. Nec minus clara exitii documenta sunt etiam ex contemnendis animalibus. M. Varro auctor est, a cuniculis suffossum in Hispania oppidum, a talpis in

genre, avec le jonc des marais. Le corbeau, après avoir tué le caméléon, qui devient funeste même à son vainqueur, détruit l'effet du poison avec le laurier.

Pronostics de danger fournis par les animaux.

XLII. 28. Je pourrais citer mille autres faits. La nature a même donné à la plupart des animaux la faculté d'observer le ciel, de prévoir le vent, la pluie, la tempête, et a mis en eux divers instincts particuliers, qu'il serait impossible d'énumérer, non plus que leurs différentes affinités avec les destinées humaines. En effet, ils annoncent les dangers, non-seulement par leurs fibres et par leurs entrailles, où tant de mortels s'occupent à lire l'avenir, mais aussi par des avertissemens d'un autre genre. Lorsqu'un édifice menace ruine, les rats délogent à l'avance, les araignées sont les premières à tomber avec leurs toiles. La divination par les oiseaux est devenue un art chez les Romains, et le collège des augures jouit de la plus haute considération. Les froides contrées de la Thrace doivent aussi un pronostic au renard, qui d'ailleurs applique toute son adresse à nuire. Ce n'est qu'après l'avoir vu aller et revenir sur les rivières et les étangs glacés, que les habitans se hasardent à les traverser eux-mêmes. On a observé qu'en appliquant son oreille sur la glace, il en conjecture l'épaisseur.

Peuples détruits par des animaux.

XLIII. 29. Nous avons, d'un autre côté, des exemples non moins fameux de désastres effectués par des animaux, même par les plus méprisables. M. Varron écrit

Thessalia : ab ranis civitatem in Gallia pulsam, ab locustis in Africa : ex Gyaro Cycladum insula incolas a muribus fugatos, in Italia Amyclas a serpentibus deletas. Citra Cynamolgos Æthiopas late deserta regio est, a scorpionibus et solipugis gente sublata : et a scolopendris abactos Rhœtienses, auctor est Theophrastus. Sed ad reliqua ferarum genera redeamus.

De hyænis

XLIV. 3o. Hyænis utramque esse naturam, et alternis annis mares, alternis feminas fieri, parere sine mare, vulgus credit, Aristoteles negat. Collum et juba continuitate spinæ porrigitur, flectique, nisi circumactu totius corporis, nequit. Multa præterea mira traduntur. Sed maxime sermonem humanum inter pastorum stabula adsimulare, nomenque alicujus addiscere, quem evocatum foras laceret. Item vomitionem hominis imitari, ad sollicitandos canes, quos invadat. Ab uno animali sepulcra erui, inquisitione corporum. Feminam raro capi. Oculis mille esse varietates, colorumque mutationes. Præterea umbræ ejus contactu canes obmutescere.

qu'une ville, en Espagne, fut minée par des lapins, et
une autre, en Thessalie, par des taupes; qu'une peuplade de la Gaule fut expulsée de son pays par des grenouilles, et une autre de l'Afrique par des sauterelles;
que les habitans de Gyaros, l'une des Cyclades, furent
chassés de leur île par des rats; et qu'Amycles, en Italie,
fut détruite par des serpens. En deçà des Éthiopiens
Cynamolges, est un vaste pays désert dont les habitans
ont été exterminés par les scorpions et les solipuges.
Théophraste rapporte aussi que les Rhétiens furent
chassés de leur pays par des scolopendres. Mais revenons
aux autres animaux sauvages.

L'hyène.

XLIV. 30. Le vulgaire croit que, mâle pendant une
année, femelle pendant une autre, l'hyène possède alternativement les deux sexes, et qu'elle conçoit sans le
secours du mâle. Aristote le nie. Chez cet animal,
l'épine du dos se prolonge jusque dans le cou; ce qui
fait qu'il ne peut retourner la tête sans se tourner tout
entier. On raconte de l'hyène beaucoup de choses merveilleuses : on dit qu'elle imite la voix humaine, et
qu'écoutant les conversations des bergers, elle retient
le nom de l'un d'eux, et le dévore après l'avoir fait sortir en l'appelant; qu'elle contrefait le vomissement de
l'homme pour attirer les chiens, sur lesquels elle se jette;
que c'est le seul animal qui fouille les tombeaux pour
déterrer les corps; que l'on prend rarement une femelle;
que les couleurs de ses yeux varient de mille manières;

Et quibusdam magicis artibus omne animal, quod ter
lustraverit, in vestigio hærere.

De corocottis. De mantichoris.

XLV. Hujus generis coitu leæna Æthiopica parit corocottam, similiter voces imitantem hominum pecorum-
que. Acies ei perpetua : in utraque parte oris nullis gin-
givis, dente continuo : qui ne contrario occursu hebe-
tetur, capsarum modo includitur. Hominum sermones
imitari et mantichoram in Æthiopia, auctor est Juba.

De onagris.

XLVI. Hyænæ plurimæ gignuntur in Africa, quæ et
asinorum silvestrium multitudinem fundit. Mares in eo
genere singuli feminarum gregibus imperitant. Timent
libidinis æmulos, et ideo gravidas custodiunt, morsuque
natos mares castrant. Contra gravidæ latebras petunt,
et parere furto cupiunt, gaudentque copia libidinis.

De castoreo. De aquaticis, et iisdem terrestribus : de lutris.

XLVII. Easdem partes sibi ipsi Pontici amputant
fibri, periculo urgente, ob hoc se peti gnari : castoreum

que le seul contact de son ombre rend les chiens muets ;
qu'enfin, par une vertu magique, elle rend immobile
l'animal autour duquel elle a tourné trois fois.

Les corocottes. Les mantichores.

XLV. De l'accouplement de l'hyène avec la lionne
d'Éthiopie provient la corocotte, qui sait pareillement
imiter la voix de l'homme et les cris des bestiaux. Ses
yeux sont fixes ; ses mâchoires, absolument dépourvues
de gencives, contiennent un os continu formant la den-
ture, et le débordent de manière à empêcher qu'il ne
s'émousse par le froissement. Juba dit qu'en Éthiopie
la mantichore imite aussi la parole de l'homme.

Les onagres.

XLVI. L'Afrique produit beaucoup d'hyènes, ainsi
que d'ânes sauvages. Dans cette dernière espèce, chaque
mâle règne sur un troupeau de femelles. Ils ne veulent
point de rivaux en amour, et, par cette raison, ils sur-
veillent les femelles pleines, et châtrent avec leurs dents
les mâles qui naissent. Les femelles, au contraire, se
cachent dès qu'elles ont conçu, et, dans l'espoir de mul-
tiplier leurs jouissances, elles cherchent à mettre bas en
secret.

Le castoreum. Amphibies : la loutre.

XLVII. Les fibers (castors) du Pont, vivement pressés par les chasseurs, se coupent eux-mêmes les testicules,

id vocant medici : alias animal horrendi morsus, arbores juxta flumina, ut ferro, cædit : hominis parte com-
prehensa, non antequam fracta concrepuerint ossa , morsus resolvit. Cauda piscium iis, cetera species lutræ.
Utrumque aquaticum : utrique mollior pluma pilus.

De ranis rubetis.

XLVIII. 31. Ranæ quoque rubetæ, quarum et in terra,
et in humore vita, plurimis refertæ medicaminibus, de-
ponere ea assidue ac resumere a pastu dicuntur, venena
tantum semper sibi reservantes.

De vitulo marino: de fibris. De stellionibus.

XLIX. Similis et vitulo marino victus, in mari ac
terra : simile fibris et ingenium. Evomit fel suum, ad
multa medicamenta utile : item coagulum, ad comitiales morbos: ob ea se peti prudens. Theophrastus auctor
est, anguis modo et stelliones senectutem exuere, eam-
que protinus devorare, præripientes comitiali morbo remedia. Eosdem mortiferi in Græcia morsus, innoxios
esse in Sicilia.

faisant ainsi le sacrifice de ce qu'ils savent qu'on poursuit en eux. C'est ce qu'en médecine l'on nomme *castoreum*. Leur morsure est redoutable. Leurs dents, tranchantes comme le fer, coupent les arbres placés le long des fleuves. S'ils saisissent un homme par quelque membre, ils ne desserrent pas la gueule avant que l'os brisé ne craque. Ils ont une queue de poisson. Dans le reste du corps, ils ressemblent à la loutre. L'un et l'autre sont aquatiques; ils ont l'un et l'autre le poil plus doux que la plume.

La rana rubeta.

XLVIII. 31. Les grenouilles buissonnières, qui vivent sur la terre et dans les lieux humides, passent pour contenir plusieurs substances médicinales qu'elles déposent continuellement, et qui se reproduisent par leurs alimens, dont elles ne se réservent que le venin.

Le veau marin : le fiber. Des stellions.

XLIX. Le veau marin vit également dans la mer et sur la terre. Il a le même instinct que le fiber. Sachant comme lui pourquoi l'homme lui fait la chasse, il vomit son fiel que la médecine emploie pour plusieurs usages, ainsi que sa présure, qui est un remède contre l'épilepsie. Suivant Théophraste, les stellions dépouillent leur vieille peau comme les serpens, et la dévorent à l'instant pour nous ravir un remède contre cette même épilepsie. Il ajoute que leur morsure, mortelle en Grèce, n'est nullement dangereuse dans la Sicile.

De cervis.

L. 32. Cervis quoque est sua malignitas, quamquam placidissimo animalium. Urgente vi canum, ultro confugiunt ad hominem. Et in pariendo semitas minus cavent, humanis vestigiis tritas, quam secreta ac feris opportuna. Conceptus earum post Arcturi sidus. Octonis mensibus ferunt partus, interdum et geminos. A conceptu separant se. At mares relicti rabie libidinis sæviunt : fodiunt scrobes. Tunc rostra eorum nigrescunt, donec aliqui abluant imbres. Feminæ autem ante partum purgantur herba quadam, quæ seselis dicitur, faciliore ita utentes utero. A partu duas, quæ aros et seselis appellantur, pastæ, redeunt ad fetum : illis imbui lactis primos volunt succos, quacumque de causa. Editos partus exercent cursu, et fugam meditari docent : ad prærupta ducunt, saltumque demonstrant.

Jam mares soluti desiderio libidinis, avide petunt pabula. Ubi se præpingues sensere, latebras quærunt, fatentes incommodum pondus. Et alias semper in fuga adquiescunt, stantesque respiciunt : cum prope ventum est, rursus fugæ præsidia repetentes. Hoc fit intestini

Des cerfs.

L. 3ạ. Le cerf, le plus paisible des animaux, a lui-même aussi sa malice. Pressé par les chiens, il se réfugie vers l'homme ; et les biches, prêtes à mettre bas, se défient moins des chemins frayés par les hommes, que des lieux écartés et accessibles aux seuls animaux sauvages. Elles conçoivent après le lever de l'Arcture ; elles portent huit mois et quelquefois mettent bas deux faons. Aussitôt qu'elles ont conçu, elles se séparent des mâles. Les cerfs, ainsi abandonnés, sont dans leur rut, comme transportés de rage : ils fouillent la terre ; leur museau se noircit jusqu'à ce que quelque pluie vienne le laver. Les biches, avant de mettre bas, se purgent avec l'herbe nommée séséli, et se rendent ainsi le ventre plus libre. Après avoir mis bas, elles broutent encore ce même séséli, avec une autre herbe nommée aros, puis reviennent à leurs faons. Par une raison quelconque, elles veulent que le premier lait qu'elles donnent à leurs petits, soit imbu du suc de ces herbes. A peine le faon est-il né que sa mère l'exerce à la course, lui enseigne l'art de la fuite ; elle le mène à des endroits escarpés, et lui montre à sauter.

Quand l'ardeur érotique des mâles est calmée, ils retournent avidement aux pâturages. Lorsqu'ils ont pris trop d'embonpoint, ils cherchent la retraite, reconnaissant ainsi l'incommodité de leur état. Au reste, le cerf se repose toujours dans sa fuite, s'arrêtant pour regarder, puis se remettant à courir quand l'ennemi approche. Il

dolore, tam infirmi, ut ictu levi rumpatur intus. Fugiunt autem latratu canum audito secunda semper aura, ut vestigia cum ipsis abeant. Mulcentur fistula pastorali et cantu : cum erexere aures, acerrimi auditus : cum remisere, surdi. Cetero animal simplex, et omnium rerum miraculo stupens : in tantum, ut equo aut bucula accedente propius, hominem juxta venantem non cernant : aut si cernant, arcum ipsum sagittasque mirentur. Maria tranant gregatim nantes porrecto ordine, et capita imponentes praecedentium clunibus, vicibusque ad terga redeuntes. Hoc maxime notatur a Cilicia Cyprum trajicientibus. Nec vident terras, sed in odore earum natant. Cornua mares habent, solique animalium omnibus annis stato veris tempore amittunt : ideo sub ipsa die quam maxime invia petunt. Latent amissis velut inermes : sed et hi bono suo invident. Dextrum cornu negant inveniri, ceu medicamento aliquo praeditum : idque mirabilius fatendum est, cum et in vivariis mutent omnibus annis : defodi ab iis putant. Accensi autem utriuslibet odore comitiales morbi deprehenduntur. Indicia quoque aetatis in illis gerunt, singulos annis adjicientibus ramos usque ad sexennes. Ab eo tempore similia revivescunt : nec potest aetas discerni, sed dentibus senecta declaratur. Aut enim paucos, aut nullos habent : nec in cornibus imis ramos, alioqui ante frontem pro-

est forcé de s'arrêter ainsi par une douleur qu'il ressent
à l'intestin, partie si faible chez lui que le moindre coup
suffit pour la rompre. Lorsqu'il entend les chiens, il
fuit en suivant toujours le vent, afin d'emporter avec lui
l'odeur de ses traces. Il écoute avec plaisir le flageolet
et le chant des bergers. Lorsqu'il dresse l'oreille, il a
l'ouïe très-fine; lorsqu'il la baisse, il n'entend plus. Au
surplus, c'est un animal simple, qui regarde tout avec
une espèce d'admiration, au point que, si un cheval ou
une génisse s'approche de lui, il ne voit plus le chasseur qui va l'atteindre, ou, s'il le voit, il s'arrête à
contempler son arc et ses flèches. Les cerfs traversent
les mers par troupes et sur une file, la tête de l'un po-
sée sur la croupe de celui qui précède, et revenant tour-
à-tour se placer à la queue. Cela se remarque surtout
dans le trajet de la Cilicie à l'île de Cypre. Sans voir la
terre, ils se dirigent vers elle par l'odorat. Les mâles ont
des cornes, et, seuls entre les animaux, ils les perdent
à époque fixe chaque printemps. Aussi, vers le jour où
leur bois doit les quitter, ils gagnent les lieux les plus
inaccessibles, et se tiennent cachés pendant que leur
tête est découverte, comme s'ils étaient désarmés. Mais
ils nous envient aussi le bien qu'ils pourraient nous procurer; et c'est, dit-on, pour cela, que leur corne droite,
douée de propriétés médicinales, ne se trouve jamais;
chose d'autant plus surprenante que tous les ans la tête
du cerf mue, dans les parcs comme dans les forêts. On
croit qu'ils l'enfouissent. L'odeur de l'une ou l'autre
corne brûlée décèle les épileptiques. Leur bois indique
aussi leur âge; car, chaque année, jusqu'à la sixième,

minere solitos junioribus. Non decidunt castratis cornua, nec nascuntur. Erumpunt autem renascentibus tuberibus primo aridæ cutis similia. Eadem teneris increscunt ferulis, arundineas in paniculas molli plumata lanugine. Quamdiu carent iis, noctibus procedunt ad pabula : increscentia solis vapore durant, ad arbores subinde experientes : ubi placuit robur, in aperta prodeunt. Captique jam sunt, edera in cornibus viridante ex attritu arborum, ut in aliquo ligno, teneris, dum experiuntur, innata. Fiunt aliquando et candido colore qualem fuisse tradunt Q. Sertorii cervam, quam esse fatidicam Hispaniæ gentibus persuaserat. Et iis est cum serpente pugna. Vestigant cavernas, nariumque spiritu extrahunt renitentes. Ideo singulare abigendis serpentibus, odor adusto cervino cornu. Contra morsus vero præcipuum remedium ex coagulo hinnulei in matris utero occisi. Vita cervis in confesso longa, post centum annos aliquibus captis cum torquibus aureis, quos Alexander Magnus addiderat, adopertis jam cute in magna obesitate. Febrium morbos non sentit hoc animal, quin et medetur huic timori. Quasdam modo principes feminas scimus omnibus diebus matutinis carnem eam degustare solitas, et longo ævo caruisse febribus : quod ita demum existimant ratum, si vulnere uno interierit.

le merrain se charge d'un andouiller de plus ; après quoi
le bois se renouvelle toujours dans le même état, et
l'on ne peut plus reconnaître leur âge ; mais leur vieillesse est indiquée par les dents, car alors ils en ont
peu ou même point, et l'on ne voit plus, à la racine
du merrain, les dagues qui s'avancent ordinairement sur
le front des jeunes cerfs. La castration empêche, soit la
chute, soit la renaissance du bois. Quand il commence à
renaître, on voit paraître d'abord deux tubercules semblables à de la peau sèche. Les sommités croissent et
s'élèvent tendres et cotonneuses, comme des têtes de
roseaux. Tant que leur bois n'a pas poussé, les cerfs ne
paissent que de nuit ; à mesure qu'il prend de l'accroissement, ils l'endurcissent au soleil, et l'éprouvent de
temps en temps contre les arbres. Dès qu'ils le trouvent
solide, ils quittent la retraite. On a pris des cerfs dont
le bois portait un lierre verdoyant. Cette plante s'y était
enracinée comme dans un autre bois, lorsque, tendre
encore, ils le frottaient contre les arbres pour l'éprouver. Il se trouve quelquefois des cerfs blancs : telle était,
dit-on, la biche que Sertorius avait érigée en prophé-
tesse chez les peuples d'Espagne. Cet animal fait la
guerre aux serpens. Il cherche leurs trous, et par la
force de sa respiration il les contraint d'en sortir. Aussi
la corne de cerf brûlée est-elle un spécifique excellent
pour chasser les serpens. Le meilleur remède contre leur
morsure est la présure d'un faon tué dans le ventre de
sa mère. La longue vie des cerfs est un fait reconnu.
Plus d'un siècle après Alexandre, on en a pris quelques-
uns qui portaient des colliers d'or dont ce prince les

33. Eadem est specie, barba tantum et armorum villo distans, quem Τραγέλαφον vocant, non alibi, quam juxta Phasin amnem, nascens.

De chamæleone.

LI. Cervos Africa propemodum sola non gignit : at chamæleonem et ipsa, quamquam frequentiorem Indiæ. Figura et magnitudo erat lacerti, nisi crura essent recta et excelsiora. Latera ventri junguntur, ut piscibus, et spina simili modo eminet. Rostrum, ut in parvo, haud absimile suillo : cauda prælonga in tenuitatem desinens, et implicans se viperinis orbibus : ungues adunci : motus tardior, ut testudini : corpus asperum, ceu crocodilo : oculi in recessu cavo, tenui discrimine prægrandes, et corpori concolores : numquam eos operit : nec pupillæ motu, sed totius oculi versatione circumaspicit. Ipse celsus hianti semper ore, solus animalium nec cibo nec potu alitur, nec alio quam aeris alimento :

avait décorés. Comme ils avaient pris de l'embonpoint, la peau avait recouvert ces colliers. Le cerf n'est pas sujet à la fièvre, et même sa chair en est un préservatif. Nous savons que plusieurs impératrices en mangeaient tous les matins, et qu'elles sont parvenues à une longue vieillesse sans éprouver de fièvre. Mais on pense qu'elle n'a cette vertu, que lorsque l'animal a été tué d'un seul coup.

33. A l'espèce du cerf appartient un animal qui n'en diffère que par la barbe et par le poil qu'il a sur les épaules, et qu'on nomme tragélaphe. On ne le trouve qu'aux environs du Phase.

Des caméléons.

LI. L'Afrique est à peu près le seul pays qui ne produise point de cerfs ; mais elle produit le caméléon, dont l'espèce est cependant plus nombreuse dans l'Inde. Sa figure et sa grandeur seraient celles du lézard, s'il n'avait les jambes droites et plus hautes. Ses côtes se joignent sous le ventre comme celles des poissons ; et il a, comme eux, l'épine du dos saillante. Son museau est, en petit, le groin du porc. Sa queue, très-longue, va toujours en diminuant de grosseur, et se replie comme celle de la vipère. Il a les ongles crochus, la marche lente comme celle de la tortue, la peau rude comme celle du crocodile, les yeux enfoncés, très-grands et très-rapprochés l'un de l'autre, et de la même couleur que son corps. Il ne les ferme jamais. Ce n'est point par le mouvement de la prunelle, mais en tournant l'œil tout entier, qu'il

circa caprificos ferus, innoxius alioqui. Et coloris natura mirabilior : mutat namque eum subinde, et oculis, et cauda, et toto corpore, redditque semper quemcumque proxime attingit, præter rubrum candidumque. Defuncto pallor est. Caro in capite et maxillis, et ad commissuram caudæ ad modum exigua, nec alibi toto corpore : sanguis in corde, et circa oculos tantum : viscera sine splene. Hibernis mensibus latet, ut lacerta.

De reliquis colorem mutantibus : tarando, lycaone, thoe.

LII. 34. Mutat colores et Scytharum tarandus, nec aliud ex iis quæ pilo vestiuntur, nisi in Indiis lycaon, cui jubata traditur cervix. Nam thoes (luporum id genus est procerius longitudine, brevitate crurum dissimile, velox saltu, venatu vivens, innocuum homini) habitum, non colorem mutant, per hiemes hirti, æstate nudi. Tarando magnitudo, quæ bovi : caput majus cervino, nec absimile : cornua ramosa, ungulæ bifidæ, villus magnitudine ursorum. Sed cum libuit sui coloris esse, asini similis est. Tergori tanta duritia, ut thoraces ex eo faciant. Colorem omnium arborum, fruticum, florum, lo-

regarde autour de lui. Il a toujours la tête haute, et la gueule ouverte. C'est le seul animal qui vive sans manger et sans boire, ne se nourrissant que d'air. A redouter vers la fin des jours caniculaires, en tout autre temps il est inoffensif. Sa couleur est une merveille encore plus remarquable : il en change souvent. Ses yeux, sa queue et tout son corps prennent celle des objets qu'il touche, excepté le rouge et le blanc. Après sa mort, il est de couleur pâle. Il a un peu de chair à la tête, aux mâchoires, à la racine de la queue; dans le reste du corps il n'en a point. Il n'a du sang que dans le cœur et autour des yeux. Ses entrailles ne présentent point de rate. Cet animal se cache pendant l'hiver, comme les lézards.

Des autres animaux qui changent de couleur : le tarande, le lycaon, le thos.

LII. 34. Le tarande des Scythes change aussi de couleur. C'est le seul des animaux à poil qui ait cette propriété, si l'on excepte le lycaon de l'Inde, dont le cou est, dit-on, paré d'une crinière. Quant aux thos (espèce de loup dont le corps est plus long et les jambes plus courtes, sautant avec agilité, vivant de chasse, et ne faisant aucun mal à l'homme), ils changent de fourrure et non de couleur. Couverts d'un long poil pendant l'hiver, ils sont nus pendant l'été. Le tarande a la taille du bœuf, la tête semblable à celle du cerf, mais plus grande, les cornes rameuses, le pied fendu, le poil aussi long que celui de l'ours. Sa couleur naturelle, quand il veut la revêtir, est celle de l'âne. Sa peau est si dure

corumque reddit, in quibus latet, metuens, ideoque raro capitur. Mirum esset habitum corpori tam multiplicem dari, mirabilius et villo.

De hystrice.

LIII. 35. Hystrices generat India et Africa spina contectas, herinaceorum genere : sed hystrici longiores aculei, et cum intendit cutem, missiles. Ora urgentium figit canum, et paulo longius jaculatur. Hibernis autem se mensibus condit : quæ natura multis, et ante omnia ursis.

De ursis : de fetu eorum.

LIV. 36. Eorum coitus hiemis initio : nec vulgari quadrupedum more, sed ambobus cubantibus complexisque. Deinde secessus in specus separatim, in quibus pariunt trigesimo die, plurimum quinos. Hi sunt candida informisque caro, paulo muribus major, sine oculis, sine pilo, ungues tantum prominent : hanc lambendo paulatim figurant. Nec quidquam rarius, quam parientem videre ursam. Ideo mares quadragenis diebus latent, feminæ quaternis mensibus. Specus si non habuere, ramo-

qu'on en fait des cuirasses. Il contracte la couleur des arbres, des broussailles, des fleurs, et des lieux où il se cache, lorsqu'il a peur : ce qui le rend très-difficile à prendre. Cette multiplicité de couleurs successives, merveilleuse quand c'est le corps qui la possède, l'est bien davantage quand c'est le poil.

L'hystrix.

LIII. 35. L'Inde et l'Afrique produisent l'hystrix (porc-épic), dont le corps est armé de piquans. C'est une espèce de hérisson ; mais ses piquans sont plus longs, et il les décoche en tendant sa peau. Il perce la gueule des chiens qui le pressent, et darde ses traits à quelque distance. Il se cache pendant l'hiver, ce qui lui est commun avec plusieurs animaux, et d'abord avec les ours.

Les ours : leurs petits.

LIV. 36. Les ours s'accouplent au commencement de l'hiver, non à la manière des autres quadrupèdes ; mais le mâle et la femelle se couchant l'un sur l'autre, et se tenant étroitement embrassés. La femelle se retire ensuite dans une caverne séparée, où elle met bas, le trentième jour, cinq petits au plus. Ceux-ci ne sont d'abord qu'une masse de chair blanche, informe, un peu plus grosse qu'un rat, sans yeux, sans poil. Les ongles seuls sont saillans. C'est en léchant cette masse que la mère lui donne une forme. Rien de plus rare que de voir une ourse mettre bas. Les mâles restent cachés

rum fruticumque congerie ædificant, impenetrabiles im-
bribus, mollique fronde constratos. Primis diebus bis
septenis tam gravi somno premuntur, ut ne vulneribus
quidem excitari queant. Tunc mirum in modum veterno
pinguescunt. Illi sunt adipes medicaminibus apti, contraque capilli defluvium tenaces. Ab iis diebus resident,
ac priorum pedum suctu vivunt. Fetus rigentes adpri-
mendo pectori fovent, non alio incubitu, quam ad ova
volucres. Mirum dictu, credit Theophrastus, per id tempus coctas quoque ursorum carnes, si adserventur, in-
crescere. Cibi nulla tunc augmenta, nec nisi humoris
minimum in alvo inveniri: sanguinis exiguas circa corda
tantum guttas, reliquo corpori nihil inesse. Procedunt
vere, sed mares præpingues: cujus rei causa non prompta
est : quippe nec somno quidem saginatis, præter qua-
tuordecim dies, ut diximus. Exeuntes herbam quamdam
aron nomine laxandis intestinis alioqui concretis devorant, circaque surculos dentium prædomantes ora. Oculi
eorum hebetantur : qua maxime causa favos expetunt,
ut convulneratum ab apibus os levet sanguine gravedi-
nem illam. Invalidissimum urso caput, quod leoni fortissimum : ideo urgente vi, præcipitaturi se ex aliqua
rupe, manibus eo operto jaciuntur : ac sæpe in arena
colapho infracto exanimantur. Cerebro veneficium inesse
Hispaniæ credunt, occisorumque in spectaculis capita

pendant quarante jours, les femelles pendant quatre mois. S'ils n'ont pas de cavernes, ils se construisent, avec des branches et des broussailles, une loge impénétrable à la pluie, et jonchée de feuillage. Les quatorze premiers jours, ils sont accablés d'un sommeil si profond, que les blessures mêmes ne peuvent les réveiller. L'immobilité les rend alors excessivement gras. Cette graisse entre dans plusieurs médicamens, et arrête la chute des cheveux. Après ces jours de sommeil, ils se tiennent assis, et vivent en suçant leurs pieds de devant. Ils réchauffent leurs petits contre leur poitrine, de la même manière que les oiseaux couvent leurs œufs. Théophraste assure (cela tient du prodige) que si, pendant leur retraite, on conserve de la chair d'ours, même cuite, elle prend de l'accroissement. Suivant lui, on ne trouve alors en eux aucun vestige de nourriture; on ne découvre qu'un peu de liqueur dans leur estomac. Il y a un peu de sang auprès du cœur; mais il n'y en a point dans le reste du corps. Les ours sortent de leur retraite au printemps. Les mâles sont très-gras. On n'en voit pas la cause; car si le sommeil les engraisse, ce sommeil, comme je l'ai dit, ne dure pas plus de quatorze jours. A leur sortie, ils dévorent une herbe nommée aros, pour dilater leurs intestins resserrés par l'abstinence; ils aiguisent leurs dents contre les nouvelles pousses des arbres. Leur vue est affaiblie : c'est le principal motif pour lequel ils recherchent les ruches à miel, afin que les abeilles, les piquant à la gueule, soulagent leur pesanteur de tête en leur tirant du sang. La tête, très-forte dans le lion, est dans l'ours d'une extrême faiblesse. Aussi lorsque les

cremant, testato, quoniam potum in ursinam rabiem agat. Ingrediuntur et bipedes. Arborem aversi derepunt. Tauros , ex ore cornibusque eorum pedibus omnibus suspensi, pondere fatigant. Nec alteri animalium in maleficio stultitia solertior. Annalibus notatum est, M. Pisone , M. Messala coss. a. d. xiv kalendas octobr. Domitium Ahenobarbum ædilem curulem ursos Numidicos centum , et totidem venatores Æthiopas in circo dedisse. Miror adjectum Numidicos fuisse, cum in Africa ursum non gigni constet.

De muribus Ponticis, et Alpinis.

LV. 37. Conduntur hieme et Pontici mures, hi duntaxat albi : quorum palatum in gustu sagacissimum , auctores quonam modo intellexerint, miror. Conduntur et Alpini, quibus magnitudo melium est : sed hi pabulo ante in specus convecto, cum quidam narrent alternos marem ac feminam, supra se complexo fasce herbæ ,

ours, pressés par le danger, veulent se précipiter de quelque roche, ils se jettent en se couvrant le front avec leurs pattes. Souvent on en a vu dans l'arène tomber morts d'un seul coup de poing sur la tête. Les peuples de l'Espagne croient la cervelle de l'ours propre aux maléfices, et ils brûlent les têtes de ceux qui ont été tués dans les spectacles, persuadés que cette cervelle, prise en breuvage, donne la rage d'ours. Ces animaux marchent aussi sur deux pieds; ils descendent des arbres à reculons. Se suspendant des quatre pattes au muffle et aux cornes des taureaux, ils les réduisent en les fatiguant de leur poids. Dans nul autre animal, la stupidité n'est plus rusée pour faire le mal. Il est consigné dans les annales que sous le consulat de Pison et de Messala, le quatorzième jour avant les kalendes d'octobre, Ahénobarbus, édile curule, produisit, dans le Cirque, cent ours de Numidie et autant de chasseurs éthiopiens: je suis étonné qu'on les ait dits de Numidie, puisqu'il est constant que l'Afrique ne produit point de ces animaux.

Les rats de Pont et des Alpes.

LV. 37. Les rats de Pont se cachent aussi pendant l'hiver. Ils sont tous blancs. J'admire comment les auteurs, qui prétendent que ces animaux ont le sens du goût exquis, ont pu s'en assurer. Les rats des Alpes, qui sont de la grandeur du blaireau, se cachent également; mais ils ont soin d'amasser des provisions. Suivant quelques récits, le mâle et la femelle s'associent

supinos, cauda mordicus adprehensa, invicem detrahi ad specum, ideoque illo tempore detrito esse dorso. Sunt his pares et in Ægypto : similiterque resident in clunes, et binis pedibus gradiuntur, prioribusque, ut manibus utuntur.

De herinaceis.

LVI. Præparant hiemi et herinacei cibos : ac volutati supra jacentia poma adfixa spinis, unum amplius tenentes ore, portant in cavas arbores. Iidem mutationem Aquilonis in Austrum, condentes se in cubile præsagiunt. Ubi vero sensere venantem, contracto ore pedibusque, ac parte omni inferiore, qua raram et innocuam habent lanuginem, convolvuntur in formam pilæ, ne quid comprehendi possit præter aculeos. In desperatione vero, urinam ex se reddunt tabificam, tergori suo spinisque noxiam, propter hoc se capi gnari. Quamobrem exinanita prius urina venari, ars est. Et tum præcipua dos tergori, alias corrupto, fragili, putribus, spinis atque deciduis, etiam si vivat subtractus fuga : ob id non nisi in novissima spe maleficio eo perfunditur : quippe et ipsi odore suum veneficium, ita parcentes sibi, terminumque supremum opperientes, ut ferme ante capti-

pour cet approvisionnement. L'un des deux, alternativement, se renverse sur le dos tenant entre ses pattes un paquet d'herbes : l'autre le saisit par la queue avec les dents, et le tire vers le gîte. Voilà pourquoi leur dos est dégarni de poil dans cette saison. On voit, en Égypte, des rats pareils. Ils s'asseyent également sur le derrière, marchent sur deux pieds, et se servent des pattes de devant comme de mains.

Les hérissons.

LVI. Les hérissons s'approvisionnent aussi pour l'hiver. Ils se roulent sur les fruits tombés à terre, les percent de leurs piquans, en saisissent encore un avec la gueule, et portent le tout dans le creux d'un arbre. Quand ils se renferment dans leur trou, c'est un signe que le vent va changer du nord au midi. Lorsqu'ils sentent le chasseur près d'eux, ils resserrent leur tête, leurs pieds, et toute la partie inférieure du corps, qui n'est garnie que d'un duvet tendre et peu épais. Ils se roulent en boule, afin qu'on ne puisse saisir que leurs piquans. Réduits à la dernière extrémité, ils lâchent une urine infecte qui corrompt leur peau et leurs piquans, sachant bien que c'est pour leur ravir cette dépouille qu'on leur fait la chasse. L'art est donc de ne chasser le hérisson qu'après cette évacuation. C'est alors que sa peau a tout son prix ; autrement elle est gâtée et sans consistance. Les piquans se pourrissent et se détachent, même quand le hérisson aurait conservé la vie en se dérobant par la fuite. Aussi ne s'inonde-t-il

vitas occupet. Calidæ postea aquæ adspersu resolvitur
pila : adprehensusque pede altero e posterioribus, sus-
pendio ac fame necatur : aliter non est occidere, et tergori parcere. Ipsum animal, non ut remur plerique,
vitæ hominum supervacuum est : si non sint illi aculei,
frustra vellerum mollitie in pecude mortalibus data : hac
cute expoliuntur vestes. Magnum fraus et ibi lucrum
monopolio invenit, de nulla re crebrioribus senatuscon-
sultis, nulloque non principe adito querimoniis provin-
cialibus.

De leontophono : de lynce.

LVII. 38. Urinæ et e duobus aliis animalibus ratio
mira est. Leontophonon accipimus vocari parvum, nec
aliubi nascens quam ubi leo gignitur : quo gustato
tanta illa vis, ut ceteris quadrupedum imperitans, illico
exspiret. Ergo corpus ejus adustum adspergunt aliis
carnibus polentæ modo, insidiantes feræ, necantque
etiam cinere. Tam contraria est pestis. Haud immerito
igitur odit leo, visumque frangit, et citra morsum exa-

de cette liqueur funeste que lorsqu'il n'a plus d'espoir ; car il a horreur de son propre poison, et, par ménagement pour lui-même, il attend le dernier terme du danger ; souvent même il est pris avant qu'il en ait fait usage. On verse de l'eau chaude pour le forcer à s'étendre ; on le suspend par une patte de derrière, et on le laisse mourir de faim dans cet état : c'est le seul moyen de le tuer sans endommager sa peau. Cet animal n'est pas sans utilité pour l'homme, comme on le pense généralement. Sans les piquans dont il est armé, vainement les troupeaux nous donneraient le duvet moelleux de leur toison. La peau du hérisson sert à lainer les étoffes. La fraude a même tiré un lucre considérable du monopole de cette marchandise. Il n'est point d'objet sur lequel le sénat ait porté plus de décrets ; il n'est point d'empereur à qui les provinces n'aient adressé des plaintes à ce sujet.

Le léontophone : le lynx.

LVII. 38. On cite encore deux autres animaux dont l'urine a des effets surprenans. J'ai entendu désigner sous le nom de léontophone un petit animal qui n'existe qu'aux lieux habités par le lion. Si celui-ci vient à en manger, le puissant souverain de tous les quadrupèdes meurt à l'instant même. Aussi les chasseurs qui lui tendent des pièges jettent pour appât des viandes saupoudrées de la chair du léontophone réduite en cendre ; et cette cendre suffit pour lui donner la mort, tant est redoutable ce poison. La haine que lui porte le lion est donc bien fon-

nimat. Ille contra urinam spargit, prudens hanc quoque
leoni exitialem.

Lyncum humor ita redditus, ubi gignuntur, glaciatur
arescitve in gemmas carbunculis similes, et igneo colore
fulgentes , *lyncurium* vocatas, atque ob id succino a
plerisque ita generari prodito. Novere hoc, sciuntque
lynces, et invidentes urinam terra operiunt, eoque celerius solidatur illa.

Meles : sciuri.

LVIII. Alia solertia in metu melibus : sufflatæ cutis
distentu ictus hominum et morsus canum arcent. Pro-
vident tempestatem et sciuri : obturatisque, qua spira-
turus est ventus, cavernis, ex alia parte aperiunt fores :
de cetero ipsis villosior cauda pro tegumento est. Ergo
in hiemes aliis provisum pabulum, aliis pro cibo somnus.

De viperis et cochleis.

LIX. 39. Serpentium vipera sola terra dicitur condi :
ceteræ arborum aut saxorum cavis. Et alias vel annua
fame durant, algore modo dempto. Omnia secessus tempore veneno orba dormiunt.

dée. Sitôt qu'il le voit, il le met en pièces, et le tue sans
le mordre. Celui-ci lui lance son urine, sachant qu'elle est
mortelle encore pour son ennemi.

L'urine du lynx, dans le pays où naît cet animal, se
congèle et se durcit en pierre précieuse, semblable à
l'escarboucle, et qui a l'éclat du feu. On la nomme *lyncurium*. Plusieurs pensent que le succin se forme de
la même manière. Les lynx, qui connaissent cette propriété de leur urine, la recouvrent de terre, dans l'intention de nous en priver; mais ils ne font ainsi que
hâter sa cristallisation.

Les mélès : les écureuils.

LVIII. Les mélès (blaireaux), dans leurs dangers, ont
recours à un autre expédient : ils enflent et tendent leur
peau au point de ne craindre ni les coups de l'homme, ni
les morsures des chiens. L'écureuil prévoit la tempête.
Il bouche sa niche du côté où le vent doit souffler, et
l'ouvre du côté opposé. Au reste, de sa queue garnie d'un
long poil, il abrite tout son corps. De tous les animaux
ci-dessus nommés, les uns font des provisions pour l'hiver; le sommeil tient lieu de nourriture aux autres.

Les vipères : les cochleæ.

LIX. 39. On dit que la vipère est le seul des serpens qui
se cache dans la terre. Les autres se retirent dans des
creux d'arbres ou des trous de rochers. Ils y peuvent vivre une année entière, pourvu qu'ils ne soient pas sai-
sis par le froid. Pendant tout le temps de leur retraite,
ils sont sans venin.

Simili modo et cochleæ. Illæ quidem iterum et æstatibus, adhærentes maxime saxis : aut etiam injuria resupinatæ avulsæque, non tamen exeuntes. In Balearibus vero insulis cavaticæ appellatæ, non prorepunt e cavis terræ : neque herba vivunt, sed uvæ modo inter se cohærent. Est et aliud genus minus vulgare, adhærente operculo ejusdem testæ se operiens : obrutæ terra semper hæ, et circa maritimas tantum Alpes quondam effossæ, cœpere jam erui et in Veliterno. Omnium tamen laudatissimæ in Astypalæa insula.

De lacertis.

LX. Lacertæ, inimicissimum genus cochleis, negantur semestrem vitam excedere. Lacerti Arabiæ cubitales, in Indiæ vero Nysa monte, xxiv in longitudinem pedum, colore fulvi, aut punicei, aut cærulei.

Canum naturæ. Exempla eorum circa dominos : qui prœliorum causa canes habuerint.

LXI. 40. Ex his quoque animalibus, quæ nobiscum degunt, multa sunt cognitu digna : fidelissimumque ante omnia homini canis, atque equus. Pugnasse adversus latrones canem pro domino accepimus, confec-

Les cochleæ (limaçons) restent également engourdis pendant l'hiver. Ils dorment encore une partie de l'été, s'attachant fortement aux rochers, ou du moins, lorsque la violence les en arrache, ne sortant pas de leurs coquilles. Dans les îles Baléares, ceux qu'on nomme cavatiques ne sortent pas des cavités de la terre. Ils ne vivent point d'herbe, mais ils tiennent les uns aux autres en forme de grappe. Il est une autre espèce moins commune, qui se renferme sous un opercule adhérant à la coquille. Ceux-ci vivent toujours dans la terre, et on ne les trouvait autrefois qu'aux environs des Alpes maritimes. Depuis quelque temps on en tire aussi de la campagne de Vélitres. Cependant les plus estimés sont ceux de l'île d'Astypalée.

Les lézards.

LX. On dit que le lézard, le plus grand ennemi du limaçon, ne vit pas plus de six mois. Les lézards d'Arabie ont une coudée de long. Sur le Nysa, montagne de l'Inde, ils ont vingt-quatre pieds de longueur. Leur couleur est fauve, ou pourpre, ou bleue.

Caractères du chien ; sa fidélité à son maître. Peuples qui ont
élevé des chiens pour la guerre.

LXI. 40. Dans les animaux qui vivent avec nous, beaucoup de choses aussi méritent d'être connues. De tous, le chien et le cheval sont les plus fidèles à l'homme. On rapporte qu'un chien combattit pour son maître contre une troupe de voleurs : et que, percé de coups, il de-

tumque plagis a corpore non recessisse, volucres et feras abigentem. Ab alio in Epiro agnitum in conventu percussorem domini, laniatuque, et latratu coactum fateri scelus. Garamantum regem canes ducenti ab exsilio reduxere, prœliati contra resistentes. Propter bella Colophonii, itemque Castabalenses, cohortes canum habuere : hæ primæ dimicabant in acie numquam detrectantes : hæc erant fidelissima auxilia, nec stipendiorum indiga. Canes defendere Cimbris cæsis domus eorum plaustris impositas. Canis Iasone Lycio interfecto, cibum capere noluit, inediaque consumptus est. Is vero, cui nomen Hyrcani reddidit Duris, accenso regis Lysimachi rogo, injecit se flammæ : similiterque Hieronis regis. Memorat et Pyrrhum Gelonis tyranni canem Philistus. Memoratur et Nicomedis Bithyniæ regis, uxore ejus Consingi lacerata, propter lasciviorem cum marito jocum. Apud nos Volcatium nobilem, qui Cascellium jus civile docuit, asturcone e suburbano redeuntem, cum advesperavisset, canis a grassatore defendit. Item Cælium senatorem ægrum Placentiæ ab armatis oppressum : nec prius ille vulneratus est, quam cane interempto. Sed super omnia in nostro ævo actis populi romani testatum, Appio Junio et P. Silio coss. cum animadverteretur ex causa Neronis Germanici filii, in Titium Sabinum, et servitia ejus, unius ex his canem nec

meura près du corps, empêchant les oiseaux et les bêtes féroces d'en approcher. Un autre, en Épire, reconnut, dans une assemblée, le meurtrier de son maître, et, par ses morsures et par ses aboiemens, il lui arracha l'aveu de son crime. Deux cents chiens ramenèrent un roi des Garamantes de son exil, et renversèrent tous les opposans. Les Colophoniens et les Castabales menaient à la guerre des cohortes de chiens, qui combattaient au premier rang, sans jamais reculer. C'étaient des auxiliaires très-fidèles, et qui ne coûtaient point de solde. Après la défaite des Cimbres, les chariots qui portaient leurs maisons ambulantes, furent défendus par des chiens. Jason de Lycie ayant été tué, son chien refusa de manger, et se laissa mourir de faim. Un chien, auquel Duris donne le nom d'Hyrcan, ayant vu allumer le bûcher du roi Lysimaque, se jeta dans les flammes. Celui du roi Hiéron en fit autant. Philiste cite aussi Pyrrhus, chien du tyran Gélon. Le chien de Nicomède, roi de Bithynie, mit en pièces Consingis, femme de ce prince, parce qu'elle se livrait avec son mari à des ébats trop vifs. Parmi nous, Volcatius, citoyen noble qui enseigna le droit civil à Cascellius, revenant à cheval de sa maison de campagne, fut attaqué le soir par un voleur, et dut la vie à son chien. Le sénateur Célius, malade à Plaisance, fut assailli par des gens armés, qui ne parvinrent à le blesser qu'après avoir tué son chien. Mais un trait supérieur à tout cela, c'est celui dont notre âge a été témoin, et qui est consigné dans les actes publics. Lorsque, sous le consulat d'Appius Junius et de P. Silius, Titius Sabinus fut mis à mort avec tous ses esclaves, pour venger l'assassinat de

a carcere abigi potuisse, nec a corpore recessisse abjecti in gradibus Gemitoriis, mœstos edentem ululatus, magna populi romani*corona : ex qua cum quidam ei cibum objecisset, ad os defuncti tulisse. Innatavit idem cadaver in Tiberim abjecti sustentare conatus, effusa multitudine ad spectandum animalis fidem.

Soli dominum novere : et ignotum quoque, si repente veniat, intelligunt. Soli nomina sua, soli vocem domesticam agnoscunt. Itinera, quamvis longa, meminere. Nec ulli præter hominem memoria major. Impetus eorum et sævitia mitigatur ab homine considente humi.

Plurima alia in his quoque vita invenit. Sed in venatu solertia et sagacitas præcipua est. Scrutatur vestigia atque persequitur, comitantem ad feram inquisitorem loro trahens : qua visa quam silens et occulta, quam significans demonstratio est, cauda primum, deinde rostro ! Ergo etiam senecta fessos, cæcosque, ac debiles sinu ferunt, ventos et odorem captantes, prodentesque rostro cubilia. E tigribus eos Indi volunt concipi : et ob id in silvis coitus tempore alligant feminas. Primo et secundo fetu nimis feroces putant gigni : tertio demum

Néron, fils de Germanicus, il ne fut pas possible de chasser de la prison le chien d'un de ces malheureux; l'esclave ayant été traîné aux Gémonies, le chien demeura auprès du corps, poussant des cris lamentables, en présence d'une foule de citoyens. Quelqu'un lui ayant jeté un morceau de pain, il le porta à la bouche de son maître; et quand le cadavre eut été précipité dans le Tibre, il s'y élança lui-même, s'efforçant de le soutenir sur l'eau, à la vue d'une multitude accourue au spectacle touchant de la fidélité de cet animal.

Les chiens seuls connaissent leur maître ; qu'une personne survienne, ils distinguent si elle est étrangère. Seuls ils entendent leur nom, seuls ils reconnaissent la voix domestique. Ils se rappellent le chemin qu'ils ont suivi, quelque long qu'il soit. Après l'homme, c'est l'animal dont la mémoire est la plus fidèle. En s'asseyant à terre, on arrête l'impétuosité du chien le plus furieux.

L'homme a trouvé dans ces animaux beaucoup de qualités utiles ; mais c'est surtout à la chasse qu'on remarque leur intelligence et leur sagacité. Ils découvrent une piste et la suivent, tirant par la laisse le chasseur qui les accompagne. S'ils voient le gibier, quel silence, quelle circonspection, et en même temps quelle expression dans les mouvemens de leur queue et de leur museau ! Vieux, aveugles, perclus, ils rendent encore des services : on les porte dans les bras, ils éventent le gibier et indiquent sa retraite. Les Indiens font couvrir leurs chiennes par des tigres ; et, pour cela, ils les attachent dans une forêt, lorsqu'elles sont en chaleur. La première et la se-

educant. Hoc idem e lupis Galli, quorum greges suum quisque ductorem e canibus et ducem habent. Illum in venatu comitantur, illi parent. Namque inter se exercent etiam magisteria. Certum est juxta Nilum amnem currentes lambere, ne crocodilorum aviditati occasionem præbeant. Indiam petenti Alexandro Magno, rex Albaniæ dono dederat inusitatæ magnitudinis unum : cujus specie delectatus jussit ursos, mox apros, et deinde damas emitti, contemptu immobili jacente eo. Qua segnitie tanti corporis offensus imperator generosi spiritus, eum interimi jussit. Nuntiavit hoc fama regi. Itaque alterum mittens addidit mandata, ne in parvis experiri vellet, sed in leone, elephantove. Duos sibi fuisse : hoc interempto, præterea nullum fore. Nec distulit Alexander, leonemque fractum protinus vidit. Postea elephantum jussit induci, haud alio magis spectaculo lætatus. Horrentibus quippe per totum corpus villis, ingenti primum latratu intonuit : moxque increvit adsultans, contraque belluam exsurgens hinc et illinc, artifici dimicatione, qua maxime opus esset, infestans atque evitans, donec assidua rotatam vertigine adflixit, ad casum ejus tellure concussa.

conde portée sont trop féroces ; ils n'élèvent que la troisième. Les Gaulois se procurent de même des chiens, par
l'accouplement d'une chienne et d'un loup. Leurs meu-
tes ont chacune un de ces chiens qui leur sert de guide
et de chef. Elles l'accompagnent dans la chasse et lui
obéissent. Car ces animaux connaissent entre eux la su-
bordination. Il est certain que les chiens ne boivent au
Nil qu'en courant, pour ne pas donner prise à l'avidité
des crocodiles. Alexandre, marchant vers l'Inde, avait
reçu du roi d'Albanie, un chien d'une grandeur extraordinaire. Charmé de sa belle apparence, il fit lâcher
devant lui des ours, puis des sangliers, ensuite des
daims. Le chien ne daigna pas se déplacer pour de tels
adversaires. Tant d'indolence dans un si grand corps irrita l'âme généreuse du conquérant ; il le fit tuer. La
nouvelle en parvient au roi d'Albanie. Il en envoya un
second, recommandant de ne pas l'éprouver contre de
faibles animaux, mais contre un lion ou un éléphant. Il
ajoutait qu'il avait eu deux chiens de cette espèce ; que
si l'on tuait encore celui-ci, la race en serait perdue ;
Alexandre ne différa pas. A l'instant même un lion fut
mis en pièces. Il fit amener un éléphant, et jamais spectacle ne lui donna plus de plaisir. Le chien, hérissant
tout son poil, fait d'abord retentir l'air d'aboiemens
terribles. Bientôt il s'allonge en bondissant autour de
son ennemi, se dresse contre lui, à droite, à gauche,
l'attaque, l'évite, avec l'adresse nécessaire en un tel
combat, jusqu'à ce que l'éléphant, étourdi à force de
tourner, tombe, et fait trembler la terre sous le poids de
sa chute.

De generatione eorum.

LXII. Canum generi bis anno partus. Justa ad pariendum annua ætas. Gerunt uterum sexagenis diebus. Gignunt cæcos : et quo largiore aluntur lacte, eo tardiorem visum accipiunt : non tamen unquam ultra vicesimum primum diem, nec ante septimum. Quidam tradunt, si unus gignatur, nono die cernere : si gemini, decimo : idemque in singulos adjici, totidemque esse tarditatis ad lucem dies : et ab ea, quæ femina sit ex primipara genita, faunos cerni. Optimus in fetu qui novissimus cernere incipit, aut quem primum fert in cubile feta.

Contra rabiem remedia.

LXIII. Rabies canum Sirio ardente homini pestifera, ut diximus, ita morsis letali aquæ metu. Quapropter obviam itur per xxx eos dies, gallinaceo maxime fimo immixto canum cibis : aut si prævenerit morbus, veratro.

41. A morsu vero unicum remedium oraculo quodam nuper repertum, radix silvestris rosæ, quæ cynorrhodos appellatur. Columella auctor est, si quadrage-

Génération des chiens.

LXII. La chienne porte deux fois l'année. Elle est en état de produire à un an. La gestation est de soixante jours. Les petits naissent les yeux fermés ; et, plus la mère donne de lait, plus long-temps ils sont sans jouir de la vue. Cependant leurs yeux ne s'ouvrent jamais plus tard que le vingtième jour, ni plus tôt que le septième. Quelques-uns prétendent que si la portée est d'un seul, il voit au bout de neuf jours ; si elle est de deux, ils voient au bout de dix jours ; et qu'ainsi chaque petit de plus ajoute un jour de retard ; ils disent aussi que les femelles de la première portée sont sujettes aux rêves. Le meilleur chien d'une portée est celui qui ouvre les yeux le dernier, ou celui que la mère emporte le premier dans sa niche.

Remèdes contre la rage.

LXIII. La rage des chiens est mortelle pour l'homme pendant les ardeurs de la canicule. Ceux qui sont mordus par un chien enragé éprouvent pour l'eau une horreur qui les conduit à la mort. On préserve les chiens de la rage, en mêlant, pendant les trente jours caniculaires, de la fiente de coq avec leur nourriture. Si déjà ils en sont attaqués, on leur fait prendre de l'ellébore.

41. Nous n'avons contre leur morsure qu'un remède indiqué, dans ces derniers temps, comme par un oracle : c'est la racine du cynorrhode. Columelle écrit que si, quarante jours après la naissance d'un chien, on lui

simo die, quam sit natus, castretur morsu cauda, sum-
musque ejus articulus auferatur, sequenti nervo exempto,
nec caudam crescere, nec canes rabidos fieri. Canem
locutum, in prodigiis (quod equidem adnotaverim) accepimus : et serpentem latrasse, quum pulsus est **regno**
Tarquinius.

Equorum natura.

LXIV. 42. Eidem Alexandro et **equi magna raritas**
contigit : Bucephalon eum vocarunt, sive ab **aspectu**
torvo, sive ab insigni taurini capitis, armo impressi.
Tredecim talentis ferunt ex Philonici Pharsalii **grege**
emptum, etiam tum puero capto ejus decore. **Neminem**
hic alium, quam Alexandrum, regio instratus ornatu,
recepit in sedem, alios passim recipiens. Idem in præ-
liis memoratæ cujusdam perhibetur operæ, Thebarum
oppugnatione vulneratus in alium transire Alexandrum
non passus : multa præterea ejusdem modi, propter quæ
rex defuncto ei duxit exsequias : urbemque tumulo circumdedit nomine ejus. Nec Cæsaris dictatoris quemquam alium recepisse dorso equus traditur : idemque
humanis similes pedes priores habuisse, hac effigie locatus ante Veneris Genetricis ædem. Fecit et divus Augustus equo tumulum, de quo Germanici Cæsaris carmen est. Agrigenti complurium equorum tumuli pyra-
mides habent. Equum adamatum a Semiramide usque

coupe net avec la dent le dernier nœud de la queue,
le nerf étant tranché, la queue ne croîtra point, et le
chien sera garanti de la rage. On rapporte comme un
prodige (et c'est à ce titre que je le rappelle ici) qu'un
chien a parlé; et que, lorsque Tarquin fut renversé du
trône, un serpent aboya.

Caractères du cheval.

LXIV. 42. Alexandre eut aussi un cheval très‑ex‑
traordinaire. On le nomma Bucéphale, soit à cause de
son regard farouche, soit parce qu'il avait une tête de
taureau empreinte sur l'épaule. On dit qu'il sortait des
haras de Philonique le Pharsalien, et qu'il fut payé treize
talens; le prince, encore enfant alors, avait été frappé
de sa beauté. Cet animal, que le premier venu mon‑
tait sans difficulté, ne souffrait plus, lorsqu'il était paré
du harnais royal, d'autre cavalier qu'Alexandre. On rap‑
pelle surtout son ardeur à servir son maître à l'attaque
de Thèbes : quoique blessé, il ne souffrit pas qu'Alexan‑
dre montât sur un autre cheval. Mille traits semblables
lui valurent des funérailles honorées de la présence du
prince, qui, en outre, éleva autour de son tombeau
une ville qu'il appela, de son nom, Bucéphalie. On dit
aussi que le dictateur César avait un cheval que nul au‑
tre que lui ne pouvait monter, et qui avait les pieds
de devant semblables à ceux de l'homme. C'est ainsi qu'il
est représenté devant le temple de **Vénus Génitrix**. Au‑
guste éleva aussi un tombeau à son cheval, et nous avons
encore les vers que Germanicus fit à ce sujet. Agrigente

in coitum, Juba auctor est. Scythici quidem equitatus equorum gloria strepunt. Occiso regulo ex provocatione dimicante, hostem quum victor ad spoliandum venisset, ab equo ejus ictibus morsuque confectum. Alium detracto oculorum operimento, et cognito cum matre coitu, petiisse prærupta, atque exanimatum. Equæ eadem ex causa in Reatino agro laceratum prorigam invenimus. Namque et cognationum intellectus in iis est : atque in grege prioris anni sorore libentius etiam, quam matre, equa comitatur. Docilitas tanta est, ut universus Sybaritani exercitus equitatus ad symphoniæ cantum saltatione quadam moveri solitus inveniatur. Iidem præsagiunt pugnam, et amissos lugent dominos, lacrymasque interdum desiderio fundunt. Interfecto Nicomede rege equus ejus inedia vitam finivit. Phylarchus refert Centaretum e Galatis, in prœlio occiso Antiocho, potitum equo ejus conscendisse ovantem. At illum indignatione accensum domitis frenis, ne regi posset, præcipitem in abrupta isse, exanimatumque una. Philistus a Dionysio relictum in cœno hærentem, ut sese evellisset, secutum vestigia domini, examine apum jubæ inhærente : eoque ostento tyrannidem a Dionysio occupatam.

possède plusieurs tombes de chevaux ornées de pyrami-
des. Juba rapporte que Sémiramis se passionna pour un
cheval, jusqu'à se livrer à lui. Les cavaliers Scythes racontent mille faits glorieux de leurs chevaux. Ils disent
qu'un de leurs rois ayant été tué dans un combat singulier, son cheval écrasa sous ses pieds et déchira de ses
dents le vainqueur, qui s'était approché pour le dépouil-
ler; et qu'un autre ayant reconnu, après qu'on lui eut ôté
son bandeau, qu'on lui avait fait saillir sa mère, courut
se jeter dans un précipice. Nous lisons que, pour une
cause semblable, un maître de haras fut mis en pièces
par une cavale, dans la campagne Réatine : car la force
du sang se fait sentir à ces animaux ; et la pouline de
l'année précédente accompagne sa jeune sœur plus soi-
gneusement encore que ne le fait la mère. Telle est leur
docilité , que, suivant quelques historiens, la cavalerie
entière des Sybarites exécutait une danse au son des
instrumens ; ils pressentent le combat, et s'affligent de la
mort de leurs maîtres, exprimant quelquefois leurs regrets par des larmes. Le roi Nicomède ayant été tué, son
cheval se laissa mourir de faim. Phylarque rapporte
qu'un Galate nommé Centarète, après avoir tué Antiochus, saisit son cheval et le monta d'un air triomphant ;
mais l'animal indigné prit le mors aux dents, et le jeta
dans des précipices où ils périrent tous les deux. Philiste
écrit que Denys ayant abandonné son cheval dans un
marais, l'animal parvint à se dégager , et suivit les
traces de son maître, rapportant un essaim d'abeilles
qui s'était attaché à sa crinière ; et que Denys, averti
par ce présage, s'empara de la souveraineté dans Syracuse.

De ingeniis equorum. Mirabilia quadrigarum.

LXV. Ingenia eorum inenarrabilia : jaculantes obsequia experiuntur, difficiles conatus corpore ipso nisuque invitantium. Jam tela humi collecta equiti porrigunt. Nam in Circo ad currus juncti, non dubie intellectum adhortationis et gloriæ fatentur. Claudii Cæsaris sæcularium ludorum Circensibus, excusso in carceribus auriga Albato Corace, occupavere prima : tum obtinuere, opponentes, effundentes, omniaque contra æmulos, quæ debuissent peritissimo auriga insistente, facientes : quum puderet hominum artem ab equis vinci, peracto legitimo cursu ad cretam stetere. Majus augurium apud priscos, plebeiis Circensibus excusso auriga, ita ut si staret, in Capitolium cucurrisse equos, ædemque ter lustrasse : maximum vero eodem pervenisse ab Veiis cum palma et corona, effuso Ratumena, qui ibi vicerat : unde postea nomen portæ est.

Sarmatæ longinqua itinera acturi, inedia pridie

Son instinct. Merveilles chez les chevaux attelés au même char.

LXV. Ils possèdent une intelligence au dessus des
éloges. Ceux qui lancent le javelot savent avec quelle
docile souplesse ces animaux les secondent dans les coups
difficiles. On en voit ramasser les javelots à terre et les
présenter à leur cavalier. Les chevaux qui traînent des
chars dans le Cirque témoignent, d'une manière non
équivoque, qu'ils sont sensibles aux exhortations et à
la gloire. Aux jeux séculaires célébrés sous l'empire de
Claude, un cocher de la faction blanche, nommé Corax,
ayant été renversé dans la carrière, ses chevaux devan-
cèrent tous leurs concurrens et gardèrent leur avantage,
s'opposant aux autres chars, les renversant, faisant
contre eux tout ce qu'ils auraient dû faire guidés par le
conducteur le plus habile ; et pendant qu'on rougissait de
voir des chevaux l'emporter sur l'adresse des hommes, ils
s'arrêtèrent à la trace de craie qui marquait le terme de
la course. Nos ancêtres regardèrent comme un présage
de haute importance le trait suivant : un cocher ayant
été renversé de son char aux jeux Plébéiens, ses chevaux coururent au Capitole, comme s'il les eût conduits encore, et firent trois fois le tour du temple ;
mais le plus grand à leurs yeux, ce fut de voir arriver
de Véies au Capitole, avec la palme et la couronne,
les chevaux de Ratumène, qui était tombé de son char
après avoir remporté le prix dans cette ville. Depuis, la
porte par laquelle ils entrèrent fut nommée Ratumène.

Lorsque les Sarmates doivent faire de longs voyages,

præparant eos, potum exiguum impertientes : atque ita per centena millia et quinquaginta continuo cursu euntibus insident. Vivunt annis quidam quinquagenis, feminæ minore spatio : eædem quinquennio finem crescendi capiunt, mares anno addito. Forma equorum, quales maxime legi oporteat, pulcherrime quidem Virgilio vate absoluta est. Sed et nos diximus in libro de jaculatione equestri condito : et fere inter omnes constare video. Diversa autem Circo ratio quæritur. Itaque quum bimi in alio subigantur imperio, non ante quinquennes ibi certamen accipit.

Generatio equorum.

LXVI. Partum in eo genere undenis mensibus ferunt, duodecimo gignunt. Coitus verno æquinoctio, bimo utrimque, vulgaris : sed a trimatu firmior partus. Generat mas ad annos triginta tres, utpote quum a Circo post vicesimum annum mittantur ad sobolem. Opunte et ad quadraginta durasse tradunt, adjutum modo in attollenda priore parte corporis. Sed ad generandum paucis animalium minor fertilitas : qua de causa per intervalla admissuræ dantur : nec tamen quindecim initus ejusdem anni valet tolerare. Equarum libido extinguitur

ils y préparent leurs chevaux par une diète de vingt-
quatre heures, pendant laquelle ils ne leur donnent
qu'un peu d'eau à boire ; ensuite ils leur font faire cent
cinquante milles sans s'arrêter. Les chevaux vivent quelquefois cinquante ans ; les femelles vivent moins long-
temps : elles ont pris tout leur accroissement à la cinquième année, les mâles à la sixième. Virgile a décrit
en très-beaux vers les formes qu'il faut rechercher dans
un cheval ; j'en ai parlé moi-même dans mon traité sur
l'exercice équestre du javelot, et je vois qu'on est généralement d'accord sur ce sujet. Toutefois, on suit pour
le Cirque quelques règles différentes ; et quoique les
chevaux soient, dès l'âge de deux ans, propres aux autres
travaux, ils ne sont admis pour les courses qu'à leur
cinquième année.

Génération des chevaux.

LXVI. La jument porte onze mois, et met bas au
douzième. L'accouplement a lieu à l'équinoxe du printemps, et communément à l'âge de deux ans, tant pour
le mâle que pour la femelle ; mais si l'on attend qu'ils
aient trois ans, le poulain est plus fort. Le cheval engendre jusqu'à trente-trois ans : c'est en effet après vingt
ans de service que l'on retire les chevaux du Cirque pour
les employer comme étalons. On cite un étalon opon-
tien qui a servi jusqu'à quarante ans ; seulement il fallait le seconder en soulevant la partie antérieure de son
corps. Mais il est peu d'animaux chez qui la faculté gé-
nérative soit plus bornée ; c'est pourquoi on ne lui per-

juba tonsa. Gignunt annis omnibus ad quadragesimum. Vixisse equum septuaginta quinque annos proditur. In hoc genere gravida stans parit, præterque ceteras fetum diligit. Et sane equis amoris innasci veneficium, hip-pomanes appellatum, in fronte, caricæ magnitudine, colore nigro : quod statim edito partu devorat feta, aut partum ad ubera non admittit. Si quis præreptum habeat, olfactu in rabiem id genus agitur. Amissa parente in grege armenti, reliquæ fetæ educant orbum. Terram attingere ore triduo proximo, quam sit genitus, negant posse. Quo quis acrior, in bibendo profundius nares mergit. Scythæ per bella feminis uti malunt, quoniam urinam cursu non impedito reddant.

Vento concipientes.

LXVII. Constat in Lusitania circa Olisiponem oppidum et Tagum amnem equas Favonio flante obversas animalem concipere spiritum, idque partum fieri, et gigni pernicissimum ita : sed triennium vitæ non excedere. In eadem Hispania Gallaïca gens est, et Asturica: equini generis (hi sunt quos thieldones vocamus, minori forma appellatos asturcones) gignunt, quibus non

met l'accouplement que par intervalles; encore ne peut-il féconder quinze femelles dans une année. On apaise l'ardeur des cavales en leur tondant la crinière. Elles produisent chaque année jusqu'à la quarantième. Nous lisons qu'un cheval a vécu jusqu'à soixante-quinze ans. La cavale se délivre debout, et porte à son poulain une affection singulière. Le cheval en naissant apporte sur le front le philtre qu'on nomme hippomanès, de la grosseur d'une noix et de couleur noire, que la mère dévore aussitôt, sans quoi elle ne veut pas nourrir son poulain. Si l'on a pu le soustraire à son avidité, on peut rendre frénétiques d'amour les jumens auxquelles on en fera respirer l'odeur. Quand un poulain a perdu sa mère, les autres cavales nourrissent l'orphelin. On dit que cet animal ne peut toucher la terre avec sa bouche que trois jours après sa naissance. Plus un cheval a d'ardeur, plus il enfonce ses naseaux dans l'eau pour boire. Les Scythes préfèrent les jumens pour la guerre, parce qu'elles peuvent uriner en courant.

Cavales fécondées par le vent.

LXVII. Il est constant qu'en Lusitanie, aux environs de Lisbonne et du Tage, les cavales, se tournant vers le zéphyr, sont fécondées par son souffle, et que les chevaux qui en proviennent sont d'une légèreté extrême, mais qu'ils ne vivent pas plus de trois ans. La Gallaïque et l'Asturie, aussi en Espagne, produisent l'espèce de chevaux que nous appelons thieldons, et dont les plus petits sont connus sous le nom d'asturcons. Ils ont une

vulgaris in cursu gradus, sed mollis alterno crurum explicatu glomeratio : unde equis tolutim carpere incursus traditur arte. Equo fere, qui homini morbi, præterque, vesicæ conversio, sicut omnibus in genere veterino.

De asinis : generatio in his.

LXVIII. 43. Asinum cccc millibus nummum emptum Q. Axio senatori, auctor est M. Varro : haud scio an omnium pretio animalium victo. Opera sine dubio generi mirifica, arando quoque, sed mularum maxime progeneratione. Patria etiam spectatur in his, Arcadicis in Achaia, in Italia Reatinis. Ipsum animal frigoris maxime impatiens : ideo non generatur in Ponto : nec æquinoctio verno, ut cetera pecua, admittitur, sed solstitio. Mares in remissione operis deteriores. Partus a tricesimo mense ocissimus, sed a trimatu legitimus : totidem, quot equæ, et eisdem mensibus, et simili modo : sed incontinens uterus urinam genitalem reddit, ni cogatur in cursum verberibus a coitu. Raro geminos parit : paritura lucem fugit, et tenebras quærit, ne conspiciatur ab homine. Gignit tota vita, quæ est ei ad tricesimum annum. Partus caritas summa, sed aquarum tædium majus. Per ignes ad fetus tendunt : eædem, si

allure particulière et fort douce , qui résulte du mouvement simultané des deux jambes du même côté. C'est en étudiant cette allure qu'on est parvenu à dresser les chevaux au pas qu'on nomme l'amble. Les chevaux ont à peu près les mêmes maladies que l'homme , et sont, de plus , sujets aux renversemens de la vessie , comme toutes les bêtes de somme et de trait.

Des ânes : leur génération.

LXVIII. 43. Varron rapporte que le sénateur Q. Axius acheta un âne 400,000 sesterces ; j'ignore si jamais animal a été mis à si haut prix : il est vrai que cette espèce est d'une admirable utilité, même pour le labourage ; elle est surtout précieuse par la production des mules. On considère aussi en eux le pays qui les a produits , et l'on estime particulièrement ceux d'Arcadie dans l'Achaïe, et ceux de Réate en Italie. Ils sont très-sensibles au froid, et par cette raison ne se reproduisent pas dans le Pont. Leur accouplement n'a pas lieu, comme pour tout autre bétail, à l'équinoxe du printemps, mais au solstice d'été. Les mâles qu'on ne fait point travailler sont moins propres à la génération. Les plus précoces produisent dès l'âge de trente mois, mais l'époque régulière est à trois ans. Le nombre des portées, la durée de la gestation , la manière de mettre bas , sont les mêmes que pour la cavale ; mais l'ânesse ne retient pas la liqueur génitale, à moins qu'on ne la frappe pour la forcer à courir après l'accouplement. Elle a rarement deux petits à la fois. Prête à

rivus minimus intersit, horrent ita, ut pedes omnino caveant tingere. Nec nisi assuetos potant fontes, quæ sunt
in pecuariis, atque ita ut sicco tramite ad potum eant:
nec pontes transeunt, per raritatem earum translucenti-
bus fluviis. Mirumque dictu, sitiunt : et si immutentur
aquæ, ut bibant cogendæ exorandæve sunt. Nec nisi
spatiosa incubitant laxitate : varia namque somno visa
concipiunt, ictu pedum crebro : qui nisi per iuane emi-
cuerit, repulsu durioris materiæ clauditatem illico af-
fert. Quæstus ex iis opima prædia exsuperant. Notum
est, in Celtiberia singulas quadringentena millia num-
morum enixas. Ad mularum maxime partus, aurium
referre in his et palpebrarum pilos aiunt. Quamvis enim
unicolor reliquo corpore, totidem tamen colores, quot
ibi fuere, reddit. Pullos earum epulari Mæcenas instituit, multum eo tempore prælatos onagris : post eum
interiit auctoritas saporis. Asino moriente viso. celerrime id genus deficit.

mettre bas, elle fuit la lumière, et cherche les ténèbres
pour se soustraire aux regards de l'homme. Elle est féconde toute sa vie, qui va jusqu'à trente ans. Son attachement pour sa progéniture est extrême; mais son
aversion pour l'eau est plus grande encore. Pour arriver à son ânon elle passera au travers des flammes;
mais qu'elle en soit séparée par le moindre ruisseau,
elle s'arrête avec horreur, et craint même de se mouiller
les pieds. Dans les pâturages, ces bêtes ne vont jamais
boire qu'aux sources accoutumées, et prennent un chemin sec pour y parvenir. Elles refusent de passer un pont
où l'eau se laisse entrevoir par les fentes. Chose singulière, si on les change d'abreuvoir, il faut, quoiqu'elles
aient soif, employer la force ou les caresses pour les
faire boire. On les fait coucher dans des endroits spa-
cieux, parce que, sujettes à rêver, elles s'estropieraient
pendant leur sommeil, si elles n'étaient placées au large.
Le profit qu'elles rapportent surpasse celui qu'on retire
des meilleures terres. On sait que dans la Celtibérie chaque ânesse donne, par les ânons qui naissent d'elle,
400,000 sesterces. Quand on veut en avoir des mulets,
il importe, dit-on, de considérer le poil de leurs oreilles
et de leurs paupières; car le reste de leur corps fût-il
d'une seule couleur, le mulet réunira toutes celles qui
se voient à ces parties. Mécène fit le premier servir sur
sa table de la chair d'ânon; de son temps on la préférait
beaucoup à celle de l'onagre. Après lui ce goût passa
de mode. Un âne qui en voit mourir un autre ne lui
survit pas long-temps.

Mularum natura, et reliquorum jumentorum.

LXIX. 44. Ex asino et equa mula gignitur **mense**
tertiodecimo, animal viribus in labores eximium. Ad
tales partus equas neque quadrimis minores, neque de-
cennibus majores legunt : arcerique utrumque genus ab
altero narrant, nisi in infantia ejus generis, quod ineat,
lacte hausto. Quapropter subreptos pullos in tenebris
equarum uberi, asinarumve equuleos admovent. Gignitur autem mula ex equo et asina, sed effrenis, et tarditatis indomitæ : lenta omnia eis, ut vetulis. Concep-
tum ex equo, secutus asini coitus, abortu perimit :
non item ex asino equi. Feminas a partu optime septimo die impleri, observatum est : mares fatigatos **me-**
lius implere. Quæ non prius, quam dentes, quos pul-
linos appellant, jaciat, conceperit, sterilis intelligitur,
et quæ non primo initu generare cœperit. Equo et asina
genitos mares, hinnulos antiqui vocabant : contraque
mulos, quos asini, et equæ generarent. Observatum, e
duobus diversis generibus nata, tertii generis fieri, et
neutri parentum esse similia : eaque ipsa, quæ sunt ita
nata, non gignere, in omni animalium genere : idcirco
mulas non parere. Est in annalibus nostris, peperisse
sæpe : verum prodigii loco habitum. Theophrastus **vulgo**
parere in Cappadocia tradit : sed esse id animal ibi sui

Mules : leurs caractères. Des autres bêtes de somme.

LXIX. 44. De l'accouplement de l'âne avec la jument
provient, au treizième mois, la mule, animal d'une très-
grande force pour le travail. La jument que l'on veut
accoupler ainsi ne doit avoir ni moins de quatre ans, ni
plus de dix. On prétend que les deux espèces refusent
de s'unir, à moins que, dans son enfance, le mâle n'ait
été allaité par une femelle de l'autre espèce ; c'est pourquoi l'on transporte pendant la nuit l'ânon sous une jument, et le poulain sous une ânesse. Du cheval et de
l'ânesse provient aussi une mule, mais indocile au frein
et d'une paresse incorrigible. Tout est lent en elle comme
dans les animaux usés de vieillesse. Si la femelle qu'un
cheval a saillie est couverte postérieurement par un âne,
la génération du premier est détruite : il n'en est pas
ainsi quand le cheval survient après l'âne. On a observé
que le septième jour après qu'elle a mis bas est le moment où la femelle est le mieux en état de recevoir le
mâle, et que celui-ci est plus propre à la fécondation
quand il est fatigué. L'ânesse qui n'a pas conçu avant de
perdre ses dents de lait, et qui ne produit rien après le
premier accouplement, est jugée stérile. Les anciens appelaient *hinnulus* le mulet qui provient du cheval et de
l'ânesse, et *mulus* celui qui provient de l'âne et de la
jument. On a remarqué que de l'union de deux espèces
différentes naissent des animaux d'une troisième espèce,
sans ressemblance avec le père et la mère, et qui, sans
excepter aucune classe, sont toujours inféconds ; que,

generis. Mulæ calcitratus inhibetur vini crebrirore potu.
In plurium Græcorum est monumentis, cum equa muli
coitu natum, quem vocaverint ginnum, id est, parvum
mulum. Generantur ex equa et onagris mansuefactis
mulæ veloces in cursu, duritia eximia pedum, verum
strigoso corpore, indomito animo. Sed generator, ona-
gro et asina genitus, omnes antecellit. Onagri in Phrygia et Lycaonia præcipui. Pullis eorum, ceu præstanti-
bus sapore, Africa gloriatur, quos lalisiones appellant.
Mulum LXXX annis vixisse, Atheniensium monumentis
apparet. Et gavisi namque, quum templum in arce fa-
cerent, quod derelictus senecta, scandentia jumenta co-
mitatu, nisuque exhortaretur, decretum facere, « ne fru-
mentarii negotiatores ab incerniculis eum arcerent. »

De bubus, et generatio eorum.

LXX. 45. Bubus Indicis camelorum altitudo traditur, cornua in latitudinem quaternorum pedum. In nostro orbe Epiroticis laus maxima, a Pyrrhi (ut ferunt)

par conséquent, les mules ne produisent pas. Cependant nos annales font mention de plusieurs mules qui sont devenues mères; mais ce sont des prodiges. Théophraste écrit que les mules sont communément fécondes dans la Cappadoce, mais que dans ce pays elles forment une espèce particulière. On empêche une mule de ruer en lui donnant souvent du vin à boire. Plusieurs auteurs grecs attestent que de l'accouplement d'un mulet avec une jument il est né un mulet nain qu'ils ont nommé *ginne*. De la jument et de l'onagre apprivoisé proviennent des mules légères à la course, dont le pied est d'une extrême dureté, mais dont le corps est maigre et le caractère indomptable. Le meilleur étalon est celui qui provient de l'onagre et de l'ânesse. Les plus beaux onagres sont ceux de Phrygie et de Lycaonie. L'Afrique vante comme un mets excellent la chair de ses petits onagres, qu'elle appelle *lalisions*. Il est consigné dans les monumens athéniens qu'un mulet a vécu quatre-vingts ans : pendant qu'on bâtissait le temple de la citadelle, ce mulet, qu'on avait réformé à cause de sa vieillesse, revenait tous les jours se joindre aux autres bêtes de somme, les excitant par sa présence et par ses efforts; ce qui fit tant de plaisir au peuple, qu'il fut enjoint aux marchands de blés de ne pas l'écarter de leurs boisseaux, quand il viendrait y manger.

Bœufs : leur génération.

LXX. 45. On dit que les bœufs indiens ont la taille des chameaux, et que les extrémités de leurs cornes ont quatre pieds d'ouverture. En Europe, les bœufs les

jam inde regis cura. Id consecutus est, non ante quadri-
matum ad partus vocando. Prægrandes itaque fuere, et
hodieque reliquiæ stirpium durant. At nunc anniculæ
fecunditatem poscuntur, tolerantius tamen bimæ : tauri
generationem, quadrimi. Implent singuli denas eodem
anno. Tradunt autem, si post coitum ad dextram partem abeant tauri, generatos mares esse : si in lævam, feminas. Conceptio uno initu peragitur : quæ si forte per-
erravit, vigesimum post diem marem femina repetit.
Pariunt mense decimo : quidquid ante genitum, inutile
est. Sunt auctores, ipso complente decimum mensem
die parere. Gignunt raro geminos. Coitus a Delphini
exortu a. d. pridie Nonas Januarias, diebus triginta :
aliquibus et autumno : gentibus quidem, quæ lacte vivunt, ita dispensatus, ut omni tempore anni supersit id
alimentum. Tauri non sæpius, quam bis die, ineunt. Boves animalium soli, et retro ambulantes pascuntur :
apud Garamantas quidem haud aliter. Vita feminis,
quindenis annis longissima : maribus, vicenis. Robur in
quinquennatu. Lavatione calidæ aquæ traduntur pin-
guescere, et si quis incisa cute spiritum arundine in
viscera adigat. Non degeneres existimandi etiam minus
laudato aspectu. Plurimum lactis Alpinis, quibus minimum corporis, plurimum laboris, capite, non cervice,
junctis. Syriacis non sunt palearia, sed gibber in dorso.

plus estimés sont ceux d'Épire, que l'on doit, dit-on,
aux soins du roi Pyrrhus. Ce prince parvint à en perfec-
tionner l'espèce en ne les faisant accoupler qu'à leur
quatrième année : il obtint ainsi des bœufs d'une taille
admirable, dont la race subsiste encore. Mais on veut
aujourd'hui que les génisses soient fécondes dès la première année, ou du moins dès la seconde. On fait servir
les taureaux à quatre ans ; un seul suffit pour féconder
dix vaches chaque année. Suivant une vieille tradition,
si le taureau, après l'accouplement, s'éloigne en prenant
la droite, le produit sera un veau ; s'il prend la gauche, ce
sera une génisse. La vache retient dès la première fois :
si cependant le succès n'a pas été complet, elle recherche
le mâle vingt jours après. Elle met bas au dixième mois ;
tout ce qui naît avant ce terme périt. Quelques-uns prétendent qu'elle met bas le jour même qui complète le
dixième mois. Rarement elle donne deux veaux à la fois.
L'époque où elle entre en chaleur commence au lever
du Dauphin, la veille des nones de Janvier, et dure trente
jours. Quelques-unes reçoivent le taureau en automne ;
et même, chez les nations qui se nourrissent de lait,
l'accouplement est réglé de manière qu'elles puissent en
avoir en toute saison. Les taureaux ne s'accouplent pas
plus de deux fois par jour. De tous les animaux, les
taureaux sont les seuls qui paissent même à reculons,
et même, chez les Garamantes, ils ne paissent pas autrement. Les femelles vivent au plus quinze ans, et les
mâles vingt ; les uns et les autres sont dans toute leur force
à cinq ans. On dit qu'on les engraisse en les baignant
dans l'eau chaude, et en leur soufflant de l'air dans le

Carici quoque in parte Asiæ fœdi visu, tubere super armos a cervicibus eminente, luxatis cornibus, excellentes in opere narrantur : cetero nigri coloris candidive, ad laborem damnantur. Tauris minora, quam bubus cornua, tenuioraque. Domitura boum in trimatu : postea sera, ante præmatura. Optime cum domito juvencus imbuitur. Socium enim laboris agrique culturæ habemus hoc animal, tantæ apud priores curæ, ut sit inter exempla damnatus a populo romano, die dicta, qui concubino procaci rure omasum edisse se negante, occiderat bovem, actusque in exsilium, tamquam colono suo interempto.

Tauris in aspectu generositas, torva fronte, auribus setosis, cornibus in procinctu dimicationem poscentibus. Sed tota comminatio prioribus in pedibus. Stat ira gliscente alternos replicans, spargensque in alvum arenam, et solus animalium eo stimulo ardescens. Vidimus ex imperio dimicantes, et ideo monstratos rotari, cornibus cadentes excipi, iterumque resurgere, modo jacentes ex humo tolli, bigarumque etiam curru citato, velut aurigas, insistere. Thessalorum gentis inventum est, equo juxta quadrupedante cornu intorta cervice tauros ne-

corps au moyen d'un roseau qu'on introduit à travers la peau. Il ne faut pas croire qu'une espèce soit dégénérée parce qu'elle a moins d'apparence; les vaches des Alpes, quoique petites, donnent beaucoup de lait et font beaucoup de travail. On les attèle par les cornes et non par le cou. Les bœufs syriens n'ont point de fanons, mais ils ont une bosse sur le dos. Ceux de Carie, autre contrée de l'Asie, sont d'un aspect hideux : ils ont une loupe sur les épaules, au défaut du cou. Leurs cornes sont mobiles ; mais on dit qu'ils sont excellens pour le travail. Au surplus, les bœufs noirs et les blancs sont d'un mauvais service. Les cornes du taureau sont plus courtes et plus minces que celles du bœuf. Il faut dompter les bœufs à trois ans ; avant cette époque, c'est trop tôt ; après, c'est trop tard. On l'instruit facilement en l'attachant avec un autre bœuf déjà dressé. Le bœuf est notre compagnon de travail et de labourage ; nos ancêtres faisaient tant de cas de cet animal, qu'on cite l'exemple d'un citoyen qui, ayant tué un de ses bœufs pour satisfaire la fantaisie d'une prostituée qui lui disait n'avoir jamais mangé d'entrailles, fut traduit devant le peuple romain, et condamné à l'exil, comme ayant tué son colon.

Le taureau a le regard fier, le front menaçant, les oreilles velues; ses cornes dressées appellent le combat; mais l'annonce de sa colère est toute dans ses pieds de devant: quand il s'irrite, il s'arrête, se fait voler le sable contre le ventre, en repliant alternativement ses jambes; c'est le seul animal qui s'excite de cette manière. J'en ai vu qui combattaient à l'ordre d'un maître, et dont on

care : primus id spectaculum dedit Romæ Cæsar dictator. Hinc victimæ opimæ, et lautissima deorum placa-
tio. Huic tantum animali omnium, quibus procerior
cauda, non statim nato consummatæ, ut ceteris, men-
suræ : crescit uni donec ad vestigia ima perveniat.
Quamobrem victimarum probatio in vitulo, ut articu-
lum suffraginis contingat : breviore non litant. Hoc quoque notatum, vitulos ad aras humeris hominis allatos
non fere litare, sicut nec claudicante, nec aliena hostia
deos placari, nec trahente se ab aris. Est frequens in
prodigiis priscorum, bovem locutum : quo nuntiato,
senatum sub dio haberi solitum.

Apis in Ægypto.

LXXI. 46. Bos in Ægypto etiam numinis vice coli-
tur, Apim vocant. Insigne ei, in dextro latere candicans
macula, cornibus lunæ crescere incipientis. Nodus sub

donnait l'adresse en spectacle : ils faisaient la roue, se recevaient sur les cornes en tombant, et se relevaient ; d'autres fois ils restaient étendus à terre, et se laissaient enlever dans cette position ; ils se tenaient aussi, comme des cochers, sur des chars roulant avec la plus grande vitesse. Les Thessaliens ont inventé une manière particulière de les tuer : un cavalier s'approche d'eux au galop, les saisit par une corne et leur tord le cou. Le dictateur César a le premier donné ce spectacle à Rome. On choisit les taureaux pour victimes opimes ; ce sont eux qu'on offre aux dieux dans les grands sacrifices. De tous les animaux à longue queue, ce sont les seuls chez qui cette partie n'ait pas toutes ses proportions au moment de la naissance : elle ne cesse de croître jusqu'à ce qu'elle touche la terre ; aussi, pour qu'un veau puisse être agréé pour victime, il faut que la queue lui descende au jarret, sans quoi le sacrifice est sans mérite. On observe aussi que le veau apporté aux autels sur les épaules de l'homme, n'est pas agréable aux dieux, non plus que l'offrande d'une victime qui boite, ou qui est étrangère à leur culte, ou bien encore qui résiste quand on la pousse à l'autel. Parmi les prodiges observés par les anciens, on trouve fréquemment qu'un bœuf a parlé, et qu'à cette nouvelle le sénat s'assemblait en plein air.

Le bœuf Apis en Égypte.

LXXI. 46. Les Égyptiens adorent comme une divinité un bœuf qu'ils nomment Apis. Sa marque distinctive est une tache blanche, en forme de croissant, sur

lingua, quem cantharum appellant. Non est fas eum certos vitæ excedere annos, mersumque in sacerdotum fonte enecant, quæsituri luctu alium, quem substituant : et donec invenerint, mœrent, derasis etiam capitibus : nec tamen umquam diu quæritur. Inventus deducitur Memphim a sacerdotibus. Delubra ei gemina, quæ vocant thalamos, auguria populorum. Alterum intrasse lætum est, in altero dira portendit. Responsa privis dat, e manu consulentium cibum capiendo. Germanici Cæsaris manum aversatus est, haud multo postea extincti. Cetero secretus, quum se proripuit in cœtus, incedit submotu lictorum, grexque puerorum comitatur, carmen honori ejus canentium : intelligere videtur, et adorari velle. Hi greges repente lymphati futura præcinunt. Femina bos semel ei anno ostenditur, suis et ipsa insignibus, quamquam aliis : semperque eodem die et inveniri eam, et extingui tradunt. Memphi est locus in Nilo, quem a figura vocant Phialam : omnibus annis ibi auream pateram argenteamque mergunt iis diebus quos habent natales Apis : septem hi sunt, mirumque neminem per eos a crocodilis attingi : octavo post horam diei sextam, redire belluæ feritatem.

le côté droit. Sous sa langue est un nœud qu'ils nomment scarabée. Des lois sacrées ne permettent pas qu'il vive au delà d'un nombre d'années déterminé. On le fait mourir en le noyant dans la fontaine des prêtres, ensuite on prend le deuil ; on se rase même en signe de tristesse, jusqu'à ce qu'on lui ait trouvé un successeur ; au surplus, on ne cherche pas long-temps. Dès qu'il est trouvé, les prêtres le conduisent à Memphis. Il a deux temples sous le nom de couches, où les peuples le consultent. Selon qu'il entre dans l'un ou dans l'autre, il annonce des évènemens heureux ou malheureux. Il rend ses oracles aux particuliers en acceptant de la nourriture de la main de ceux qui le consultent. Il se détourna de celle de César Germanicus, et ce prince mourut peu après ; au reste, ce bœuf vit retiré. Quand il se montre en public, des licteurs écartent la foule devant lui ; une foule d'enfans l'accompagne en chantant des hymnes en son honneur : il semble sentir ces hommages et les réclamer. Ces enfans, soudainement inspirés, prophétisent l'avenir. Une fois l'année on lui présente une génisse qui a, comme lui, ses marques distinctives, mais différentes. On dit qu'on la fait toujours mourir le jour même où on l'a trouvée. A Memphis est un endroit du Nil auquel sa forme a fait donner le nom de Phiala (phiole) ; chaque année on y jette une coupe d'or et une d'argent, aux jours où l'on célèbre la naissance d'Apis ; ces jours sont au nombre de sept. Une chose merveilleuse, c'est que pendant ces fêtes les crocodiles ne font de mal à personne, et que le huitième jour, après la sixième heure, ils reprennent leur férocité.

Pecorum natura , et generatio eorum.

LXXII. 47. Magna et pecori gratia , vel in placamentis deorum, vel in usu vellerum. Ut boves victum hominum excolunt, ita corporum tutela pecori debetur. Generatio bimis utrimque ad novenos annos : quibusdam et ad decimum. Primiparis minores fetus. Coitus omnibus ad Arcturi occasum, id est, a tertio Idus Maias, ad Aquilæ occasum in x kal. Aug. Gerunt partum diebus centum quinquaginta : postea concepti invalidi. Cordos vocabant antiqui post id tempus natos. Multi hibernos agnos præferunt vernis, quoniam magis intersit ante solstitium quam ante brumam firmos esse, solumque hoc animal utiliter bruma nasci. Arieti naturale agnas fastidire, senectam ovium consectari : et ipse senecta melior, mutilus quoque utilior. Ferocia ejus cohibetur, cornu juxta aurem terebrato. Dextro teste præligato feminas generat, lævo mares. Tonitrua solitariis ovibus abortus inferunt. Remedium est congregare eas, ut cœtu juventur. Aquilonis flatu mares concipi dicunt, Austri feminas : atque in eo genere arietum maxime spectantur ora : quia cujus coloris sub lingua habuere venas, ejus et lanicium est in fetu : variumque, si plures fuere : et mutatio aquarum potusque variat. Ovium summa genera duo, tectum et colo-

Les troupeaux : propagation de ces animaux.

LXXII. 47. Les moutons nous offrent aussi de précieuses ressources, soit comme victimes pour apaiser les dïeux, soit comme nous fournissant le tribut de leurs toisons. Si le bœuf travaille pour nous nourrir, nous devons au mouton ce qui garantit nos corps des injures de l'air. Le belier et la brebis produisent depuis deux ans jusqu'à neuf, quelquefois même jusqu'à dix. Les agneaux de la première portée sont plus petits. Le temps de l'amour commence pour toute l'espèce au coucher de l'Arcture, c'est-à-dire trois jours avant les ides de mai, et dure jusqu'au coucher de l'Aigle, dix jours avant les calendes d'août. Les brebis portent cent cinquante jours : les petits conçus après l'époque ci-dessus sont faibles. Les anciens nommaient *cordi* ces agneaux tardifs. Plusieurs personnes préfèrent les agneaux d'hiver à ceux du printemps, parce que ces animaux ont plus besoin de force pour l'été que pour l'hiver. Ce sont les seuls auxquels il soit avantageux de naître dans la saison rigoureuse. Le bélier dédaigne les jeunes brebis, et recherche de préférence les plus vieilles ; lui-même est plus propre à la génération quand il devient vieux, et rend plus de service quand il n'a pas de cornes. On rend le belier plus doux en lui perçant la corne près de l'oreille. Si on lui lie le testicule droit, il engendre des femelles, et des mâles si c'est le testicule gauche. On dit que le tonnerre fait avorter les brebis isolées. Pour empêcher cet accident, il faut les rassembler, afin que leur réunion les

nicum : illud mollius, hoc in pascuo delicatius, quippe
quum tectum rubis vescatur. Operimenta ei ex Arabicis præcipua.

Genera lanæ et colorum.

LXXIII. 48. Lana autem laudatissima Apula, et quæ
in Italia Græci pecoris appellatur, alibi Italica. Tertium locum Milesiæ oves obtinent. Apulæ breves villo,
nec nisi pænulis celebres. Circa Tarentum Canusiumque summam nobilitatem habent. In Asia vero eodem
genere Laodiceæ. Alba Circumpadanis nulla præfertur,
nec libra centenos nummos ad hoc ævi excessit ulla.
Oves non ubique tondentur : durat quibusdam in locis
vellendi mos : colorum plura genera : quippe quum desint etiam nomina eis. Quas nativas appellant, aliquot
modis Hispania : nigri velleris præcipuas habet Pollen-

rassure. On prétend que par un vent du nord elles conçoivent des mâles, et des femelles par un vent du midi. On examine attentivement la bouche du belier, parce que la laine des agneaux qu'il fera naître aura la même couleur qu'on aura aperçue aux veines de dessous sa langue ; et si ces veines présentent plusieurs couleurs, la laine sera variée : cette variété est aussi un effet du changement de l'eau dans laquelle les moutons se baignent et s'abreuvent. On distingue deux espèces principales de brebis, celles à housses et celles de pacage. Les premières, qui se nourrissent de ronces, ont la chair plus molle ; les autres, nourries dans les pâturages, sont plus délicates. Les meilleures couvertures pour elles viennent d'Arabie.

Diverses espèces de qualités et de couleurs des laines.

LXXIII. 48. La laine la plus estimée est celle de la Pouille, puis celle qu'en Italie on nomme grecque, et qu'ailleurs on appelle italique. Les toisons de Milet tiennent le troisième rang. La laine apulienne est courte, et ne doit sa célébrité qu'aux pénules. Elle est très-renommée vers Tarente et Canusium. Celle de Laodicée, en Asie, est de la même qualité. Nulle ne surpasse en blancheur celle des bords du Pô. Jusqu'à présent aucune laine ne s'est vendue plus de 100 sesterces la livre. On ne tond pas les brebis dans tous les pays ; dans quelques-uns on conserve encore l'habitude d'arracher la laine. Les couleurs des toisons sont infiniment variées, les noms même nous manquent pour les désigner. L'Es-

tia juxta Alpes : jam Asia rutili, quas Erythræas vocant : item Bætica : Canusium fulvi : Tarentum et suæ
pulliginis. Succidis omnibus medicata vis. Istriæ Libur-
niæque pilo propior, quam lanæ, pexis aliena vestibus,
et quam Salacia scutulato textu commendat in Lusitania. Similis circa Piscenas provinciæ Narbonensis : similis et in Ægypto, ex qua vestis detrita usu pingitur,
rursusque ævo durat. Est et hirtæ pilo crasso in tapetis
antiquissima gratia : jam certe priscos iis usos, Homerus auctor est. Aliter hæc Galli pingunt, aliter Partho-
rum gentes. Lanæ et per se coactam vestem faciunt : et
si addatur acetum, etiam ferro resistunt : immo vero
etiam ignibus novissimo sui purgamento, quippe ahenis
polientium extractæ, in tomenti usum veniunt, Gallia-
rum, ut arbitror, invento : certe Gallicis hodie nomi-
nibus discernitur : nec facile dixerim, qua id ætate cœperit. Antiquis enim torus e stramento erat, qualiter
etiam nunc in castris. Gausapa patris mei memoria cœpere : amphimalla, nostra : sicut villosa etiam ventralia:
nam tunica lati clavi, in modum gausapæ texi nunc primum incipit. Lanarum nigræ nullum colorem bibunt.
De reliquarum infectu suis locis dicemus, in conchyliis
marinis, aut herbarum natura.

pagne fournit plusieurs couleurs de laines appelées
natives. Pollentie, au pied des Alpes, a de très-belles
toisons noires. On distingue les rouges d'Asie, appelées *érythrées*, et celles de la Bétique, les fauves de
Canusium et les brunes de Tarente. Toutes les laines
qui ont leur suint ont des propriétés médicinales. Les
toisons de l'Istrie et de la Liburnie ressemblent plus
au poil qu'à la laine, et ne peuvent servir pour les
étoffes à long poil. Salacie, au pays des Lusitaniens,
les emploie avec succès pour ses ouvrages à réseaux.
On en trouve de pareilles à Piscènes, dans la province
Narbonaise, et en Égypte, où, lorsqu'un habit est usé,
on le brode pour le faire durer encore. Le jars, qui
est un poil plus grossier, a été employé, dans les
temps les plus anciens, à fabriquer des tapis ; du
moins Homère fait voir que l'usage de ces tapis est bien
antérieur à son temps. La manière de les broder n'est
pas, chez les Gaulois, la même que chez les Parthes.
Avec la laine on fait le feutre, qui, trempé dans le vi-
naigre, résiste au fer ; il résiste même au feu dans son
dernier apprêt, et tiré des chaudières des dégraisseurs
il sert à faire des matelas, dont l'invention est due, je
crois, à la Gaule. Ce qu'il y a de certain, c'est qu'on les
désigne aujourd'hui par des noms gaulois. Il ne me serait pas facile de déterminer l'époque de cette invention,
car nos ancêtres couchaient sur la paille, comme on
le fait encore aujourd'hui dans les camps. Mon père a
vu s'établir l'usage des gausapes ; les amphimalles, ainsi
que les ceintures à long poil, ont commencé de mon
temps. Quant à la tunique laticlave, tissue à la manière

Genera vestium.

LXXIV. Lanam in colo et fuso Tanaquilis, quæ eadem Caia Cæcilia vocata est, in templo Sanci durasse, prodente se, auctor est et M. Varro : factamque ab ea togam regiam undulatam in æde Fortunæ, qua Ser. Tullius fuerat usus. Inde factum, ut nubentes virgines comitaretur colus compta, et fusus cum stamine. Ea prima texuit rectam tunicam, quales cum toga pura tirones induuntur, novæque nuptæ. Undulata vestis prima e laudatissimis fuit : inde sororiculata defluxit. Togas rasas Phryxianasque, divi Augusti novissimis temporibus cœpisse, scribit Fenestella. Crebræ papaveratæ antiquiorem habent originem, jam sub Lucilio poeta in Torquato notatæ. Prætextæ apud Etruscos originem invenere. Trabeis usos accipio reges : pictas vestes jam apud Homerum fuisse, unde triumphales natæ. Acu facere id Phryges invenerunt, ideoque Phrygioniæ appellatæ sunt. Aurum intexere in eadem Asia invenit Attalus rex : unde nomen Attalicis. Colores diversos picturæ intexere Babylon maxime celebravit, et nomen im-

des gausapes, c'est une mode qui ne fait que de naître. Les laines noires ne prennent aucune autre couleur. Je parlerai de la teinture des laines quand je traiterai des coquillages de mer et de la nature des plantes.

Étoffes diverses.

LXXIV. Varron assure, comme témoin oculaire, qu'on voyait de son temps, dans le temple de Sancus (Hercule), la laine, qui s'était conservée à la quenouille et au fuseau de Tanaquil, autrement nommée Caia Cécilia. Il ajoute que la toge royale ondée dont Servius Tullius a fait usage, et qui se trouve dans le temple de la Fortune, a été faite par cette princesse ; que de là est venue la coutume de porter, à la suite des jeunes filles qui se marient, une quenouille garnie et un fuseau chargé. Tanaquil trouva la première l'art de tisser une tunique droite, telle que la portent, avec la toge sans bordure, les jeunes citoyens, ainsi que les nouvelles mariées. Les étoffes ondées furent d'abord les plus estimées ; vinrent ensuite les étoffes rayées. Fénestella écrit que les toges à poil ras et les phryxiennes (toges à poil frisé) commencèrent sur la fin du règne d'Auguste. Celles d'un tissu serré, préparé au pavot, ont une origine plus ancienne. Déjà le poète Lucile les reprochait à Torquatus. La prétexte nous vient des Étrusques. Je vois dans l'histoire que les rois portèrent la trabée. Dans Homère, il est fait mention d'étoffes brodées qui ont fait naître l'idée de nos robes triomphales. La broderie à l'aiguille est une invention des Phrygiens, et c'est pour cela qu'on nomme phrygioniens

posuit. Plurimis vero liciis texere, quæ polymita appellant, Alexandria instituit : scutulis dividere, Gallia. Metellus Scipio tricliniaria Babylonica sestertium octingentis millibus venisse jam tunc, posuit in Catonis criminibus, quæ Neroni principi quadragies sestertio nuper stetere. Servii Tullii prætextæ, quibus signum Fortunæ ab eo dicatæ coopertum erat, duravere ad Sejani exitum. Mirumque fuit nec defluxisse eas, nec teredinum injurias sensisse annis DLX. Vidimus jam et viventium vellera, purpura, cocco, conchylio, sesquipedalibus libris infecta, velut illa sic nasci cogente luxuria.

* De pecorum forma, et de musmone *.

LXXV. In ipsa ove satis generositatis ostenditur brevitate crurum, ventris vestitu : quibus nudus esset, apicas vocabant, damnabantque. Syriæ cubitales ovium caudæ plurimumque in ea parte lanicii. Castrari agnos, nisi quinquemestres, præmaturum existimatur.

ces sortes d'ouvrages. Le roi Attale, en Asie, imagina d'y mêler des fils d'or, d'où vint le nom d'attaliques aux étoffes de ce genre. C'est à Babylone que l'on a réussi le mieux à diversifier les couleurs de la broderie, et ces ouvrages en ont pris le nom. Alexandrie, en admettant plusieurs rangs de lisses, fabriqua les premières étoffes du nom de *polymites* (brocart). Nous devons à la Gaule les étoffes à réseaux. Metellus Scipion, dans l'accusation qu'il porte contre Caton, affirme que déjà des tapis babyloniques, à l'usage des lits de table, s'étaient vendus 800,000 sesterces ; et, de nos jours, Néron en a payé 4,000,000 de sesterces. Les prétextes dont Servius Tullius avait revêtu la statue de la Fortune ont duré jusqu'à la mort de Séjan ; et, ce qui est étonnant, pendant cinq cent soixante ans les couleurs ne se sont pas altérées, et l'étoffe n'a pas souffert des vers. J'ai vu des brebis vivantes dont les toisons avaient été peintes en pourpre, en écarlate, en violet, comme si le luxe voulait forcer la nature à les parer elle-même de ces brillantes couleurs. On avait employé une livre et demie de matière colorante par toison.

* Formes des bêtes qui constituent les troupeaux. Le musmon *.

LXXV. Une brebis est assez belle quand elle a les jambes courtes et le ventre couvert de laine. Celles dont le ventre est dégarni étaient nommées *apiques* par nos ancêtres, qui les déclaraient mauvaises. Les brebis de Syrie ont la queue d'une coudée de long, et fournie d'une laine touffue. La castration des agneaux serait prématurée avant l'âge de cinq mois.

49. Est et in Hispania, sed maxime Corsica, non maxime absimile pecori, genus musmonum, caprino villo, quam pecoris velleri, propius. Quorum e genere et ovibus natos prisci Umbros vocarunt. Infirmissimum pecori caput; quamobrem aversum a sole pasci cogendum. Quam stultissima animalium lanata. Qua timuere ingredi, unum cornu raptum sequuntur. Vita longissima anni x in Æthiopia xiii. Capris eodem loco xi in reliquo orbe plurimum octoni. Utrumque genus intra quartum coitum impletur.

Caprarum natura et generatio.

LXXVI. 50. Capræ pariunt et quaternos, sed raro admodum. Ferunt quinque mensibus, ut oves. Capræ pinguitudine sterilescunt. Ante trimas minus utiliter generant, et in senecta ultra quadriennium. Incipiunt septimo mense, adhuc lactentes. Mutilum in utroque sexu utilius. Primus in die coitus non implet : sequens efficacior, ac deinde. Concipiunt novembri mense, ut Martio pariant turgescentibus virgultis, aliquando anniculæ, semper bimæ, in trimatu utiles. Pariunt octonis annis. Abortus frigori obnoxius. Oculos suffusos

49. On trouve en Espagne, et surtout dans la Corse, le musmon (mouflon), espèce qui ne diffère pas beaucoup de la brebis. Sa toison ressemble plutôt au poil de la chèvre qu'à la laine du mouton. Les anciens appelaient *umbri* (métis) les produits du musmon accouplé avec la brebis. Le musmon a la tête faible, c'est pourquoi il faut le faire paître tourné dans le sens opposé au soleil. Les bêtes à laine sont les plus stupides des animaux ; elles craignent d'entrer quelque part : traînez-en une par la corne , et tout le reste suit. La vie la plus longue pour les brebis est de dix ans ; elles vivent jusqu'à treize en Éthiopie. Les chèvres y vivent onze ans, et communément huit dans les autres pays. Il n'est pas besoin, pour féconder les femelles de l'une et l'autre espèce , de les faire couvrir plus de quatre fois.

Les chèvres : leur génération.

LXXVI. 50. Les chèvres produisent jusques à quatre petits à la fois, mais cela est très-rare ; elles portent cinq mois , comme les brebis : l'excès d'embonpoint les rend stériles. Avant leur troisième année , leur fécondité est peu profitable, ainsi qu'après la quatrième, où elles commencent à vieillir. Ces animaux sont en état de produire dès le septième mois, même lorsqu'ils tettent encore. Dans l'un et l'autre sexe , les meilleurs sont ceux qui n'ont point de cornes. Un premier accouplement du jour ne féconde pas la femelle; le second et les suivans sont plus efficaces. Quelquefois les chèvres d'un an , et toujours celles de deux , conçoivent en novembre , et

capra junci puncto sanguine exonerat, caper rubi. Solertiam ejus animalis, Mucianus visam sibi prodidit in ponte prætenui , duabus obviis e diverso : quum circumactum angustiæ non caperent, nec reciprocationem longitudo in exilitate cæca, torrente rapido minaciter subterfluente, alteram decubuisse, atque ita alteram proculcatæ supergressam. Mares quam maxime simos, longis auribus infractisque, armis quam villosissimis probant. Feminarum generositatis insigne, laciniæ corporibus a cervice binæ dependentes. Non omnibus cornua : sed quibus sunt , in his et indicia annorum per incrementa nodorum. Mutilis lactis major ubertas. Auribus eas spirare, non naribus, nec umquam febri carere, Archelaus auctor est : ideo fortassis anima his, quam ovibus , ardentior, calidioresque concubitus. Tradunt et noctu non minus cernere, quam interdiu : ideo si caprinum jecur vescantur, restitui vespertinam aciem his, quòs nyctalopas vocant. In Cilicia, circaque Syrtes villo tonsili vestiuntur. Capras in occasum de clivi sole, in pascuis negant contueri inter sese; sed aversas jacere : reliquis autem horis adversas, et inter cognationes. Dependet omnium mento villus, quem aruncum vocant : hoc si quis adprehensam ex grege unam trahat, ceteræ stupentes spectant. Id etiam evenire, quum quamdam herbam aliqua ex eis momorderit. Morsus

mettent bas en mars, lorsque les arbrisseaux commencent à bourgeonner. Les portées de la troisième année
sont excellentes. Les chèvres produisent pendant huit
ans. Le froid les fait avorter. Pour s'éclaircir la vue, la
chèvre se saigne en s'appuyant contre la pointe d'un
jonc, et le bouc contre une épine. Mucien rapporte,
comme témoin oculaire, un trait qui prouve l'intelligence
de cet animal. Deux chèvres se rencontrèrent sur un
pont fort étroit ; l'espace ne leur permettait pas de se
retourner : la planche était trop longue pour qu'elles
pussent rétrograder sur cette ligne étroite et presque in-
visible, et, au dessous d'elles, un torrent rapide menaçait
de les engloutir. L'une des deux se coucha sur le ventre ;
l'autre alors passa sur son corps. Les boucs les plus estimés sont ceux qui ont le nez court, les oreilles longues et
pendantes, les épaules très-garnies de poil. Les meilleures
chèvres sont celles qui ont deux franges pendantes sous
le cou. Toutes n'ont pas de cornes ; mais dans celles
qui en ont, le nombre des années est indiqué par celui
des nœuds. Celles qui sont sans cornes donnent plus de
lait. Archélaüs prétend qu'elles respirent par les oreilles
et non par les narines, et qu'elles ne sont jamais sans
fièvre : c'est pour cela peut-être qu'elles sont plus ar-
dentes et plus lascives que les brebis. On dit qu'elles
voient aussi bien la nuit que le jour, et que par cette
raison ceux qu'on nomme nyctalopes (héméralopes des
modernes) parviennent à distinguer les objets le soir en
mangeant du foie de chèvre. Dans la Cilicie et aux environs des Syrtes, on se revêt du poil obtenu par la tonte
des chèvres. On dit qu'au coucher du soleil elles ne se re-

earum arbori exitialis. Olivam lambendo quoque steri-
lem faciunt, eaque ex causa Minervæ non immolantur.

Suum item.

LXXVII. 51. Suilli pecoris admissura a Favonio ad
æquinoctium vernum : ætas, octavo mense : quibusdam
in locis etiam quarto, usque ad octavum annum. Partus
bis anno : tempus utero quatuor mensium : numerus
fecunditatis ad vicenos : sed educare tam multos ne-
queunt. Diebus decem circa brumam statim dentatos
nasci, Nigidius tradit. Implentur uno coitu, qui et ge-
minatur propter facilitatem aboriendi. Remedium, ne
prima subatione, neque ante flaccidas aures coitus fiat.
Mares non ultra trimatum generant. Feminæ senectute
fessæ, cubantes coeunt. Comesse fetus his, non est pro-
digium. Suis fetus sacrificio die quinto purus est, pecoris die octavo, bovis tricesimo. Coruncanus ruminales
hostias, donec bidentes fierent, puras negavit. Suem
oculo amisso putant cito extingui : alioqui vita ad quin-

gardent pas, et qu'elles se couchent en se tournant le dos les unes aux autres; aux autres heures du jour elles se font face et se réunissent par familles. Elles ont toutes sous le menton une barbe qu'on nomme *aruncus*. Si l'on en traîne une d'elles en la saisissant par cette barbe, toutes les autres regardent avec une sorte de stupeur. Il est une herbe qui leur cause la même surprise lorsqu'il arrive à quelqu'une d'en goûter. Leur morsure fait périr les arbres, et même en léchant l'olivier elles le rendent stérile; et pour cette raison elles ne sont point offertes à Minerve.

Le porc.

LXXVII. 51. Le temps de l'accouplement des porcs dure depuis le retour du zéphyr jusqu'à l'équinoxe du printemps. Ils sont capables de se reproduire au huitième mois, et même, en quelques pays, au quatrième, jusqu'à leur huitième année. La truie porte deux fois l'an. Le temps de sa gestation est de quatre mois. Elle donne jusqu'à vingt petits; mais elle ne peut en nourrir un aussi grand nombre. Nigidius écrit que ceux qui naissent dans les dix jours qui suivent ou précèdent le solstice d'hiver, ont déjà des dents. Un seul accouplement suffit pour féconder la femelle; mais on la fait couvrir deux fois, parce qu'elle avorte facilement. On prévient cet accident en ne lui donnant le mâle ni la première fois qu'elle entre en chaleur, ni avant qu'elle ait les oreilles pendantes. Un verrat qui a passé trois ans n'engendre plus. Les femelles fatiguées par la vieillesse reçoivent le mâle couchées. Elles mangent quelquefois

decim annos, quibusdam et vicenos. Verum efferantur,
et alias obnoxium genus morbis, anginæ maxime, et
strumæ. Index suis invalidæ, cruor in radice setæ dorso
evulsæ, caput obliquum in incessu. Penuriam lactis præpingues sentiunt, et primo fetu minus sunt numerosæ.
In luto volutatio generi grata. Intorta cauda : id etiam
notatum, facilius litare, in dexterum quam in lævum,
detorta. Pinguescunt lx diebus, sed magis tridui inedia
saginatione orsa. Animalium hoc maxime brutum, ani-
mamque ei pro sale datam non illepide existimabatur.
Compertum agnitam vocem suarii furto abactis, mer-
soque navigio inclinatione lateris unius remeasse. Quin
et duces in urbe forum nundinarium domosque petere
discunt : et feri sapiunt palude confundere urinam, fugam levare. Castrantur feminæ quoque, sicuti cameli,
post bidui inediam suspensæ pernis prioribus, vulva
recisa : celerius ita pinguescunt.

leurs petits, et cela n'est pas regardé comme un prodige.
Le cochon de lait est pur pour les sacrifices au bout de
cinq jours, l'agneau au bout de huit, le veau le trentième jour. Coruncanus décide que les animaux ruminans ne sont pas des victimes pures avant d'avoir deux
dents. On croit qu'un porc qui a perdu un œil ne tarde
pas à mourir. Ces animaux vivent quinze et quelquefois
vingt ans. Mais ils ont de la disposition à la férocité ou
à la rage, et sont sujets aux maladies, surtout à l'es-
quinancie et aux écrouelles. On reconnaît qu'un cochon
est malade lorsque les soies qu'on lui arrache du dos présentent du sang à leur racine, et lorsqu'il marche en
portant sa tête de côté. Les truies trop grasses manquent
de lait. Les premières portées sont moins nombreuses.
Les porcs aiment à se vautrer dans la boue. Ils ont la
queue torse ; et l'on a observé que ceux dont la queue
se replie à droite sont une offrande plus agréable aux
dieux. On les engraisse en soixante jours, surtout en
les préparant par une diète de trois jours. C'est le plus
brut des animaux. On a dit plaisamment qu'une âme lui
a été donnée, en guise de sel, pour conserver sa chair.
Cependant des porcs emmenés par des pirates reconnu-
rent la voix de leur maître, et revinrent au rivage après
avoir fait chavirer la barque en se jetant tous du même
côté; on instruit même les chefs du troupeau à conduire
les autres au marché et à la maison. Les sangliers ont
l'instinct de confondre leur urine avec l'eau des marais
pour dérober leurs fumées au chasseur, et se rendre plus
dispos pour la fuite. On châtre les femelles comme celles
des chameaux : après une diète de deux jours, on les

25.ᵉ

Adhibetur et ars jecori feminarum, sicut anserum, inventum M. Apicii, fico arida saginatis ac satietate necatis repente mulsi potu dato. Neque alio ex animali numerosior materia gancæ : quinquaginta prope sapores, cum ceteris singuli. Hinc censoriarum legum paginæ, interdictaque cenis abdomina, glandia, testiculi, vulvæ, sincipita verrina, ut tamen Publii mimorum poetæ cena, postquam servitutem exuerat, nulla memoretur sine abdomine, etiam vocabulo suminis ab eo imposito.

De feris subus. Quis primus vivaria bestiarum instituit.

LXXVIII. Placuere autem et feri sues. Jam Catonis censoris orationes aprugnum exprobrant callum. In tres tamen partes diviso, media ponebatur, lumbus aprugnus appellata. Solidum aprum Romanorum primus in epulis adposuit P. Servilius Rullus, pater ejus Rulli, qui Ciceronis consulatu legem agrariam promulgavit. Tam propinqua origo nunc quotidianæ rei est. Et hoc Annales notarunt, horum scilicet ad emendationem morum : quibus non tota quidem cena, sed in principio, bini ternique pariter manduntur apri.

suspend par les pieds de devant, et l'on ampute l'orifice de la matrice ; par ce moyen elles engraissent plus vite.

L'art sait ajouter à la qualité du foie des truies, comme à celui des canards : cette invention est due à M. Apicius. On engraisse ces truies en les gorgeant de figues sèches ; et quand elles sont grasses, on les tue, après les avoir abreuvées de vin miellé. Nul autre animal n'offre une matière plus féconde au talent des cuisiniers. Chacune des autres viandes a son goût propre et particulier ; celle de porc présente la variété d'à peu près cinquante goûts différens : de là cette foule de lois censoriales pour prohiber dans les festins les mamelles, les glandes, les rognons, les matrices, les hures ; ce qui n'empêcha pas le comique Publius, quand il eut quitté l'habit d'esclave, de faire figurer dans tous ses repas la mamelle de truie, qui même a reçu de lui son nom latin *sumen*.

Le sanglier. De l'inventeur des parcs.

LXXVIII. La chair de sanglier a eu aussi sa vogue. Déjà, dans un de ses discours, Caton le censeur reproche à ses contemporains les échinées de sanglier ; toutefois, l'animal se divisait en trois parts, et l'on ne servait sur la table que celle du milieu, qu'on nommait râble de sanglier. Le premier des Romains qui ait fait servir un sanglier entier est Servilius Rullus, père de ce Rullus qui proposa la loi agraire sous le consulat de Cicéron. Tant est moderne l'origine d'un luxe aujourd'hui si commun ! les annales l'ont constaté sans doute pour accuser nos mœurs ; car aujourd'hui l'on place sur

52. Vivaria horum, ceterorumque silvestrium, primus togati generis invenit Fulvius Lupinus, qui in Tarquiniensi feras pascere instituit. Nec diu imitatores defuere L. Lucullus, et Q. Hortensius.

Sues feræ semel anno gignunt. Maribus in coitu plurima asperitas. Tunc inter se dimicant, indurantes attritu arborum costas, lutoque se tergorantes. Feminæ in partu asperiores, et fere similiter in omni genere bestiarum. Apris maribus, nonnisi anniculis generatio. In India cubitales dentium flexus gemini ex rostro, totidem a fronte, ceu vituli cornua, exeunt. Pilus æreo similis agrestibus, ceteris niger. At in Arabia suillum genus non vivit.

De semiferis animalibus.

LXXIX. 53. In nullo genere æque facilis mixtura cum fero, qualiter natos antiqui hybridas vocabant, ceu semiferos : ad homines quoque, ut in C. Antonium Ciceronis in consulatu collegam, appellatione translata. Non in suibus autem tantum, sed in omnibus quoque animalibus, cujuscumque generis ullum est placidum,

une table deux et trois sangliers à la fois; et ce n'est pas
même pour tout le repas , mais pour le premier service.

52. Fulvius Lupinus est le premier Romain qui ait
imaginé les parcs pour les sangliers et les autres habitans des forêts. Il forma des troupeaux d'animaux sauvages dans les environs de Tarquinies. Lucullus et Hortensius ne tardèrent pas à l'imiter.

La laie ne fait qu'une portée par an. Les sangliers
sont très-âpres dans leur rut ; alors ils se battent entre
eux, après s'être endurci les flancs en se frottant contre
un arbre, et s'être cuirassés de boue. Les femelles, comme
dans presque toutes les autres espèces , deviennent plus
cruelles lorsqu'elles ont mis bas. Les mâles ne sont propres à la génération qu'à l'âge d'un an. Dans l'Inde ils
ont deux défenses recourbées d'une coudée de long, qui
leur partent de la mâchoire, et deux autres sur le front,
semblables aux cornes d'un jeune taureau. Le poil des
sangliers est de la couleur de l'airain. Les porcs domestiques de ce pays sont noirs. Ces animaux ne vivent pas
dans l'Arabie.

Des animaux demi-sauvages.

LXXIX. 53. Nulle autre espèce ne s'allie plus facilement avec les races sauvages. Les anciens nommaient
hybrides , c'est-à-dire demi-sauvages, les animaux qui
provenaient de ces mélanges. Ce nom même fut transporté aux hommes, comme on le voit dans C. Antonius,
collègue de Cicéron dans le consulat. Au reste , on retrouve dans l'état sauvage , non-seulement l'espèce du

ejusdem invenitur et ferum, ut pote quum hominum etiam silvestrium tot genera prædicta sint. Capræ tamen in plurimas similitudines transfigurantur. Sunt capreæ, sunt rupicapræ, sunt ibices pernicitatis mirandæ, quamquam onerato capite vastis cornibus gladiorumque vaginis : in hæc se librant, ut tormento aliquo rotati in petras, potissimum e monte aliquo in alium transilire quærentes, atque recussu pernicius, quo libuerit, exsultant. Sunt et oryges, soli quibusdam dicti contrario pilo vestiri, et ad caput verso. Sunt et damæ, et pygargi, et strepsicerotes, multaque alia haud dissimilia. Sed illa Alpes, hæc transmarini situs mittunt.

De simiis.

LXXX. 54. Simiarum quoque genera hominis figuræ proxima, caudis inter se distinguuntur. Mira solertia : visco inungi, laqueisque calceari imitatione venantium tradunt : Mucianus et latrunculis lusisse, fictas cera icones usu distinguente : luna cava tristes esse, quibus in eo genere cauda sit, novam exsultatione adorare : nam defectum siderum et ceteræ pavent quadrupedes. Simiarum generi præcipua erga fetum adfectio. Gestant catulos, quæ mansuefactæ intra domos peperere, omnibus

porc, mais de tous les autres animaux, et de l'homme
lui-même, témoin toutes les peuplades vivant dans les
forêts, dont j'ai parlé précédemment; mais aucune espèce
ne se subdivise en un plus grand nombre de variétés que
la chèvre. On compte les caprées (chevreuils), les rupi-
capres (chamois), les ibices (bouquetins), dont l'agilité
est prodigieuse, quoique leur tête soit chargée de vastes
cornes qui ressemblent à des fourreaux de glaives. Quand
l'ibice veut sauter d'un lieu à un autre, il se balance sur
ses cornes; et, comme s'il était jeté par une baliste, il
atteint en un clin d'œil partout où bon lui semble, surtout
s'il désire passer d'une montagne à l'autre. On compte
encore les oryges, seuls animaux qui, selon quelques auteurs, aient le poil à contre-sens et tourné vers la tête;
Ajoutons les damæ, les pygarges, les strepsicéros, et
beaucoup d'autres qui leur ressemblent : mais ceux-ci
viennent d'outre-mer; les premiers vivent sur les Alpes.

Des singes.

LXXX. 54. Les diverses espèces de singes, animaux
qui, par leur conformation, ressemblent le plus à
l'homme, sont distinguées entre elles par leurs queues.
Le singe est d'une adresse merveilleuse. On prétend
qu'en voulant imiter les chasseurs et se chausser comme
eux, il s'enduit de glu, et s'entrave les pieds dans les
filets qu'on lui a tendus. Mucien écrit que des singes ont
même joué aux échecs, ayant appris par l'usage à distinguer les pièces de l'échiquier. Il dit aussi que les singes
à queue sont tristes au décours de la lune, et qu'ils cé-

demonstrant, tractarique gaudent, gratulationem intelligentibus similes. Itaque magna ex parte complectendo necant. Efferatior cynocephalis natura, sicut satyris. Callitriches toto pæne aspectu differunt : barba est in facie, cauda late fusa primori Hoc animal negatur vivere in alio quam Æthiopiæ, quo gignitur, cælo.|

De leporum generibus.

LXXXI. 55. Et leporum plura sunt genera : in Alpibus candidi, quibus hibernis mensibus pro cibatu nivem credunt esse : certe liquescente ea rutilescunt annis omnibus : et est alioqui animal intolerandi rigoris alumnum. Leporum generis sunt et quos Hispania cuniculos appellat, fecunditatis innumeræ, famemque Balearibus insulis, populatis messibus afferentes. Fetus ventri exsectos, vel uberibus ablatos, non repurgatis interaneis, gratissimo in cibatu habent : laurices vocant. Certum est, Balearicos adversus proventum eorum auxilium militare a divo Augusto petiisse. Magna propter venatum

lèbrent par des sauts de joie l'apparition de la lune nouvelle. Quant à l'effroi que leur inspirent les éclipses, il
leur est commun avec les autres quadrupèdes. Ils ont la
plus grande affection pour leurs petits ; les femelles ap-
privoisées, devenues mères dans nos maisons, les portent dans leurs bras, les présentent à tout le monde,
aiment qu'on les flatte, et semblent recevoir ces caresses
comme autant de félicitations : c'est ainsi que très-sou-
vent elles les étouffent à force de les embrasser. Les
cynocéphales, ainsi que les satyres, sont d'un naturel
plus farouche. Les callitriches ont un aspect tout différent des autres : ils ont de la barbe, et une queue fort
large à sa naissance. On assure que cette espèce ne peut
vivre que sous le ciel de l'Éthiopie, son pays natal.

Des diverses espèces de lièvres.

LXXXI. 55. Il y a aussi plusieurs espèces de lièvres :
ceux des Alpes sont blancs, et l'on prétend qu'ils se
nourrissent de neige pendant les mois d'hiver. Tous les
ans, à la fonte des neiges, ils prennent une couleur
fauve; c'est d'ailleurs un animal qui vit dans les climats
les plus rigoureux. Du genre des lièvres sont d'autres
animaux que les Espagnols appellent *cuniculi* (lapins).
Ils sont d'une fécondité infinie, et causent la famine
dans les îles Baléares, en ravageant les moissons. Les
petits, arrachés du ventre de la mère ou pris à la mamelle, apprêtés pour la table sans être vidés, sont vantés
comme un mets excellent : c'est ce qu'on nomme *laurices*. Il est certain que les habitans des îles Baléares de-

cum viverris gratia est. Injiciunt eas in specus, qui sunt multifores in terra, unde et nomen animali : atque ita ejectos superne capiunt. Archelaus auctor est, quod sint corporis cavernæ ad excrementa lepori, totidem annos esse ætatis. Varius certe numerus reperitur. Idem utramque vim singulis inesse, ac sine mare æque gignere. Benigna circa hoc natura, innocua et esculenta animalia fecunda generavit. Lepus omnium prædæ nascens, solus præter dasypodem superfetat, aliud educans, aliud in utero pilis vestitum, aliud implume, aliud inchoatum gerens pariter. Nec non et vestes leporino pilo facere tentatum est, tactu non perinde molli, ut in cute, propter brevitatem pili dilabidas.

De nec placidis nec feris animalibus.

LXXXII. 56. Hi mansuescunt raro, cum feri dici jure non possint : complura namque sunt nec placida, nec fera, sed mediæ inter utrumque naturæ, ut in volucribus, hirundines, apes : in mari, delphini.

mandèrent à Auguste un secours de troupes contre ces animaux devenus trop nombreux. La viverra (furet) est d'une grande ressource pour cette chasse : on l'introduit dans les terriers des lapins; ce sont de petits canaux pratiqués par eux sous la terre, d'où leur vient le nom de *cuniculus* ; il les déloge, et on les saisit à leur sortie. Archélaüs écrit que le lièvre a autant de poches, ou réceptacles de ses excrémens, qu'il a d'années. Il est certain que le nombre de ces poches n'est pas toujours le même. Cet auteur ajoute que le lièvre est hermaphrodite, et qu'il peut se reproduire sans le secours du mâle. C'est encore un bienfait de la nature, que cette fécondité des espèces qui ne sont point nuisibles à l'homme, et qui servent à le nourrir. Le lièvre, la proie de tous les animaux, est le seul, avec le dasypode, en qui la superfétation ait lieu : en même temps que la mère allaite un petit, elle en porte un autre prêt à naître, un autre qui n'a pas encore de poil, et un autre encore qui commence à se former. On a essayé aussi de faire des étoffes avec le poil du lièvre; mais elles ne sont pas aussi douces au toucher que la fourrure de l'animal, et le poil est trop court pour qu'elles aient quelque solidité.

Animaux qu'on n'apprivoise qu'en partie.

LXXXII. 56. Les lièvres s'apprivoisent rarement : toutefois, on ne peut pas dire qu'ils soient absolument sauvages. Il est en effet un grand nombre d'espèces qui ne sont ni privées ni sauvages, mais qui forment une classe mitoyenne : telles sont, parmi les volatiles, les

57. Quo in genere multi et hos incolas domuum posuere mures, haud spernendum in ostentis etiam publicis animal. Adrosis Lanuvii clypeis argenteis, Marsicum portendere bellum : Carboni imperatori apud Clusium fasciis, quibus in calceatu utebatur, exitium. Plura eorum genera in Cyrenaica regione : alii lata fronte, alii acuta, alii herinaceorum genere pungentibus pilis. Theophrastus auctor est, in Gyaro insula cum incolas fugassent, ferrum quoque rosisse eos, id quod natura quadam et ad Chalybas facere in ferrariis officinis. Aurariis quidem in metallis, ob hoc alvos eorum excidi, semperque furtum id deprehendi : tantam esse dulcedinem furandi. Venisse murem cc denariis, Casilinum obsidente Annibale : eumque qui vendiderat fame interiisse, emptorem vixisse, annales tradunt. Cum candidi provenere, lætum faciunt ostentum. Nam soricum occentu dirimi auspicia, annales refertos habemus. Sorices et ipsos hieme condi, auctor est Nigidius : sicut glires, quos censoriæ leges, princepsque M. Scaurus in consulatu, non alio modo cenis ademere, quam conchylia, aut ex alio orbe convectas aves. Semiferum et ipsum animal, cui vivaria in doliis idem, qui apris, instituit. Qua in re notatum, non congregari, nisi populares ejusdem silvæ : et si misceantur alienigenæ, amne vel monte discreti,

hirondelles et les abeilles ; et dans la mer, les dauphins.

57. Plusieurs ont placé dans cette classe les rats, ces habitans de nos maisons qui ne sont pas d'une légère importance pour les présages, même publics. Ils annoncèrent la guerre des Marses, en rongeant les boucliers d'argent de Lanuvium ; ils présagèrent, à Clusium, la mort du général Carbon, en rongeant les courroies de sa chaussure. On en trouve plusieurs espèces dans la Cyrénaïque : les uns ont le front large, d'autres l'ont aigu ; d'autres ont le poil piquant, comme le hérisson. Théophraste rapporte qu'après avoir fait fuir les habitans de l'île de Gyare, ils y rongèrent tout, jusqu'au fer, ce qu'ils font, par une espèce d'instinct, dans les forges des Chalybes. Ils n'épargnent pas même les mines d'or : aussi les ouvriers qui les saisissent leur ouvrent le ventre, et toujours y découvrent un larcin ; tant le pillage a de charmes pour ces animaux ! On lit dans les annales qu'au siège de Casilinum, par Annibal, un rat fut vendu deux cents deniers, que le vendeur mourut de faim, et que l'acheteur conserva la vie. La rencontre d'un rat blanc est un heureux augure. Les annales attestent par une foule d'exemples que le cri d'une souris interrompt les auspices. Nigidius prétend que les souris se cachent aussi pendant l'hiver. Il en dit autant des loirs, que les lois censoriales et le consul M. Scaurus n'ont pas moins prohibé dans les repas que les coquillages et que les oiseaux apportés d'un monde étranger. Le loir est du nombre des animaux demi-sauvages. L'inventeur des parcs pour les sangliers imagina aussi

interire dimicando. Genitores suos fessos senecta alunt insigni pietate. Senium finitur hiberna quiete. Conditi enim et hi cubant : rursus æstate juvenescunt : simili et nitelis quiete.

Quæ quibus in locis animalia non sint.

LXXXIII. 58. Mirum, rerum naturam non solum alia aliis dedisse terris animalia, sed in eodem quoque situ quædam aliquibus locis negasse. In Mœsia silva Italiæ, non nisi in parte reperiuntur hi glires. In Lycia dorcades non transeunt montes Syris vicinos : onagri montem, qui Cappadociam a Cilicia dividit. In Hellesponto in alienos fines non commeant cervi : et circa Arginusam Elaphum montem non excedunt, auribus etiam in monte fissis. In Poroselene insula viam mustelæ non transeunt : in Bœotiæ Lebadia illatæ solum ipsum fugiunt, quæ juxta in Orchomeno tota arva subruunt, talpæ, quarum e pellibus cubicularia vidimus stragula : adeo ne religio quidem a portentis submovet delicias. In Ithaca lepores illati moriuntur extremis quidem in lit-

de former, avec des tonneaux, des garennes pour les loirs. L'expérience a fait reconnaître qu'on n'y peut rassembler que des loirs originaires de la même forêt; et que si l'on en mêle qui soient nés dans des lieux séparés par un fleuve ou par une montagne, ils se battent et se détruisent. Ces animaux nourrissent avec une piété vraiment filiale leurs pères accablés de vieillesse. Cette vieillesse a pour terme le repos de l'hiver; car alors ils se tiennent renfermés et couchés. L'été les rajeunit. Les nitèles (mulots) dorment aussi pendant l'hiver.

Patrie des diverses espèces animales.

LXXXIII. 58. Un fait merveilleux de la nature, c'est qu'elle ait non-seulement assigné divers animaux à diverses régions, mais encore qu'elle ait, dans le même climat, interdit quelques localités à certaines espèces. Les loirs dont je viens de parler ne se trouvent pas dans la forêt Mésienne en Italie, si ce n'est dans une partie. Dans la Lycie, les dorcades ne passent jamais les montagnes voisines des Syriens, ni les onagres la montagne qui sépare la Cappadoce de la Cilicie. Les cerfs ne traversent point le détroit de l'Hellespont, et jamais ne vont au delà du mont Elaphe, auprès d'Arginuse; ceux de cette montagne sont même distingués par des oreilles fendues. Dans l'île de Poroselène est un chemin que les belettes ne traversent jamais. Les taupes transportées à Lébadée, en Béotie, fuient jusqu'au sol même de ce lieu; et près de là, dans le pays d'Orchomène, elles bouleversent toutes les campagnes. J'ai vu des couver-

toribus : in Ebuso, in littoribus, cuniculi : scatent juxta in Hispania, Balearibusque. Cyrenis mutæ fuere ranæ, illatis e continente vocalibus durat genus earum. Mutæ sunt etiam nunc in Seripho insula. Eædem alio translatæ canunt : quod accidere et in lacu Thessaliæ Sicendo tradunt. In Italia muribus araneis venenatus est **morsus** : eosdem ulterior Apennino regio non habet. Iidem ubicumque sint, orbitam si transiere, moriuntur. In Olympo Macedoniæ monte non sunt lupi, nec in Creta insula. Ibi quidem non vulpes, ursive, atque omnino nullum maleficum animal, præter phalangium : aranei id genus, de quo dicemus suo loco. Mirabilius, in eadem **insula** cervos, præterquam in Cydoniatarum regione, **non esse** : item apros, et attagenas, herinaceos. In Africa autem nec apros, nec cervos, nec capreas, nec ursos.

Ubi et quæ advenis tantum noceant : ubi et quæ indigenis tantum

LXXXIV. 59. Jam quædam animalia indigenis innoxia advenas interimunt : sicut serpentes parvi in Tirynthe :

tures de lits faites de peaux de taupes ; tant il est vrai qu'en dépit de la religion même, le luxe jouit des prodiges. Les lièvres transportés à Ithaque meurent en abordant au rivage. Les lapins meurent de même sur le rivage d'Ébuse ; et cependant, vis-à-vis de cette île, en Espagne et dans les Baléares, ils fourmillent. A Cyrène, les grenouilles étaient muettes ; et cette espèce subsiste toujours, quoiqu'on y ait transporté du continent des grenouilles coassantes. Aujourd'hui encore les grenouilles sont muettes dans l'île de Sériphe ; transportées ailleurs, elles cessent de l'être. Pareil phénomène s'observe dans le Sicende, lac de Thessalie. En Italie, la morsure de la musaraigne est venimeuse. Cet animal ne se trouve pas au delà de l'Apennin ; mais en quelque pays qu'il soit, il meurt aussitôt qu'il a traversé une ornière. Il n'y a point de loups sur l'Olympe, montagne de la Macédoine, ni dans l'île de Crète. On n'y trouve ni renards, ni ours, ni aucune autre espèce malfaisante, excepté les phalanges, sorte d'araignée dont je parlerai en son lieu. Un fait plus étonnant, c'est que dans cette île il n'existe de cerfs que dans le canton des Cydoniates. Il en est de même des sangliers, des attagènes et des hérissons. L'Afrique ne produit ni sangliers, ni cerfs, ni chèvres, ni ours.

Lieux où certains animaux ne nuisent qu'aux étrangers, et noms de ces animaux. Animaux qui ne nuisent qu'aux naturels du pays, leur patrie.

LXXXIV. 59. Certains animaux ne font point de mal aux naturels du pays, et tuent les étrangers : tels sont,

quos terra nasci proditur. Item in Syria angues, circa Euphratis maxime ripas, dormientes Syros non attingunt : aut etiamsi calcati momordere, non sentiuntur maleficia : aliis cujuscumque gentis infesti, avide et cum cruciatu exanimantes : quamobrem et Syri non necant eos. Contra in Latmo Cariæ monte Aristoteles tradit a scorpionibus hospites non lædi, indigenas interimi.

Sed reliquorum quoque animalium, et præterea terrestrium, dicemus genera.

à Tirynthe, de petits serpens qui, dit-on, naissent de la terre. En Syrie, et particulièrement sur les bords de l'Euphrate, les serpens n'attaquent pas les Syriens endormis; et si quelquefois ils mordent ceux qui les foulent aux pieds, leur morsure n'est point venimeuse ; mais, acharnés contre les étrangers, ils les poursuivent avidement, et les font périr dans les douleurs les plus cruelles : c'est pourquoi les Syriens ne les tuent pas. Aristote raconte que, tout au contraire, sur le Latmus, montagne de Carie, les scorpions ne blessent point les étrangers, mais qu'ils tuent les indigènes.

Je passe aux autres animaux, pour traiter ensuite des productions de la terre.

NOTES

DU LIVRE HUITIÈME.

CHAP. I, page 222, ligne 2. *Proximamque humanis sensibus.*

On a fort exagéré l'intelligence de l'éléphant; elle n'est pas supérieure à celle du chien, et les seules des actions de ce grand quadrupède, que des chiens et des chevaux ne pourraient apprendre à exécuter, sont celles pour lesquelles il emploie sa trompe, organe sensible, robuste, mobile dans tous les sens, et terminé par une espèce de pince propre à saisir les corps les plus déliés; encore voyons-nous chaque jour des chiens et des chevaux en faire presque autant avec leurs lèvres; mais l'opinion exprimée ici par notre auteur est celle que les voyageurs qu'il a consultés avaient prise aux Indes dans leurs entretiens avec les naturels. Les Indiens en effet ont encore cette idée exagérée des facultés de l'éléphant. Au reste il n'est sans doute pas nécessaire de réfuter ce qui suit sur leurs sentimens et leurs pratiques de religion. 　　　　　　　　　　　　　　　　　　　　G. CUVIER.

Page 224, ligne 5. *Genua submittunt.*

On apprend aisément à l'éléphant à ployer les pieds de devant; ainsi l'on doit se garder d'ajouter foi à l'assertion de quelques auteurs, qu'il ne peut fléchir les articulations de ses membres. 　　　　　　　　　　　　　　　　　　　　G. C.

Page 224, ligne 6. *Indis arant minores, quos appellant nothos.*

Il y a, dans les Indes, des individus de tailles très-différentes: la Cochinchine et le Tunquin en produisent de seize pieds et plus de hauteur; mais ceux que l'on a communément en domesticité dans l'Indostan ne passent guère huit ou neuf pieds, au rapport de M. Corse, qui a eu long-temps la direction de ceux de la compagnie anglaise des Indes. Du reste, ce ne sont que des variétés dans une seule espèce : il y a aussi des variétés pour la taille, pour la hauteur des jambes, et pour la grandeur des défenses.

G. C.

CHAP. II, page 224, ligne 17. *Postea et per funes incessere.*

Quelque incroyable que puisse paraître une danse sur la corde exécutée par des éléphans, le témoignage unanime de Sénèque, de Suétone et de Dion sur un fait qui avait eu lieu plusieurs fois à la vue de tous les Romains, ne permet pas de le révoquer en doute.

Elephantem, dit Sénèque (*Epist.* LXXXV), *minimus Œthiops jubet subsidere in genua et ambulare per funem.*

Suétone (*Galb.*, c. 6) nous apprend que ce fut Galba qui donna le premier ce spectale pendant sa préture : *novum spectaculi genus elephantos funambulos edidit.* Il se reproduisit aux jeux que Néron donna après le meurtre de sa mère (DION, ch. LXI, vers. fin.). Élien (lib. II, cap. XI) explique de quelle manière on était parvenu à dresser à ce point les éléphans que Germanicus fit voir, et rapporte expressément que c'étaient des individus nés à Rome. Columelle (*de Re rust.*, III, cap. 8) assure aussi positivement qu'il naissait des éléphans à Rome : *cum inter mœnia nostra natos animadverlamus elephantes.*

Si les modernes avaient fait attention à ces témoignages, ils n'auraient pas répété si long-temps la fable que l'éléphant ne produit jamais en captivité, fable d'ailleurs démentie par les expériences de M. Corse (Voyez les *Trans. philosoph.* de 1799).

G. C.

CHAP. IV, page 226, ligne 15. *Quæ Juba cornua appellat, Herodotus tanto antiquior, et consuetudo melius, dentes.*

Quoique la controverse sur la nature des défenses d'éléphant ait été renouvelée dans ces derniers temps, et que l'opinion de Juba, qui était aussi celle de Pausanias, ait été soutenue par plusieurs modernes, il est certain que c'est Hérodote qui avait raison. Ce sont des dents et non pas des cornes. L'ivoire diffère très-peu de la substance intérieure vulgairement dite osseuse, dans les dents ordinaires, et les défenses sont implantées dans l'os intermaxillaire qui porte ordinairement les dents incisives.

Je n'ai pas besoin de dire que tout ce que Pline ajoute sur le soin que les éléphans prennent de leurs défenses, et sur leurs précautions quand ils sont poursuivis, tient encore aux préjugés des Indiens.   G. C.

CHAP. V , page 230 , ligne 11. *Elephanti gregatim semper ingrediuntur, etc.*

Ce détail est vrai. Les éléphans sauvages vont en troupes, conduits et défendus par les vieux mâles.   G. C.

Page 232 , ligne 3. *Pudore nunquam nisi in abdito coeunt.*

Les éléphans mâle et femelle qui ont vécu long-temps en-semble au Muséum d'histoire naturelle, ont désabusé tout le monde sur la prétendue pudeur des éléphans, et d'ailleurs M. Corse est parvenu à en faire accoupler et produire en domes-ticité.   G. C.

Page 232 , ligne 3. *Mas quinquennis , femina decennis.*

Il y a ici double erreur ; les mâles ne sont pas plus précoces que les femelles, et celles-ci, selon M. Corse, ne reçoivent guère le mâle avant quinze ou seize ans.   G. C.

Page 232, ligne 4. *Initur..... biennio, quinis cujusque anni diebus, etc.*

La femelle d'éléphant porte pendant environ vingt mois. Celle de M. Corse mit bas au bout de vingt mois et dix-huit jours. En supposant qu'on ne lui laisse pas allaiter son petit, elle peut bien être recouverte après deux ans. Mais qu'il y ait cinq jours destinés à cela chaque année est une fable.   G. C.

CHAP. VII , page 236 , ligne 9. *Proboscidem eorum facillime amputari.*

La trompe des éléphans n'est en effet composée que de petits

muscles croisés en divers sens au travers d'un tissu graisseux,
enveloppé d'une membrane tendineuse, et de la peau ; on peut
aisément la blesser et la couper.   G. C.

CHAP. VII, page 238, ligne 18. *Ne quod obterat imprudens.*

L'éléphant, comme le cheval, évite de marcher sur un homme
ou sur un animal vivant. Il lui est arrivé souvent de placer doucement de côté avec sa trompe des enfans auxquels il aurait pu
faire mal.   G. C.

CHAP. IX, page 244, ligne 1. *Indicum Afri pavent..... nam et
major Indicis magnitudo est.*

Cette opinion de l'infériorité des éléphans d'Afrique, admise
aussi par Polybe (liv. II, c. 17), par Tite-Live (liv. XXXVII, c. 39),
par Appien (I, 172, éd. de 1760), par Diodore (liv. 11), par Philostrate (*Vit. Apoll.*, l. II, c. 6), par Solin (c. 25), était peut-être
vraie des éléphans de Barbarie, que les Carthaginois et les Romains avaient dans leurs armées, mais elle ne l'est pas de ceux
du midi de l'Afrique. Bosman donne aux éléphans de Guinée de
dix à treize pieds, et M. Lichtenstein (dans son *Voyage au Cap*, I,
p. 349) parle d'individus de quatorze et de dix-huit.   G. C.

CHAP. X, page 244, ligne 4. *Decem annis gestare*, etc.

Aristote est le plus approché du vrai. L'éléphant porte vingt
mois, ainsi que l'a constaté M. Corse. C'est une chose fort remarquable que l'histoire de l'éléphant soit sur tous les points
plus exacte dans Aristote que dans Buffon. Le premier a mieux
connu la durée des époques de la vie de cet animal, sa manière
de s'accoupler, de téter, etc.   G. C.

Page 244, ligne 7. *Gaudent amnibus*, etc.

L'éléphant aime en effet les lieux humides, mais il n'est pas vrai
que sa taille l'empêche de nager. Il nage bien quand l'eau est
assez profonde. Sa trompe lui permet même de nager entre deux
eaux. Il n'est pas vrai non plus qu'il ne puisse éprouver d'autres

maladies que l'enflure et le cours de ventre : il est sujet aux mêmes
maux que les autres herbivores, et partage le danger de plusieurs
avec nous. De trois éléphans que j'ai disséqués, deux étaient morts
d'une inflammation du poumon, le troisième d'une inflammation du
péritoine. Ce que dit notre auteur, que le froid est ce qui le fait
le plus souffrir, est naturel à penser d'un animal de la zone torride dont la peau n'est presque garnie d'aucun poil ; mais la race
d'éléphans, aujourd'hui éteinte, dont on trouve les os sous terre
dans toute l'Europe et dans tout le Nord de l'Asie, jusque sur
les bords de la mer Glaciale, était couverte d'une laine crépue,
mêlée de longs poils, et pouvait vivre dans les pays froids.

G. C.

Chap. X, page 244, ligne 11. Olei potu tela, etc.

Ce fait, tel qu'il est exprimé, n'a aucune vraisemblance. Aristote parle plus généralement : si quid ab hostibus in corpus adactum est olei potu ejici prœdicant (Hist. anim., VIII, c. 31). Peut-être
l'auteur original d'où il avait pris sa note n'entendait-il que des
poisons et non pas des traits. C'est ainsi que plusieurs faits rap-
portés par les anciens paraissent absurdes, parce que les auteurs
où nous les trouvons les ont altérés en les copiant sans les bien
comprendre. Élien a essayé de rendre de la vraisemblance à
celui-ci, en supposant que l'éléphant se délivre des traits, non
pas en avalant de l'huile, mais en appliquant de la fleur d'olivier
ou de l'huile sur sa blessure (Æl., Hist. anim., 11, c. 18).

G. C.

Page 244, ligne 17. Spirant et bibunt, odoranturque haud improprie
appellata manu.

Cela est vrai absolument pour la respiration, et pour l'odorat ;
mais, pour boire après avoir rempli d'eau par aspiration le double
canal de leur trompe, ils recourbent cet organe dans leur bouche
et y font jaillir le liquide.

Ce que l'auteur dit ensuite de la crainte que l'éléphant a des
rats, et de la douleur qu'une sangsue qu'il aurait aspirée dans sa
trompe pourrait lui faire éprouver, est très-exact : nos éléphans
de la ménagerie tremblent à la vue d'une souris : mais je n'ai pu

encore observer que cet animal écrase des mouches dans les plis
de sa peau. Il supplée au défaut de poils sur le corps et à la brièveté de ceux de sa queue, en jetant souvent de la terre avec sa
trompe sur son dos, soit pour se rafraîchir, soit pour chasser
les mouches. G. C.

Chap. X, page 246, ligne 13. *Quam quia ipsum ebur sibi mandere
videtur.*

J'ai tout lieu de croire que la trompe de l'éléphant préparée
comme les jambons, serait un mets agréable, parce qu'elle est
composée d'une infinité de petits lambeaux d'une chair délicate,
entrelardés dans une graisse fine : ainsi l'on n'avait pas besoin
pour en estimer le goût, de la mauvaise raison que Pline allègue.
G. C.

Chap. XI, page 248, ligne 4. *Maximos India, etc.*

Les éléphans d'Asie et ceux d'Afrique forment deux espèces
distinctes par la configuration de leur tête, les proportions de
leurs oreilles et les compartimens d'émail de leurs dents mâche-
lières. Les Indes possèdent aussi plusieurs grands serpens du genre
que l'on nomme aujourd'hui python, qui seraient très-capables
de nuire aux éléphans en s'entortillant autour de leur trompe ;
on ne voit pas cependant, par les relations modernes, qu'il y ait
rien de réel dans la guerre que notre auteur attribue à ces deux
genres d'animaux. Il s'est plu à décrire des combats chimériques
qui prêtaient à l'éloquence. G. C.

Chap. XII, page 250, ligne 1. *Elephantis frigidissimum esse
sanguinem.*

Le motif qu'il suppose aux serpens de se rafraîchir par le sang
de l'éléphant est absurde. C'est le serpent qui a le sang froid ;
celui de l'éléphant est aussi chaud que celui d'aucun autre quadrupède. G. C.

Page 250, ligne 5. *Quoniam is tantum locus defendi non possit
manu.*

J'aime assez la leçon proposée par Pélicier, *nisi manu*, quoique non autorisée par les manuscrits ni par Solin ; car il est clair que l'éléphant peut aussi bien défendre son oreille que le reste de son corps avec sa trompe ; mais il a plus de peine à la défendre en se roulant, se frottant, etc.   G. C.

CHAP. XIII, page 250, ligne 11. *Generat eos (dracones) et Æthiopia Indicis pares, vicenum cubitorum.*

Il y a, en effet, en Afrique, comme aux Indes et en Amérique, des serpens de trente pieds et plus de longueur, appartenans au genre des pythons. Le cabinet du roi en possède un squelette long de dix-neuf pieds, et plusieurs peaux de vingt et de vingt-cinq.   G. C.

Page 250, ligne 12. *Unde cristatos Juba crediderit.*

Aucun serpent connu n'a de crête : mais Juba donnait peut-être aussi le nom de dragon à quelques grands lézards de la famille des iguanes.   G. C.

Page 250, ligne 14. *Narratur in maritimis eorum, etc.*

La mer des Indes possède plusieurs serpens aquatiques et venimeux des genres des hydrophis, des pélamydes, des hydres ; mais ils ne nagent pas la tête haute, ni entrelacés à quatre ou à cinq.   G. C.

CHAP. XIV, page 250, ligne 20. *Hauriant cervos, taurosque.*

Il est certain que les serpens, par une organisation particulière de leurs mâchoires, peuvent avaler des animaux plus gros qu'eux, et qu'un python, par exemple, que lord Amherst amenait vivant de Batavia, a englouti une chèvre, mais après en avoir brisé les os avec les replis de son corps, l'avoir comprimée et humectée de salive, etc. Un pareil serpent, fût-il long de soixante pieds, ne pourrait avaler un taureau sans l'avoir ainsi préparé.   G. C.

Chap. XIV, page 252, ligne 3. *Alites haustu raptas absorbeant.*

L'on attribue partout aux serpens le pouvoir de fasciner pour ainsi dire les petits oiseaux et les animaux, et de les attirer malgré eux, mais pas de si loin. M. Barton nous paraît avoir réduit à sa juste valeur cette faculté dans le serpent à sonnettes à qui on l'accordait au suprême degré. (*Voyez* son écrit intitulé *Memoir concerning the fascinating faculty ascribed to the rattle-snake.* Philadelphie, 1796, in-8°.) Il a prouvé que ce reptile ne s'empare que des petits oiseaux qui nichent près de terre, et qu'il les saisit au milieu des mouvemens qu'ils se donnent pour défendre leurs petits.   G. C.

Page 252, ligne 5. *Serpens* CXX *ped. longitudinis.*

Nous n'avons aucune connaissance d'un serpent qui approche de cette taille.   G. C.

Page 252, ligne 8. *In Italia appellatæ boæ.*

Les plus grands serpens d'Italie sont la couleuvre d'Esculape et la couleuvre à quatre raies qui atteignent au plus six pieds de longueur. Il faudrait supposer que celui que l'on tua au Vatican était un vrai boa ou python ; mais d'où serait-il venu ? G. C.

Page 252, ligne 10. *Aluntur primo bubuli lactis succo.*

C'est une opinion généralement reçue que les couleuvres tètent les vaches : vraie ou fausse, elle explique l'étymologie du nom de boa, qui, étant celui d'un serpent d'Italie, n'aurait pas dû être transporté, comme l'a fait Linnæus, à un genre entièrement composé d'espèces de la zone torride et même presque du nouveau continent.   G. C.

Chap. XV, page 252, ligne 17. *Jubatos bisontes, excellentique vi et velocitate uros.*

Ce passage a occasioné bien des disputes et bien des erreurs ;

il a fait chercher dans le nord de l'Europe deux espèces de bœufs sauvages. La vérité est qu'il n'y en a aujourd'hui qu'une seule, l'aurochs des Allemands, le zubr des Polonais, etc. Les vieux mâles sentent le musc, en allemand *bisam;* et c'est ce qui pourrait avoir donné lieu au nom de bison, comme *aurochs,* qui signifie bœuf de montagne, a fait naître celui d'*urus.* Néanmoins on trouve sous terre, en différentes contrées, des crânes de deux espèces; les unes d'aurochs, les autres qui paraissent avoir appartenu à notre bœuf domestique quand il était sauvage, état où il n'existe plus aujourd'hui; car l'aurochs n'est point, comme l'a cru Buffon, le type original de notre bœuf. Il ne serait pas impossible que celui-ci eût encore été sauvage en quelques endroits du temps de Pline, et que la distinction que notre auteur établit entre les bisons et les urus fût ainsi justifiée (*Voyez* le chapitre sur les bœufs, dans mes *Recherches sur les ossemens fossiles,* 2ᵉ et 3ᵉ édit., tom. IV, p. 109).

L'aurochs, réfugié aujourd'hui dans quelques forêts de la Lithuanie ou du Caucase, est un grand bœuf à cornes rondes, à front bombé, haut sur jambes, couvert d'une sorte de laine grossière d'un brun foncé, plus longue et plus fournie sur le garrot, où elle forme une apparence de bosse, surtout dans le vieux mâle.   G. C.

CHAP. XV, page 252, ligne 18. *Bubalorum nomen, etc.*

L'application du nom de bubale n'est pas douteuse, d'après cette simple indication de Pline. C'est, comme l'a conjecturé Hardouin, l'*antilope bubalis,* LIN. (BUFFON, *Suppl.,* tome VI, pl. 14). Strabon confirme cette indication en plaçant le bubale avec les gazelles (liv. XVII), et Aristote en l'associant au cerf et au daim (*Hist. an.,* III, c. 6). Oppien (*Cyneg.,* l. II, v. 300 et suiv.) la complète, en disant que les cornes du bubale s'élèvent d'abord, et qu'ensuite leurs pointes se recourbent vers le dos; mais ce qu'il ajoute, que sa taille est intermédiaire entre le daim et le chevreuil, ne s'applique pas si bien. L'antilope bubalis surpasse même le daim. Peut-être Oppien n'en avait-il vu que de jeunes individus.   G. C.

Chap. XVI, page 254, ligne 2. *Septentrio , etc.*

Il y a encore aujourd'hui, dans plusieurs endroits de la Tartarie, des troupeaux de chevaux redevenus sauvages depuis beaucoup de générations.   G. C.

Page 254, ligne 3. *Sicut asinorum Asia et Africa.*

Les déserts de la Tartarie méridionale, ceux de la Perse et de la Syrie nourrissent aussi de nombreux troupeaux d'onagres ou ânes sauvages.   G. C.

Page 254, ligne 3. *Prœterea alcem..... achlin.*

Voici encore un endroit où Pline, trompé par une légère différence d'orthographe, pourrait avoir fait deux animaux d'un seul, en copiant sans critique des notices de deux auteurs. Il s'agit probablement de l'élan (*cervus alces*, L. ; BUFFON, *Supp.* VII, pl. 80), nommé encore aujourd'hui *elk* dans plusieurs langues du Nord. Cet animal a en effet les caractères attribués à l'alcé et à l'achlis. Sa taille est celle d'un mulet; son cou est court; ses oreilles et sa lèvre supérieure sont très-longues: ses jambes, fort élevées ; à la vérité il ne manque point d'articulations, mais aucun quadrupède n'en manque; et cette fable même peut être excusée par une maladie que l'on a comparée à l'épilepsie, et à laquelle on prétend encore à présent dans le nord que l'élan est sujet. Ce qui achève de prouver que l'alcé et l'achlis étaient la même chose, c'est que César (*de Bell. Gall.*, l. VI) attribue précisément à l'alcé ce que dit Pline de l'achlis. Pline ne donne de bois ni à l'un ni à l'autre: mais ceux dont il avait pris ses notes ne connaissaient peut-être que des élans femelles.   G. C.

Page 254, ligne 2. *Bonasus, etc.*

Ce passage est emprunté d'Aristote (*Hist. an.*, liv. IX, c. 45), excepté que la distance de quatre pas (quatre orgyes) à laquelle le philosophe dit que cet animal lance ses excrémens, est méta-

morphosée par notre auteur en celle de trois *jugera* ou six arpens.
Qu'est-ce d'ailleurs qu'une longueur de trois *jugera?* les *jugera*
étaient une mesure de surface et non pas de longueur (cent **vingt**
pieds sur deux cent quarante. *Voyez* VARRON, *de R. R.*, x). Aristote se borne aussi à dire que les excrémens du bonasus brûlent
assez (sont assez âcres) pour faire tomber le poil des chiens qu'ils
atteignent. Pline les fait brûler comme du feu. Quant au bonasus
lui-même, la description d'Aristote répond complètement à celle
de l'aurochs, excepté les cornes qu'il dit courbées sur elles-mêmes
et inutiles au combat. C'était peut-être une circonstance accidentelle de l'individu qu'il décrivait. Nous avons au Muséum le squelette d'un aurochs dont une des cornes est ainsi tortue.   **G. C.**

CHAP. XVI, page 254, ligne 14. *Quapropter fuga sibi auxiliari,
reddentem in ea fimum, interdum et trium jugerum longitudine.*

Si l'on considère qu'Aristote est le seul des Grecs qui ait parlé
du bonasus ; que cet animal n'a été reconnu par aucun des naturalistes grecs ou latins qui ont écrit après lui ; que Pline lui-
même n'en parle qu'avec incertitude ; *tradunt in Pæonia feram,
quæ bonasus vocatur*, etc., on verra que notre auteur n'a pu répéter ici que ce qu'en avait dit le philosophe grec : Ἀμύνεται
δὲ λακτίζων, καὶ προσαφοδεύων, καὶ εἰς τέτ1αρας ὀργυιὰς ἀφ'
ἑαυτοῦ ῥίπ1ων. Sa défense est de ruer et de lâcher ses excrémens,
qu'il lance jusqu'à la distance de quatre brasses (traduction de
C. Camus). Comment donc a-t-on rendu le mot ὀργυιὰ par
jugerum? Hérodote (l. II) , voulant exprimer quelle est la profondeur du lac Méris, s'était servi du mot πεντηκοντόργυιον,
et Pline, parlant de ce même lac (l. v, § 59) , dit que sa profondeur est de cinquante pas. Ainsi, l'orgye grecque était la
même chose que le pas romain.

Brotier propose de lire : *Trium passuum longitudine.*

GUEROULT.

CHAP. XVII , page 254 , ligne 19. *Mirum pardos, etc.*

Tous les animaux du genre des chats ont des ongles rétractiles,
c'est-à-dire munis de ligamens élastiques qui les redressent, et

en dirigent la pointe vers le haut, pendant tout le temps où l'animal ne fait pas agir ses muscles pour les rabaisser, effort qu'il ne fait qu'à l'instant où il veut s'en servir pour agripper. C'est ainsi que les ongles, comme le remarque notre auteur, conservent leur tranchant et leur pointe.   G. C.

CHAP. XVII, page 256, ligne 6. *Quos vero pardi generavere.*

Les anciens donnaient le nom de léopard à un prétendu produit mélangé du *pard* ou panthère et de la lionne. Je n'ai pas besoin de dire que cette opinion du mélange des différentes espèces rassemblées près des sources en Afrique, est fabuleuse. Elle fut probablement occasionnée par les espèces inconnues au reste du monde, que l'on amenait de temps en temps de ce pays-là, et dont on voulait ainsi expliquer la variété. Ce passage est emprunté d'Aristote (*Hist. an.*, l. VIII, c. 28).   G. C.

Page 256, ligne 15. *Semel autem edi partum.*

Cette fable est dans Hérodote (lib. III). Aristote la réfute (l. VI, c. 31).   G. C.

Page 258, ligne 8. *Leœnam primo fetu parere quinque catulos, etc.*

Aristote ne dit cela (du moins dans l'*Hist. des an.*, l. VI, c. 31) que des lionnes de Syrie; un peu auparavant il avait dit des lionnes en général qu'elles font ordinairement deux petits; jamais plus de six, quelquefois un seul, et c'est ce qu'on a en effet observé à la ménagerie du Muséum.

Au reste il n'y a nulle vraisemblance que les lionnes de Syrie aient fait leurs petits selon un ordre particulier.   G. C.

Page 258, ligne 10. *Informes minimasque carnes, etc.*

Aristote dit (*de Gen. an.*, l. IV, c. 6) *inarticulatos et cœcos.* Ils ne sont rien de tout cela : les petits lions naissent les yeux ouverts et du reste aussi bien formés que les petits chats, et grands comme des chats adultes ; leur première livrée consiste en raies trans-

versales brunes sur un fond fauve. Ils marchent avant deux mois.
Nous avons constaté ces faits à la ménagerie.   G. C.

CHAP. XVII, page 258, ligne. 13. *Inter Acheloum Nestumque, etc.*

Aristote (*Hist. an.*, l. VI, c. 31 ; et l. VIII, c. 28) et Hérodote
(l. VII) l'ont dit.

Hérodote assure que les chameaux de l'armée de Xerxès furent
dévorés en Thrace par des lions. Xénophon (*Cyneg.*, cap. 11)
place des lions et des panthères sur le mont Pangée et le Cittus,
au nord de la Macédoine.   G. C.

CHAP. XVIII, page 258, ligne 17. *Leonum duo genera.*

Nous ne connaissons plus aujourd'hui ces lions crépus que les
anciens ont si souvent représentés. Auraient-ils été précisément
de cette race d'entre l'Achéloüs et le Nestus ; ou bien ne se-
raient-ils que le produit d'une fantaisie d'artiste, que les naturalistes auraient pris pour une image d'objet réel ?

Nous ne connaissons pas non plus des lions mâles adultes sans
crinière ; cependant M. Olivier dit en avoir vu à Bagdad. G. C.

Page 260, ligne 2. *Urinam mares crure sublato reddere.*

Les lions urinent en arrière comme les panthères, etc. G. C.

Page 260, ligne 16. *Leoni tantum ex feris clementia.....*

J'ai peur que la générosité du lion ne soit aussi imaginaire que
la sagesse de l'éléphant. Les faits qu'on en rapporte se réduisent à
ce que des lions qui n'avaient pas faim ont épargné leurs victimes ;
ou à ce que, surpris par quelque objet inaccoutumé, ils ont lâché
leur proie ; mais c'est ce qui peut arriver à tout animal, même au
plus carnassier.   G. C.

Page 262, ligne 5. *Serpentes extrahi cantu.*

Il est très-vrai qu'en beaucoup de pays, nommément en
Égypte, des charlatans, apparemment successeurs des anciens

psylles, savent attirer les serpens, non par des chants, mais en imitant leur cri. M. Geoffroy Saint-Hilaire en a été témoin et est aisément parvenu à en faire autant. D'un secret si simple que les Marses possédaient sans doute aussi, est née l'opinion de toute l'antiquité sur la vertu des enchantemens.   G. C.

CHAP. XVIII , page 264, ligne 11. *Atque hoc tale , etc.*

Le feu effraie le lion comme les autres carnassiers ; il se peut qu'il ait aussi quelquefois eu peur d'une roue tournant rapidement ; mais pour le coq , loin de le craindre il le mange. Néanmoins Lucrèce s'amuse à rechercher gravement la cause de cette prétendue antipathie.   G. C.

CHAP. XXIII , page 272 , ligne 14. *Panthera.*

Ce nom , au féminin , n'est pas le même que le πανθὴρ des Grecs. On voit par les passages originaux, dont Pline a emprunté ce qu'il dit de sa panthère , que les anciens Grecs nommaient cet animal πάρδαλις. Pline dit un peu plus bas qu'à Rome le mâle se nommait *pardus*, et qu'on donnait aux deux sexes la dénomination de *varia*.

D'après l'indication qu'il donne de ses couleurs et de ses taches , d'après la taille et la force que suppose le fréquent emploi que l'on en faisait dans les jeux publics, et d'après les préparatifs que Xénophon (*Cyneg.* , cap. 11) recommande pour leur chasse, on ne peut douter que ce ne soit l'un des animaux d'Afrique nommés encore aujourd'hui, par les naturalistes, panthère et léopard ; il est même probable que les Romains les confondaient sous le nom unique de panthère : mais Oppien en distingue bien les deux espèces (*Cyn.*, III , 63). Le nom de léopard ne se trouve que dans des auteurs beaucoup postérieurs à Pline, et ne désigne que le produit imaginaire de la lionne avec le *pardus*, ou panthère mâle, produit déjà indiqué , mais non pas nommé ci-dessus. (*Voyez* la note p. 417.)

Ce nom même de *panthera*, ainsi que celui de *panther*, composé de πᾶς , *tout*, et de θηρίον , *bestia* , tient aussi à l'opinion

27.

de ces prétendus mélanges des animaux près des sources de l'Afrique, mélanges auxquels on attribuait l'origine de l'espèce de la panthère.

Le πανϑήρ des Grecs était tout différent de leur πάρδαλις, ou du *panthera* de Pline. Oppien le range avec les chats, les loirs, et autres animaux sans force (*Cyn.*, II, 572). G. C.

CHAP. XXIII, page 272, ligne 17. *Ferunt odere earum mire sollicitari quadrupedes cunctas.*

Cette assertion, probablement fabuleuse, quoique prise d'Aristote (*Hist. an.*, l. IX, c. 6), a engagé quelques naturalistes à supposer que le *panthera* ou le *pardalis* est la civette ; mais Aristote ni Pline ne disent point que l'odeur de la panthère ait été agréable pour l'homme : c'est une addition faite par Élien (*Hist. anc.*, l. V, c. 40), et sans doute un commentaire de son invention. Ce que l'on rapporte de la grandeur et de la force de la panthère, ainsi que des préparatifs que sa chasse exige ; ce que dit Élien lui-même (l. VIII, c. 6), que le pardalis prend aisément les singes à la course, ne peut s'appliquer à la civette, animal de l'intérieur de l'Afrique, que les anciens ne paraissent pas avoir connu.   G. C.

Page 274, ligne 2. *Creberrimo in Africa Syriaque.*

Xénophon (*Cyn.*, cap. 11) place encore des pardalis sur le mont Pangée, en Macédoine ; mais Aristote (l. VIII, c. 28) dit déjà qu'il n'y en a point en Europe.   G. C.

CHAP. XXIV, page 274, ligne 12. *Augustus...... tigrin primus omnium Romœ ostendit, etc.*

Il s'agit ici du tigre de l'Indostan, rayé en travers de noir. Suétone confirme ce fait (*Aug.* 20).   G. C.

Page 274, ligne 18. *In cavea mansuefactum.*

Buffon représente le tigre comme absolument incapable d'être

adouci ; mais l'expérience prouve le contraire : nous en avons
eu au Muséum d'aussi privés qu'aucun autre grand carnassier ;
ils léchaient les mains de leur gardien. C'est encore ici un
exemple de l'utilité que peuvent avoir les anciens naturalistes,
au moins pour empêcher d'établir témérairement des proposi-
tions trop générales. G. C.

CHAP. XXV, page 274, ligne 18. *Divus.... Claudius simul quatuor*
(tigres ostendit).

Dans l'hiver de 1809 à 1810, on découvrit à Rome, dans un
jardin non loin de l'arc de Gallien, un pavé en mosaïque de
pierres naturelles assorties, à la manière dite de Florence, représentant quatre tigres rayés dévorant des têtes de bœuf, et
parfaitement rendus. Peut-être avait-on eu en vue, dans cet ouvrage, les tigres montrés par Claude.

Il paraît qu'on en vit beaucoup d'autres après Pline. Martial
(l. VIII, ep. 26) dit à Domitien :

> Non tot in Eois timuit Gangeticus arvis
>   Raptor in Hyrcano qui fugit albus equo,
> Quot tua Roma novas vidit, Germanice, tigres ;

trait où il fait allusion à ce que dit Pline de la façon dont on
prend les petits tigres. Lampride assure qu'Héliogabale fit atteler
des tigres à son char, pour mieux représenter Bacchus ; autre
preuve que le tigre n'est pas indomptable. G. C.

CHAP. XXVI, page 276, ligne 11. *Differunt, etc.*

Cette distinction des chameaux de Perse et d'Arabie est très-
juste, et prise d'Aristote (*Hist. an.*, l. II, c. 1), où il se
trouve une excellente description de ces animaux. Le reste de
leur histoire, dans Pline, est aussi fort exact, excepté la haine
qu'il leur prête, encore d'après Aristote, pour les chevaux ; opinion qui tient sans doute à quelqu'évènement particulier, où
des chameaux et des chevaux, s'étant rencontrés pour la première fois, se seront effrayés mutuellement.

Aujourd'hui les caravanes offrent un mélange continuel des

uns et des autres; on dit même qu'en Arabie les poulains tettent les femelles de chameaux.   G. C.

Снар. **XXVII**, page 278, ligne 6. *Nabun , etc.*

Cette description de la girafe est assez exacte ; il est singulier cependant que l'auteur n'ait point remarqué la disproportion de son train de devant. Dion en donne une plus exacte encore (l. **XLIII**).

On en voit une figure dans la mosaïque de Palestrine, avec son nom *νάβις*.   G. C.

Page 278 , ligne 10. *Cæsaris Circensibus ludis.*

Ce fut deux ans avant la mort de ce dictateur, l'an de Rome 708. Dion rapporte aussi ce fait (*loco citato*). Jules Capitolin (*Gord.*, III, c. 23) assure qu'il y avait eu dix girafes rassemblées sous Gordien III, qui furent tuées aux jeux séculaires de Philippe : ce qui nous fait d'autant mieux connaître combien les Romains mettaient de soin à se procurer des animaux rares, c'est que l'Europe moderne n'avait vu que deux ou trois girafes vivantes, dont la plus connue est celle que le soudan d'Égypte avait donnée à Laurent de Médicis, et dont on voit encore aujourd'hui l'image dans les fresques qui ornent le palais du Poggio Caiano ; mais il vient d'en être envoyé presque en même temps quatre en Europe par le pacha d'Égypte, savoir, au grand-seigneur, au roi de France, au roi d'Angleterre et à l'empereur d'Autriche.   G. C.

Page 278, ligne 15. *Chama , quem Galli Rufium.*

Les éditions ordinaires portent *chaum* et *raphium*. Hardouin a mis *chama* et *rufium*, d'après un manuscrit qu'il appuie de l'autorité d'Albert-le-Grand (*de An.*, l. XXII, tr. 11, c. 1); mais Albert a estropié une foule d'autres noms anciens. Ces mots *quem Galli raphium vocabant* supposent qu'il s'agit d'un animal du Nord, et Albert (*loco cit.*) ne le fait venir du tropique que pour avoir mal ponctué ce passage de Pline ; or, il n'y a dans le Nord d'animal tacheté que le lynx ou loup cervier : tout au plus pourrait-on mettre en concurrence le genette, qui habite en assez grand nombre le midi de la France ; mais Pline annonce lui-même, par la manière dont il parle du loup cervier (l. VIII, ch. 34), que c'était lui qu'il avait désigné précédemment sous le nom de chaus, et que ce chaus venait des Gaules. Il y a encore à présent des loups cerviers dans les Pyrénées. Güldenstedt (*Nov. comm. petrop.*) a appliqué arbitrairement ce nom de chaus à une autre espèce de lynx qui habite les marais dans le Caucase.

G. C.

CHAP. XXVII, page 278, ligne 16. Κήπους.

On voit bien, par cette ressemblance des pieds et des mains du κῆπος avec les nôtres, qu'il s'agit d'une espèce de singe ; mais de laquelle ?

Κῆβος, selon Aristote (*Hist. an.*, l. II, c. 13), n'est qu'un singe à queue, en général une guenon ; mais on a pensé que κῆπος avait une signification particulière, parce qu'autrement Pline n'aurait pas pu dire qu'il n'avait paru à Rome qu'une fois.

Élien (*Hist. an.*, l. XVII, c. 8) donne la description détaillée d'un κῆπος, d'après le livre de Pythagore sur la mer Rouge : « C'est, dit-il, un animal terrestre des bords de cette mer. Son nom signifie *jardin*, parce que ses couleurs sont variées. Il est de la taille d'un chien d'Érétrie. Sa tête, son dos, son épine jusqu'à la queue, sont de couleur de feu mêlée de poils dorés. Sa face est blanche jusqu'aux joues, que suivent des bandes dorées. Le cou, la poitrine, le ventre, les pieds de devant sont blancs, les pieds de derrière noirs. On lui voit deux mamelles bleuâtres, assez grandes pour remplir la main. On peut comparer la forme de son museau à celle du cynocéphale. »

Il est évident, d'après cette description, que le κῆπος de Pythagore est le *patas* de Buffon (*simia rubra*, L.), et même elle donne une très-bonne idée de la manière dont Pythagore écrivait sur l'histoire naturelle.

Selon Agatharchides (*Ap. Phot. bibl.*, CCL, c. 39), « le κῆπος avait la face du lion, le corps du panther (et non pas de la pan-

thère), et la taille du chevreuil. » Cette description vague ne
pouvait guère s'appliquer qu'à quelque singe à crinière, comme
à l'ouanderon (*S. silenus*, L.) ou à l'hamadrias. Strabon (l. XVI,
p. 775 , édit. Casaub.) et Diodore (l. III , p. 168) parlent du
κῆπος exactement dans les mêmes termes ; mais Strabon , dans
son livre XVII , p. 812 , fait aussi mention d'un animal d'Éthiopie , adoré par les habitans de Babylone d'Égypte, qu'il nomme
κεῖπος ou κῆπος , et qui, dit-il , a la face du satyre, et pour tout
le reste est intermédiaire entre l'ours et le chien. Il s'agit manifestement là de quelque espèce de papion , et très-probable-
ment du *simia sphynx* , L.

D'après ces citations , je suis porté à croire que *cebus , cepus ,
cepon* venaient de quelque nom éthiopien , désignant générique-
ment les guenons ou singes à queue , nommés en grec *cercopithèques* , et que l'explication de ce mot, d'après sa ressemblance
avec celui qui signifie *jardin* en grec , est puérile ; que chaque
auteur a décrit l'espèce de singe à queue qu'il a vue , et lui a
appliqué le nom de *cebus* ou de *cepus ,* sans connaître les autres
espèces , ou sans y songer ; enfin , que Pline , n'ayant trouvé
qu'une fois ce nom de *cepus* dans les annales, ne s'est pas rap-
pelé qu'il pouvait être le même que le *cebus* ou *cercopithèque ,* et a
dit trop légèrement qu'on ne l'avait pas revu à Rome. **G. C.**

CHAP. XXIX , page 280 , ligne 4. *Rhinoceros , unius in nare
cornus , etc.*

C'est le rhinocéros des Indes , tel que Strabon l'a décrit avec
exactitude à Alexandrie. Il faut que Dion se soit trompé en disant que le rhinocéros parut pour la première fois à Rome lorsque Auguste triompha de Cléopâtre.

Les érudits ont eu pendant long-temps bien de la peine à
concilier ces mots , *unius cornus ,* avec les vers où Martial indique deux cornes dans le rhinocéros que montra Domitien :

> Namque gravem gemino cornu sic extulit ursum,
>   Jactat ut impositas taurus in astra pilas.

Pierre Camper, célèbre anatomiste , a fait voir que le rhino-

céros de Domitien était de l'espèce bicorne , comme on peut
même s'en convaincre par les médailles de cet empereur. Au reste,
les critiques auraient pu savoir, par Pausanias , qu'il existe des
rhinocéros à deux cornes, car il en décrit fort bien un sous le
nom de taureau d'Éthiopie.   G. C.

CHAP. XXX , page 280, ligne 11. *Lyncas..... Æthiopia generat.*

Le lynx primitif des anciens venait des Indes, comme on le
voit par ce vers d'Ovide :

Victa racemifero lyncas dedit India Baccho.

Il appartenait au genre des chats , puisque Élien (l. XIV, c. 6)
le compare au pardalis. Il avait, selon le même auteur, des bou-
quets de poils aux oreilles, τὰ ὦτα λάσιος : on peut donc croire
que c'était le caracal (*felis caracal*, L.). L'Éthiopie nourrit aussi
des caracals ; ainsi, le paragraphe de Pline n'est point contraire
à notre explication. Il est naturel, d'ailleurs , que l'on ait transporté ce nom à notre lynx actuel, qui habite en Barbarie aussi
bien que dans toutes les parties boisées et peu peuplées de l'Europe , mais qui a disparu ou est devenu excessivement rare
partout où la population a fait des progrès. Il y en a encore dans
les Pyrénées et dans les montagnes du royaume de Naples.
                                                   G. C.

Page 280, ligne 11. *Sphingas.*

Les anciens ont appliqué les noms de sphynx , de satyres aux
animaux réels qui leur paraissaient avoir le plus de rapports avec
ces êtres fantastiques : ainsi , le sphynx aura été quelque espèce
de singe : c'est du moins ce que l'on peut affirmer de celui de
Philostorge (*Hist. eccl.* , l. III , c. 11) , dont voici la description : « C'est une espèce de singe à corps velu comme les autres, mais dont la poitrine est nue jusqu'au col. Il a des mamelles,
et son visage fort arrondi ressemble aussi à celui de la femme ; »
description qui s'appliquerait fort bien au chimpansé (*S. troglodytes*) , mais qui , au fond, est trop peu déterminée pour ne
pas convenir à la plupart des grandes guenons.   G. C.

CHAP. XXX, page 280, ligne 14. *Pegasos vocant.*

De ce que l'Éthiopie produit des lynx et des sphynx, animaux qui, comme nous venons de le voir, n'ont rien de
monstrueux, Pline conclut légèrement, à son ordinaire, qu'elle
peut bien produire aussi des chevaux ailés et cornus ; mais ce
n'est pas tout-à-fait la même chose. Il est, je crois, le seul qui
ait donné des cornes à ces pégases.   G. C.

Page 280, ligne 14. *Crocottas, velut ex cane lupoque conceptos,
omnia dentibus frangentes, protinus devorata conficientes ventre.*

Arthémidore selon Strabon (l. XVI) ; Diodore (*Bibl.* III) ;
Agatharchides (*Ap. Phot.*, *Bibl. eod.* CCL, c. 39), s'accordent
à faire de la crocutte ou crocotte un produit du loup et du
chien, et à le représenter comme plus féroce que l'un et que
l'autre ; mais le mélange du loup et du chien, quoique facile
et commun aujourd'hui dans les ménageries, ne produit point
d'espèce durable ; aussi Pline dit-il : VELUT *ex cane lupoque conceptos.* Il entend donc seulement que c'est une espèce qui partage
les caractères des deux autres ; ce qui pourrait se rapporter, soit
à l'hyène, soit au chacal ; mais ce que Pline ajoute : *omnia dentibus frangentes,* s'applique mieux à l'hyène, celui de tous les
carnassiers qui a les dents les plus robustes et brise le mieux les
os. Il ne faut pas objecter qu'il parle ailleurs de l'hyène sous son
nom ordinaire ; il n'avait pas assez de critique pour faire un tel
rapprochement. Au reste, le passage primitif sur la crocotte est
de Ctésias (*Indic.*, c. 32), et l'on y trouve réunis les traits attribués ici à la crocotte, et un peu plus loin à la léoncrocotte.

« Il y a en Éthiopie un animal d'une force prodigieuse, appelé crocotte, communément *cynolycus* (chien-loup) ; on dit
qu'il imite la voix humaine, qu'il appelle de nuit les hommes
par leur nom, et les dévore quand ils s'approchent. On lui attribue la magnanimité du lion, la vitesse du cheval, la force
du taureau : le fer ne peut le détruire. »

Presque tout cela a été dit de l'hyène par les Orientaux.
                                                        G. C.

Chap. XXX , page 280, ligne 16. *Cercopithecos nigris capitibus,
pilo asinino.*

Il ne manque pas dans les Indes de singes à longue queue, à
poil gris, à face noire ; tels sont l'entelle (*simia entellus*), le
malbrouc (*simia faunus*); mais nous n'en connaissons point qui
aient, avec un poil gris, toute la tête noire.   G. C.

Page 280, ligne 18. *Indicos boves unicornes , etc.*

J'avoue que, malgré l'autorité d'Hardouin , j'aimerais mieux
Indi ou *India boves*, etc. Je ne vois pas quel sens auraient ces
mots *Æthiopia generat boves Indicos.* Il est vrai qu'on peut m'objecter que le taureau sauvage, dont il est question quelques lignes
plus bas, est, selon Agatharchides , un animal d'Éthiopie ; mais
je réponds qu'en revanche la mantichore, mentionnée un peu
plus loin d'après Ctésias, est certainement des Indes, selon cet
auteur. Puisqu'il faut que Pline ait transposé un des deux animaux, j'aime mieux admettre la transposition qui produit le moins
de contre-sens. Il est sûr d'ailleurs que, du temps de Solin,
les manuscrits portaient déjà *Indi* ou *India*, puisque c'est dans
l'Inde que cet auteur, en copiant Pline, place le taureau sauvage. Enfin, les Éthiopiens sont souvent appelés Indiens.
                                                             G. C.

Page 280, ligne 19. *Leucrocotam , etc.*

Voici encore une de ces descriptions auxquelles on ne peut
attribuer de réalité qu'en les supposant formées de la confusion
de plusieurs êtres différens. La rapidité, la taille égale à celle de
l'âne, les jambes de cerf, la queue et l'encolure du lion (c'est-à-dire
sans doute garnie de crinière), le pied fourchu, semblent indiquer
le gnou (*antilope gnu*, Gmel.). L'imitation de la voix humaine est
un des contes que l'on a toujours faits sur l'hyène dans l'Orient;
aussi Ctésias (*Indic.* , 32) et Agatharchides (*Ap. Phot. Bibl.* ,
cod. ccl) ne l'attribuent-ils qu'à la crocotte, et non pas à la
léoncrocutte; mais une gueule osseuse (c'est-à-dire dure) et
sans dents, où la trouver parmi les mammifères ? On n'en a
d'exemple que dans les tortues. Peut-être l'auteur original d'où

cet article est tiré avait-il voulu seulement indiquer la gencive dure, qui remplace dans le gnou, comme dans tous les ruminans, les dents incisives de la mâchoire inférieure. Ce qui prouve que Pline n'avait pas des idées bien nettes de tous ces animaux, c'est qu'après avoir fait naître, dans ce chapitre, la crocutte du loup et du chien ; après avoir distingué la léoncrocutte, à qui seule il donne ces mâchoires sans dents et la faculté d'imiter la voix humaine, il revient à la crocutte au chapitre XLV, lui attribue ces qualités, auparavant propres à la léoncrocutte ; et, par une généalogie toute nouvelle, la fait naître de l'hyène mâle et de la lionne.

Au reste, Élien va bien plus loin que Pline. Selon lui, la crocutte non-seulement imite la voix de l'homme, mais elle écoute les bûcherons causer, apprend leurs noms, et les appelant ensuite, les entraîne à l'écart pour les dévorer.

Nous verrons plus bas que l'on a aussi attribué au gnou, sous le nom de catoblepas, des qualités funestes : il ne serait donc pas impossible qu'on lui en eût transféré quelques-unes de celles de l'hyène.

La léoncrocutte et le catoblepas seraient donc la même chose ; mais il y a trop d'exemples de ces doubles emplois dans les anciens, pour que ce soit une objection ; ils venaient de ce que les anciens n'avaient pas encore l'art de rapprocher les descriptions que différens auteurs donnaient du même objet, ou ce que les naturalistes modernes nomment la synonymie.   G. C.

CHAP. XXX, page 282, ligne 2. Eale, etc.

Cette description appartient fort probablement au rhinocéros bicorne, dont les cornes jouissent de quelque mobilité, selon Sparrmann (Voyage au Cap).   G. C.

Page 282, ligne 7. Tauros silvestres.

Cette seconde description, prise d'Agatharchides (loco cit.) ou de Diodore (l. III), est probablement encore due à quelque relation du rhinocéros bicorne, faite par quelque voyageur ignorant, d'après des récits de sauvages mal entendus.   G. C.

Chap. XXX , page 282 , ligne 12. *Feritate semper intereunt.*

Cette phrase, assez obscure, s'explique par celle de Diodore sur le même fait ; c'est que, lorsque ces prétendus taureaux sont tombés dans le piège , la fureur les suffoque.   G. C.

Page 282 , ligne 13. *Mantichoran.*

Cette extravagante invention de la mantichore est dans Ctésias (*Indic.* , c. 6) ; elle a été reproduite par Aristote (*Hist. an.,* l. II , c. 11.), mais en rappelant deux fois , avec toute l'expression du doute , qu'elle ne repose que sur l'autorité de Ctésias, en quoi il est imité par Élien (l. IV, c. 21). Pline, comme on voit, cite seulement Ctésias , mais sans avoir l'air de douter, ce qui donne la mesure de son esprit de critique.

M. Heeren (*Hist. du comm. des anc.* , t. II, p. 296) soupçonne que Ctésias n'a eu d'autre tort que d'attribuer de la réalité à un emblème purement mythologique ou hiéroglyphique ; et , en effet , l'on voit encore aujourd'hui parmi les ruines de Persépolis la représentation d'un animal très-semblable à la description que Ctésias nous donne de la mantichore. Il s'en trouve une gravure dans le *Voyage* de Corneille Lebrun (pl. 126).

Au reste , la tradition relative à cet animal paraît avoir aussi régné aux Indes, puisque Iarchas le gymnosophiste (dans Philostrate , *Vit. Apoll.,* l. III , c. 14) en fait une description à Apollonius peu différente de celle de Ctésias.

Cependant Pausanias (*Bœot.* , c. xxi) conjecture que le tigre , mal vu et décrit par des hommes qu'il avait effrayés , est ce qui a donné lieu à cette bête fabuleuse.   G. C.

Chap. XXXI , page 282 , ligne 21. *In India et boves solidis ungulis, unicornes.*

C'est probablement encore ici un animal tiré par Ctésias des sculptures de Persépolis. On y voit en effet , dans plusieurs endroits, un quadrupède qui n'a qu'une corne , et qui semble lutter avec un personnage qui peut être le roi.

CHAP. XXXI , page 282, ligne 22. *Axin*.

Quoique Pline ne parle point des cornes de cet animal , c'est avec toute l'apparence requise que l'on a appliqué le nom d'axis au cerf du Gange , qui , en effet , est tacheté comme un faon , mais dont les taches sont d'un blanc plus vif.   G. C.

Page 284 , ligne 1. *Orsæi Indi simias candentes toto corpore.*

Audebert, a décrit d'après un individu du cabinet du Roi , un singe tout blanc, qu'il nomme *simia atys* ; mais c'était peut-être une variété individuelle. Il a pu en exister de semblables en différens endroits des Indes. Hardouin annonce que Philostrate en a beaucoup parlé ; cependant , à l'endroit cité (*Vit. Apoll.* , l. III , c. 1), Philostrate raconte diverses fables sur des singes. que l'on prétend cultiver des poivriers ; mais il ne dit rien de leur couleur.   G. C.

Page 284 , ligne 3. *Monocerotem*.

C'est ici le lieu de rappeler , et peut-être de terminer les longues et ennuyeuses discussions auxquelles ont donné lieu les différens passages des anciens où il est question d'animaux uni-cornes.

Il est d'abord un fait certain , c'est que non-seulement nous ne connaissons point de tels animaux , mais qu'il n'existe dans aucune collection , et que personne n'a jamais vu d'autre corne impaire que celle du rhinocéros. Une corne impaire se reconnaîtrait aisément , parce qu'elle serait symétrique. Toute autre corne est plus ou moins gauche , ou au moins (quand elle est droite) ses deux côtés ne sont pas semblables , et l'interne se distingue de l'externe. La seule production naturelle que l'on ait donné jusqu'à présent pour une corne de licorne , est la dent du narval. Quoique ce cétacé n'en ait ordinairement qu'une , on ne peut pas dire qu'elle soit impaire , car elle est implantée dans l'os intermaxillaire d'un côté , et il y en a toujours au moins le germe d'une seconde dans l'autre os intermaxillaire ; d'ailleurs , sa nature prouve que c'est une dent , et non pas une corne.

Maintenant je le demande : comment, avec le soin qu'on se donne maintenant pour rassembler des curiosités naturelles, comment n'aurait-on pas au moins de pareilles cornes, s'il existait des animaux qui en portassent?

Pourquoi donc les anciens en ont-ils tant parlé? Le voici : c'est que les uns ont copié, sans jugement, de mauvaises descriptions du rhinocéros ; les autres ont supposé de la réalité à des figures fantastiques ou incomplètes ; enfin, quelques-uns peut-être se sont laissé tromper par des mutilations accidentelles : c'est ce que l'on peut prouver aisément en parcourant leurs témoignages et en appréciant leurs autorités.

Les anciens nous parlent de cinq animaux unicornes :

1° L'âne des Indes ; 2° le cheval unicorne ; 3° le bœuf unicorne ; tous les trois, le bœuf même (PLINE, VIII, 31), sont donnés pour solipèdes ;

4° Les monocéros proprement dits, dont les pieds sont tantôt comparés à ceux de l'éléphant (PLINE, VIII, 31), tantôt à ceux du lion (PHILOSTORGE, III, 11), qui est par conséquent censé fissipède ;

5° L'oryx d'Afrique, qui a en même temps le pied fourchu, le poil à contre-sens (ARIST., *Hist. anim.*, II, 1, et III, 2 ; PLINE, XI, 46), une grande taille comparable à celle du bœuf (HÉROD., IV, 192), ou même du rhinocéros (OPPIEN, *Cyn.*, II, v. 551), et que l'on s'accorde à rapprocher des cerfs et des chiens pour la forme (PLINE, VIII, 53).

Par rapport à l'âne des Indes, il faut distinguer, 1° ce qui regarde les propriétés de sa corne ; 2° sa description ; 3° un caractère anatomique particulier qu'on lui attribue.

Il paraît que l'on vendait ou que l'on donnait comme un présent précieux une corne qui avait, disait-on, la propriété que ceux qui l'employaient pour boire étaient préservés des maladies incurables, de l'épilepsie, de tous les venins ; qu'ils rendraient même le poison qu'ils auraient pu prendre auparavant, etc. : c'est Élien qui nous l'apprend (l. IV, c. 52).

Or, ce sont précisément là des propriétés que les Orientaux attribuent encore de nos jours à la corne du rhinocéros. Des princes indiens se font mutuellement des présens de vases faits

avec cette corne , et les prisent beaucoup , parce qu'ils croient
y trouver un préservatif contre le danger qu'ils courent le plus
constamment, celui du poison.

La corne de l'âne de Scythie , qu'Alexandre consacra, dit-on,
à Delphes , parce que c'était la seule matière qui ne se laissât
point traverser par l'eau du Styx (ÉLIEN , l. x , c. 40), n'était
probablement pas autre chose. On juge bien, en supposant même
l'histoire de la consécration vraie , qu'Alexandre n'avait pas fait
l'expérience.

Ces sortes de cornes auront été dans le commerce de l'Occident avant que l'animal dont elles proviennent fût connu , comme
l'on y a possédé et employé l'ivoire long-temps avant de connaître l'éléphant ; alors les marchands auront imaginé de l'appeler
âne des Indes , parce qu'il fallait bien donner un nom à leur
marchandise : ils avaient bien autant de droit de l'appeler ainsi,
que les Romains d'appeler l'éléphant bœuf de Lucanie. Enfin ,
de ce nom d'âne , des philosophes auront conclu que c'était un
animal solipède. Mais , dira-t-on , il existe de cet âne une description détaillée (ÉLIEN , l. IV, c. 52)? Oui ; mais l'ensemble
du chapitre montre qu'elle est tirée de Ctésias , qui l'aura lui-
même rapportée sur des ouï-dire.

Enfin , et ceci me paraissait d'abord l'argument le plus fort,
Aristote doit l'avoir vu , puisqu'il rapporte une circonstance mi-
nutieuse de son ostéologie, savoir que c'est le seul solipède dont
l'astragale soit propre à jouer aux osselets.

C'est en effet là le sens de cette expression , ἀσΊράγαλον ἔχει,
dont Camus , et d'autres interprètes qui n'ignoraient pas qu'aucun quadrupède ne manque d'astragales , ont été embarrassés.
On voit , par l'ensemble du raisonnement , qu'Aristote réserve
le nom d'astragale à ceux des os ainsi appelés par les anatomistes, dont la forme est la même que dans ceux que l'on emploie pour jouer , c'est-à-dire ceux du mouton. Ainsi , selon
lui, il n'y aurait eu de véritable astragale que dans les ruminans,
dans l'hippopotame , dans le cochon , et dans l'animal que j'ai
découvert, et nommé anoplotherium. Or, je réponds que c'est
encore Ctésias qui a fourni ce fait à Aristote, et qu'à son récit,
tel qu'Élien nous l'a conservé (l. IV, c. 52), il se trouve une

circonstance qui le discrédite : c'est que cet osselet est naturellement noir en dedans et en dehors. Quand on me montrera
un os quelconque de substance noire, je croirai à l'existence de
l'âne unicorne des Indes.

Le cheval et le bœuf unicornes des Indes ne nous embarrasseront pas beaucoup. Représentés tous les deux comme solipèdes, ils ne diffèrent de l'âne des Indes par aucun caractère :
c'est le même être, ou plutôt le même fantôme sous d'autres
noms.

Quand ensuite il sera venu des Indes des relations ou des figures un peu plus positives du rhinocéros, et qu'on y aura
parlé de la division des doigts, ceux qui avaient déjà arrêté leurs
idées sur l'âne des Indes, n'en retrouvant pas les caractères,
auront établi une nouvelle espèce ; de là le *monocéros*. On ne
sait pas de qui est la description que Pline nous en donne, et
qui est plus au long dans Élien (l. XVI, c. 20); mais la queue
de cochon, les pieds d'éléphans, le mugissement, l'impossibilité de le prendre vivant, nous rapprochent du rhinocéros,
beaucoup plus que nous ne l'étions à l'article de l'âne sauvage.
D'ailleurs, l'auteur grec quelconque qui a parlé le premier du
monocéros ne devait pas admettre l'âne sauvage, ou bien il ignorait que d'autres en eussent parlé, car il aurait évité de donner
à son animal un nom nécessairement équivoque, du moment où
il existait plus d'une espèce unicorne.

Pour comprendre, au reste, comment l'on pouvait reproduire
sans fin des notions si fausses, il suffit de lire les descriptions que
les premiers voyageurs modernes (lorsqu'ils n'étaient pas naturalistes) nous donnent des animaux aujourd'hui les plus connus.
C'est toujours par voie de comparaison qu'ils procèdent, et l'on
ne sait où ils ne vont pas chercher des ressemblances. Cependant
ces descriptions ont été copiées par des compilateurs; et, si nous
ne conservions pas d'autres ouvrages, que dirions-nous de l'abada, du capivare, et de dix autres animaux aussi mal décrits?

Je remarquerai ici que l'on ne devrait pas traduire monocéros
par licorne, comme on le fait ordinairement. C'est à l'oryx des
anciens que répond notre licorne de blason.

L'oryx (j'entends *l'antilope oryx*, Pall., ou cet animal des montagnes de l'intérieur de l'Afrique, connu au Cap sous le nom impropre de chamois, et auquel Buffon, par une suite singulière de méprises, a transporté celui de pasan, ou si on l'aime mieux, comme M. Lichtenstein le propose, le *gazella*, ou oryx à cornes arquées de la Nubie et de l'Abyssinie), l'oryx était l'espèce la plus propre à induire en erreur, et à faire croire à un quadrupède unicorne.

D'abord les longues cornes de la première espèce sont presque tout-à-fait droites ; et, quand on en voit une isolée, on peut aisément la prendre pour impaire : celles de la seconde sont légèrement arquées. Le *gazella* est représenté dans les monumens égyptiens, et, comme d'autres quadrupèdes, on l'a mis quelquefois en profil pur, ne montrant qu'une corne, une jambe devant et une derrière, non que les artistes qui sculptaient ces monumens ne sussent pas très-bien dessiner, mais parce qu'ils étaient obligés de suivre les patrons une fois adoptés ; ce qui était fort raisonnable dans un dessin, qui était aussi un langage, et ce qui était fort aisé à obtenir des artistes quand on le commandait au nom de la religion. Enfin il est possible qu'on ait vu quelquefois de ces quadrupèdes réellement unicornes, soit par une mutilation accidentelle, soit par une défectuosité de naissance, comme on voit, selon M. Pallas, des saïgas unicornes et tricornes, quoique l'espèce en soit, comme toutes les autres, naturellement bicorne. Ces animaux paraissent d'autant mieux être l'oryx des anciens, qu'ils répondent très-bien aux descriptions d'Aristote et d'Oppien. Ils habitent l'Afrique, et doivent venir jusqu'aux confins de l'Égypte. C'est le second que les hiéroglyphes paraissent représenter. Sa forme est assez celle du cerf. La taille du premier égale celle du bœuf ; son poil du dos est dirigé vers la tête ; ses cornes forment des armes terribles, aiguës comme des dards, dures comme du fer ; le poil de l'un et de l'autre est cendré ou blanchâtre ; leur face porte des traits et des bandes noires. (*Voyez* OPPIEN, *Cyn.*, l. II, v. 445 et suiv. ; et ARISTOTE, *Hist. anim.*, liv. II, c. I.)

Il est essentiel de remarquer qu'Oppien, qui avait eu apparemment des renseignemens plus nouveaux et plus exacts qu'Aristote, ne fait point l'oryx unicorne ; il donne *des cornes*, au

pluriel, à *un oryx* au singulier. Élien (*Hist. anim.*, liv. XIV, 14)
parle même d'oryx à quatre cornes, des Indes, qui probablement
étaient les antilopes à quatre cornes, décrites tout récemment
par les naturalistes, les TÉTRACÈRES de Leach.

Les Anglais, qui paraissent plus curieux que d'autres de re-
trouver la licorne dans la nature, parce que c'est un support des
armoiries de leur roi, ont prétendu récemment qu'il en existe
dans l'intérieur de l'Afrique et dans les montagnes de l'Indostan ;
mais la première assertion ne repose que sur des dessins gravés,
dit-on, sur des rochers par des sauvages ; la seconde, que sur
des relations d'habitans de ces contrées éloignées, ou d'Indiens
qui les avaient parcourues : elle n'a jusqu'à présent en sa faveur
aucun Européen témoin oculaire.   G. C.

CHAP. XXXII, page 284, ligne 10. *Catoblepas.*

Nous trouvons dans Élien (l. VII, c. 5) une description un
peu plus détaillée : « Semblable à un taureau, dit-il, mais d'un
air plus féroce, il a des sourcils longs et épais ; ses yeux de
bœuf, mais gorgés de sang, sont dirigés vers la terre ; une
crinière semblable à celle du cheval, se prolongeant sur son
front et occupant une partie de sa face, le rend encore plus
formidable. » Puis vient la même histoire que dans Pline, sur
les effets de son regard. En réunissant les traits de cette description à ceux que présente celle de Pline, il ne me reste aucun
doute que ce *catoblépas* ou *catablépon* n'ait été le gnou (*Antilope
gnu*, Gmel.) ; et, en effet, aucun animal n'a pu occasioner autant d'idées superstitieuses : car il n'en est aucun dont l'air soit
aussi extraordinaire et le regard aussi lugubre, principalement à
cause des longs poils blancs qui lui forment ses sourcils, et de la
crinière qu'il a sur le museau, caractère qui ne se trouve dans aucune autre espèce. Le major Hamilton Smith, adoptant ma conjecture, a fait de ce gnou un genre qu'il nomme *catoblépas*. G. C.

CHAP. XXXIII, page 284, ligne 16. *Basilisci serpentis, etc.*

Il est superflu de réfuter ces contes sur le regard du basilic ;
mais on peut remarquer ici que ce n'est encore dans Pline qu'un

petit serpent avec une tache blanche sur la tête, tandis que d'autres
auteurs en font un serpent orné d'une vraie couronne. **G. C.**

CHAP. XXXIV , page 286 , ligne 13. *Inertes hos parvosque*
Africa et Ægyptus gignunt.

Les loups d'Afrique sont de la taille des autres ; mais ce passage se rapporte peut-être au chacal , qui a les couleurs du loup,
mais qui ne surpasse pas beaucoup le renard par la taille. Il est
commun dans toute l'Afrique.　　　　　**G. C.**

CHAP. XXXV, page 290 , ligne 4. *Cerastis.*

Le cérasle est ici très-bien caractérisé. C'est en effet un serpent venimeux d'Égypte , de la même forme que notre vipère, et
dont chaque paupière supérieure porte un tubercule pointu ,
comparable à une corne ; mais je ne garantirais pas ce que Pline
ajoute , qu'il se sert de ses cornes pour attirer les oiseaux. Je l'ai
possédé vivant, et j'ai observé qu'il s'enfonce volontiers dans le
sable. Ses cornes se montrent aisément à la surface, et c'est ce qui
aura occasioné cette opinion sur l'usage qu'il en fait.　　**G. C.**

Page 290 , ligne 6. *Geminum caput amphisbænæ.*
('Aμφίσβαινα , double-marcheur.)

Je n'ai pas besoin de dire qu'il n'existe pas de serpens à deux
têtes. Cette erreur vient de ce que certains serpens ont la queue
aussi grosse que la tête , et les yeux très-petits , de sorte que
leurs deux extrémités se ressemblent, et que même ils rampent
dans les deux directions avec une facilité sans égale.

On donne aujourd'hui le nom d'amphisbène à des serpens qui
ont à la vérité ce caractère, mais qui, ne se trouvant qu'en Amérique , ne peuvent pas être les amphisbènes des anciens. Il faut
probablement chercher ceux-ci dans le genre typhlops, dont il
existe dans le Levant quelques espèces encore mal déterminées ,
et dont la queue est grosse et obtuse ; mais, loin de répandre
du venin par deux bouches , toutes les espèces auxquelles le nom
d'amphisbène peut convenir sont innocentes. Les anciens faisaient
comme fait encore le peuple : ils abhorraient et calomniaient tous
les reptiles sans distinction.　　　　　**G. C.**

Chap. XXXV, page 290, ligne 9. *Jaculum ex arborum ramis vibrari.*

Jaculus, en grec ἀκοντίας, javelot, espèce de serpent qui se tient sur les arbres, d'où l'on prétendait qu'il s'élance sur les passans et les transperce. Élien (VI, c. 8) et Galien (*de Ther.*, c. 8) se bornent à répéter l'assertion de Pline. Lucien (*Dialog. de Dipsad.*) et Ammien Marcellin font de l'acontias un serpent d'Afrique, et Nicandre le déclare non venimeux. C'était quelqu'une de ces couleuvres minces et allongées qui montent sur les arbres en s'entortillant à leurs branches.   G. C.

Page 290, ligne 11. *Colla aspidum intumescere.*

Les modernes ont beaucoup disputé sur l'aspic des anciens, et appliqué ce nom à différens serpens. Il n'y a cependant aucune difficulté sur celui d'Égypte. Forskalh a indiqué le premier, et M. Geoffroy Saint-Hilaire a fait amplement connaître, dans la grande Description de l'Égypte, une espèce de vipère (ou plus spécialement de naja) nommée en Égypte hajé (*coluber haje*, L.), qui est manifestement l'aspic des anciens Égyptiens.

Les deux propriétés les plus notables de l'aspic, outre son venin, étaient de renfler son cou dans la colère, et de se laisser apprivoiser, et, comme quelques-uns disent, enchanter. On l'appelait par de certains noms et par le bruit des doigts (Élien, l. XVII, c. 5). Des jongleurs en faisaient voir au peuple : Élien rapporte même (l. IX, c. 62) l'histoire tragique d'un saltimbanque qui périt à Rome, aux jeux que donnait Pomponius Lætus dans son édilité, pour s'être fait mordre publiquement par un aspic, et pour avoir été privé, par la jalousie de ses camarades, des moyens qu'il avait préparés pour se guérir. Or, l'hajé réunit toutes ces propriétés et ces habitudes. Quand il est irrité, il se redresse, et élargit son col presque autant que le serpent à lunette, ou naja ordinaire. Tous les charlatans de l'Égypte en ont d'apprivoisés, auxquels ils font faire des tours devant le peuple, après leur avoir arraché les crochets à venin, comme les charlatans de l'Inde en font faire au naja. Ils savent l'attirer en imitant la voix de l'autre sexe. M. Geoffroy a même vérifié qu'en pressant du doigt la nuque, ils lui font éprouver une espèce de paralysie momentanée qui le rend raide et immobile comme un bâton.

Il paraît qu'ils pratiquent ce tour-là depuis long-temps, puisque, selon la Genèse, les magiciens de Pharaon savaient changer leurs serpens en verges et leurs verges en serpens.

Ce nom d'aspic fut ensuite étendu à d'autres serpens. On voit par Élien (liv. x , c. 31) que l'on en comptait en Égypte même jusqu'à seize espèces ; mais, quand on nomme l'aspic sans autre désignation , il s'agit de l'aspic par excellence , de celui de Tmuthis , de l'*hajé*.

C'est dans ce sens que Strabon dit (l. xvii) que l'aspic d'Égypte a quelque chose de différent de tous les autres ; et en effet l'hajé , à cause de son cou , se distingue de tous les autres serpens du pourtour de la Méditerranée , les seuls que les anciens pussent connaître familièrement.

L'aspic était consacré au culte des dieux. On donnait sa forme aux bandelettes qui servaient de diadème à Isis (ÉLIEN , liv. x , chap. 31); les rois en portaient la figure sur le cœur, comme emblème de puissance (*Ibid*, vi , 38) , et tous les monumens de l'Égypte nous présentent des figures couronnées d'un hajé. On y voit encore aujourd'hui, sur la porte de tous les anciens temples , un globe ailé , ayant de chaque côté un serpent redressé , comme s'il devait garder ce globe, et reconnaissable, à son cou renflé , pour être de l'espèce de l'hajé.

L'histoire même de Cléopâtre prouve que son aspic était un hajé. Dans une ville comme Alexandrie , on ne trouve pas un serpent venimeux sous la main , pour un usage aussi peu prévu ; mais si les bateleurs d'Égypte avaient des hajés comme ils en ont maintenant , il n'y avait qu'à en faire prendre un chez le plus voisin de ces gens-là.

Colla aspidum intumescere . nullo ictus remedio , est une façon de parler par trop elliptique. Mais outre ce que je viens de rapporter de l'hajé , Nicandre l'explique (*Theriac.* , v) : « Lorsqu'il est enflammé de colère , dit-il . et qu'il menace de la mort, son cou s'enfle »

Nullo ictus remedio. C'était l'opinion générale des anciens (*Voyez* ARISTOTE, *Hist. anim.*, l. VIII, c. 29; ÉLIEN, l. I, c. 44; GALIEN, *de Ther.*, c. 8); et, en effet, l'hajé, comme le naja, est un des plus dangereux serpens.   G. C.

CHAP. XXXV, page 290, ligne 13. *Unus huic...... sensus, vel potius affectus est. Conjugia, etc.*

La facilité avec la quelle on attire l'hajé, en imitant la voix de sa femelle, montre bien qu'il y a, outre les sens, un attachement qui a pu donner lieu à tout ce passage.   G. C.

Page 290, ligne 21. *Oculos..... non in fronte.... sed in temporibus.*

L'hajé, comme la plupart des serpens, a les yeux aux côtés de la tête.   G. C.

Page 292, ligne 3. *Internecinum bellum cum ichneumone.*

L'ichneumon, c'est-à-dire la mangouste, poursuit en général tous les serpens.

Il y a des aspics de cinq coudées, dit Élien (l. VI, c. 38); ils sont teints de roux, de noirâtre ou de cendré: ce sont en effet là les couleurs et la taille de l'hajé, l'un des plus grands serpens venimeux de l'ancien monde. M. Geoffroy en a rapporté de cinq et six pieds de long.   G. C.

Page 292, ligne 3. *Cum ichneumone.*

L'ichneumon des anciens ne fait aucune difficulté; c'est la mangouste (*viverra ichneumon.* L.), aujourd'hui encore très-commune en Égypte, où on l'appelle *nems*, et où elle continue, à la grande satisfaction des gens du pays, à dévorer les œufs du crocodile et des serpens, et à détruire les serpens eux-mêmes. Ainsi sa guerre avec l'aspic est vraie. L'aspic ou l'hajé est assez grand, et assez venimeux pour faire périr, par sa morsure, le nems, qui le dévore. La cuirasse de boue, dont on prétend que l'ichneumon se prémunit, n'est pas même sans quelque fondement. Le nems, se traînant toujours dans les sillons et les petits fossés pour y chercher les œufs du crocodile, doit souvent avoir le poil sali par la vase ; et, pour peu que l'on en ait vu un pour-suivre dans cet état l'hajé, on aura attribué à la prévoyance ou à l'instinct ce qui ne venait que du hasard. Les modernes ont trop souvent raisonné ainsi pour avoir le droit d'en faire un reproche aux anciens.

Ce combat de l'ichneumon et de l'aspic, qui prêtait à l'élo-quence, a été souvent décrit. (NICANDRE, *Theriac.*, v ; ÉLIEN, l. III , c. 22.)

Un autre conte, encore fondé en nature, dont l'ichneumon a été l'objet, est celui qu'il jouit également des deux sexes, et que les individus qui ne montrent pas assez de courage sont con-traints de servir de femelles aux autres (*Voyez* ÉLIEN, liv. X , c. 47). La vérité est que l'ichneumon a, dans les deux sexes, sous la queue une poche dont l'orifice représente une vulve. Il n'en aura pas fallu davantage à un prêtre égyptien pour inven-ter cette belle histoire, à un voyageur grec pour la croire, et à Élien pour la reproduire.

Une raison semblable avait fait accorder les deux sexes à l'hyène ; mais Aristote réfute cette attribution en homme qui avait vu la chose par ses yeux.   G. C.

Снар. XXXVII, page 292, ligne 15. *Linguæ usu caret.*

Le crocodile a en effet la langue plate et fixée à la mâchoire inférieure, en sorte qu'elle n'a point de mobilité propre, et que l'on peut dire qu'il n'a point de langue.   G. C.

Page 292, ligne 15. *Superiore mobili maxilla.*

On a accusé absolument d'erreur Hérodote, premier au-teur de cette description : cependant cette erreur est fondée sur l'apparence. A la vérité, la mâchoire supérieure du crocodile est fixée au crâne comme celle des quadrupèdes ordinaires ; mais comme les branches de l'inférieure se prolongent plus en ar-rière que le crâne, la nuque très-large et cuirassée a l'air d'être le vrai crâne ; et le crâne, joint à la mâchoire supérieure, sem-ble ne représenter que celle-ci seulement. Or, quand le crocodile ouvre la gueule , il le fait ordinairement en élevant la mâchoire supérieure et le crâne en même temps, et non pas en abaissant, comme la plupart des animaux , sa mâchoire inférieure , qui reste au contraire tranquille dans sa position horizontale. C'est ce que M. Geoffroy Saint-Hilaire a très-bien expliqué.　　　　　　　　　　　　　　　　G. C.

CHAP. XXXVII, page 294 , ligne 3. *Nec aliud animal ex minori origine in majorem crescit magnitudinem.*

Cela est très-vrai : le crocodile , sortant de l'œuf , n'a pas six pouces ; l'adulte atteint trente et quarante pieds.　　G. C.

Page 294 , ligne 8. *Avis , quæ trochilos , etc.*

Les eaux en Égypte fourmillent de petites sangsues , souvent funestes à ceux qui en boivent. Ces sangsues s'attachent dans la gueule du crocodile , qui n'a pas de moyen de s'en délivrer , puisqu'il ne peut pas remuer la langue. Un petit oiseau de rivage , et non pas, comme Pline le croit, le roitelet, prend ces sangsues dont il se nourrit, et le crocodile, à qui cet oiseau rend un grand service , le laisse faire. Tels sont les faits que les habitans de l'Égypte attestent encore aujourd'hui, et que M. Geoffroy Saint-Hilaire a vérifiés; ce sont eux qui ont donné lieu au trait ci-dessus , que Pline emprunte d'Hérodote, et qui a aussi été adopté par Aristote (*Hist. anim.*, l. IX, c. 8), Élien (*Hist. anim.*, l. III, c. 11), Plutarque , etc.　　　G. C.

Page 294 , ligne 13. *Ichneumon.... ut telum.... immissus.*

Pour cette manière d'attaquer le crocodile, quoique, sur la foi d'Hérodote , tous les anciens naturalistes l'aient adoptée, il y a grande apparence que c'est un de ces contes dont le peuple cherche partout à orner l'histoire des animaux remarquables. G. C.

CHAP. XXXVIII, page 294 , ligne 17. *Scincus.*

Les naturalistes et les pharmaciens donnent aujourd'hui ce

nom à un petit lézard d'Égypte à tête et queue médiocres, à écailles argentées, etc. (*lacerta scincus,* Lacép., *Quadr. ovip.*); mais il ne paraît pas que ce soit l'espèce nommée ainsi par les anciens. Pline dit ici le *scincus, né dans le Nil, et plus petit que l'ichneumon,* ce qui ne peut guère s'appliquer qu'au lézard du genre des monitors, que l'on nomme en Égypte *ouaran aquatique* (*lacerta ouaran,* N.). Le *lacerta scincus,* Lin., est si petit, qu'on ne pouvait songer à le comparer à l'ichneumon pour la taille; et, d'ailleurs, il ne naît pas dans le Nil.

Dans un autre endroit (l. XXVIII, c. 30) Pline dit : *Scincus quem quidam terrestrem crocodilum esse dixerunt, candidiore autem et tenuiore cute; præcipua tamen differentia dignoscitur a crocodilo squamarum serie a cauda ad caput versa.* Cet article se rapporterait assez à l'*ouaran de terre,* qui ne naît point dans le Nil ; il a, comme celui d'eau, une série d'écailles un peu plus relevées que les autres, et qui s'étend sur toute la longueur de son corps et de sa queue. La figure de l'un et de l'autre peut se voir dans la grande Description de l'Égypte, *Hist. nat.,* Reptiles, pl. III.

Ce que Pline ajoute, *maximus Indicus,* est une confirmation de notre conjecture. Il y a en effet dans les Indes des monitors plus grands que ceux d'Égypte, mais il n'y a point de *lacerta scincus.*

Hérodote (*Euterpe,* c. 192), parle de crocodiles terrestres de Libye, semblables à des lézards, et longs de trois coudées, et Pausanias (*Corinth.,* c. 28) donne à ces mêmes crocodiles terrestres de Libye une longueur de deux coudées, ce qui peut très-bien convenir aux *ouarans,* longs quelquefois de quatre et de cinq pieds, mais point du tout au *lacerta scincus,* qui ne passe guère huit pouces.

Prosper Alpin (*Rer. égypt.,* l. IV, c. 5) est aussi d'opinion que les vrais scinques, ou crocodiles terrestres des anciens, étaient les ouarans, et que c'est par erreur que les Arabes leur ont substitué le *lacerta scincus* pour l'usage pharmaceutique.

Le peuple en Égypte croit encore aujourd'hui que l'ouaran est un jeune crocodile éclos en terrain sec.   G. C.

Chap. XXXVIII, page 294, ligne 20. *Delphini immeantes , etc.*

Vraie ou fausse, cette guerre des dauphins contre les crocodiles, que Pline paraît avoir prise de Sénèque , ne peut pas s'entendre du dauphin ordinaire des naturalistes ; car il n'a , non plus que les autres cétacés , aucune épine sur le dos.

Je dois même remarquer ici que Pline parle en plusieurs endroits de ces prétendues épines des dauphins, quoique en d'autres il désigne par ce nom le même cétacé que nous. Ainsi, dans son histoire de l'amitié d'un dauphin du lac Lucrin pour un pauvre enfant de Baïes (l. IX , c. 8) , il a soin de remarquer que le dauphin , pour prendre l'enfant sur son dos, abaissait, cachait les aiguillons de sa nageoire dorsale.

Je crois avoir reconnu ce poisson , que Sénèque et Pline, et même Aristote , ont quelquefois confondu avec le vrai dauphin, apparemment parce qu'il en recevait aussi le nom de certains pêcheurs, et voici ce qui m'y a conduit. Dans le même livre IX, chap. 7 , Pline mêle, à beaucoup de choses qui appartiennent au dauphin véritable , un trait qui lui est étranger : « Il est si rapide , qu'aucun poisson ne lui échapperait s'il n'avait pas la bouche fort au dessous du museau , presque au milieu du ventre , de sorte qu'il ne peut saisir qu'en nageant sur le dos. » Et ce n'est point une de ces erreurs qu'on pourrait mettre sur le compte de Pline , qui en a beaucoup d'autres ; car Aristote , qui a si parfaitement connu et décrit le dauphin ordinaire , attribue (*de Hist. an.* , l. IV, c. 13) une bouche inférieure au dauphin et aux cartilagineux. Il est naturel de croire que cette circonstance , totalement fausse pour le dauphin ordinaire , est prise de cet autre dauphin dont le dos était armé d'épines. Or, je ne trouve ces trois caractères , d'une bouche en dessous , d'épines sur le dos , et d'assez de force pour combattre le crocodile , que dans certains squales , tels que le *sq. centrina.* , L. , le *sq. spinax* , L.

Voici un passage qui confirme singulièrement ma conjecture . Même livre IX , chap. 11 , Pline, après avoir dit : « Ceux qu'on nomme *tursio* ressemblent aux dauphins ; » et plus bas il ajoute : *Maxime tamen rostris canicularum maleficentiæ assimilati.* Cette phrase, sans doute assez obscure, ne me paraît pas seulement faire porter la ressemblance sur la malfaisance, mais sur le bec lui-même. Ainsi ce tursio, qui aurait ressemblé au dauphin, aurait aussi ressemblé au chien-de-mer. Enfin Athénée (l. VII) dit encore plus expressément : « Les Romains nomment *tursio* un morceau salé du poisson que les Grecs appellent *carcharias* (le requin). »

En voilà plus qu'il n'en faut pour prouver que les anciens donnaient le nom de dauphins à deux animaux différens ; ce qui doit d'autant moins nous étonner, que cela se fait encore de nos jours ; car la grande dorade (*coryphœna hipuris*) s'appelle aussi dauphin chez beaucoup de navigateurs. Ainsi je pense avoir découvert le moyen de terminer les longues querelles qui ont eu lieu sur le dauphin des anciens.   G. C.

CHAP. XXXVIII, page 296, ligne 21. *Quatuorque menses hiemis inedia semper transmittere in specu.*

Cela a été également observé sur les crocodiles de l'Amérique septentrionale, qui s'engourdissent pendant la mauvaise saison, comme les autres reptiles.   G. C.

CHAP. XXXIX, page 298, ligne 2. *Hippopotamus.....*

C'est une chose singulière, et qui fait peu d'honneur aux naturalistes anciens, que la constance qu'ils ont mise à copier une description fausse de l'hippopotame, même long-temps après avoir obtenu les moyens de reconnaître sa fausseté.

Le premier auteur où nous la trouvons est Hérodote ; mais M. Schneider croit qu'Hérodote l'avait prise dans Hécatée de Milet. Quoi qu'il en soit, il est certain qu'elle n'a de vrai que ce qu'elle dit des dents, qu'elles ressemblent aux dents de sanglier ; et de l'épaisseur de la peau, dont on peut faire des dards, ou qui est impénétrable aux dards, car les divers auteurs varient à ce point.

Tout le reste, la grandeur égale à celle de l'âne, les pieds fourchus, la queue et la crinière du cheval, le nez retroussé, appartient au gnou, et n'appartient qu'à lui. J'en conclus que le premier auteur, maintenant inconnu, de cette description, n'avait vu que les dents et quelque portion de la peau de l'hippopotame véritable, mais qu'il avait trouvé une figure on une description de gnou, avec le titre d'hippopotame, et qu'il avait confondu ainsi deux êtres fort différens.

Voilà la troisième fois que nous trouvons des traces de la connaissance que l'on a eue du gnou dans l'antiquité.

Ce qui est étrange, c'est qu'Hérodote, qui avait été en Égypte; Hérodote, si exact sur l'ibis, sur le crocodile, l'ait été si peu sur l'hippopotame : c'est qu'Aristote, qui avait tant de moyens de s'enquérir de la vérité lorsque son élève Alexandre était maître de l'Égypte, et que son autre élève, Ptolomée-Lagus, en était gouverneur, se soit borné à copier Hérodote : que Pline, qui dit lui-même qu'on avait vu un hippopotame à Rome aux jeux de Scaurus, ne se soit point informé de ses caractères : enfin, qu'Ammien Marcellin, qui avait pu voir souvent, dans divers monumens du règne d'Adrien, et particulièrement dans la mosaïque de Palestrine, d'excellentes figures de l'hippopotame, n'ait encore employé que les notices erronées de ses devanciers.

Diodore a ajouté quelque chose à la connaissance de cet animal, en disant qu'il égale les plus forts taureaux ; mais, pour le reste, il s'est encore contenté des caractères donnés par Hérodote. La description d'Achille Tatius n'est guère meilleure. Peut-être ces erreurs tiennent-elles à quelque mauvaise figure. M. Hamilton (*Ægyptiaca*, pl. 22, fig. 6) en a copié une des grottes de Benihassan (*Speos-Artemidos*), où les pieds paraissent fourchus, et où les défenses inférieures sont si énormes, qu'on a dû croire qu'elles ne pouvaient être couvertes par les lèvres.   G. C.

CHAP. XL, page 298, ligne 11. *Quinque crocodilos.*

Le crocodile a été fort bien connu des artistes romains. Outre les figures qu'on en voit sur la plinthe de la statue du Nil, et dans la mosaïque de Palestrine, il en existe une en relief, de basalte égyptien, au Vatican, où les plus petits détails sont rendus avec exactitude. Il n'y a qu'un ongle de trop au pied de derrière.   G. C.

Chap. XLI, XLII, pages 3oo et 3o4.

Il est inutile de faire sur ces chapitres d'autres remarques,
sinon que tout en est fabuleux. Les maladies, les remèdes et les
leçons donnés par les animaux sont également imaginaires,
quoique Pline ait sûrement pris tout cela dans des auteurs ac-
crédités, et que les mêmes contes aient été répétés après lui,
et par Plutarque, et par Élien, et par beaucoup d'autres ; mais
les anciens avaient encore moins de critique en histoire naturelle qu'en histoire civile, ce qui est beaucoup dire.　　G. C.

Chap. XLIV, page 3o6, ligne 9. *Hyœnis utramque.... naturam.*

En effet, Aristote, qui rapporte cette opinion vulgaire, la
réfute très-bien, en faisant remarquer que l'hyène a sous l'anus
une poche que l'on peut prendre pour la vulve, ce qui a fait
croire hermaphrodites les hyènes mâles. L'illusion est telle à
l'extérieur, que l'erreur était fort excusable.　　G. C.

Page 3o6, ligne 11. *Collum et juba continuitate spinœ porrigitur.*

Aristote, qui a très-bien décrit l'hyène, n'a point parlé de
cette continuité de l'épine, et on s'est beaucoup récrié contre
ce passage. Il n'y a cependant d'autre erreur que celle d'avoir
érigé quelque cas particulier en règle générale. L'hyène est,
de tous les animaux que j'ai disséqués, celui où j'ai trouvé les
muscles du cou les plus épais; aussi a-t-il une très-grande force
dans le cou comme dans les dents. On ne peut jamais lui arracher ce qu'il a une fois saisi. Les Arabes en font l'emblème de
l'opiniâtreté ; et c'est probablement par allusion à l'hyène que la
Bible appelle les entêtés gens de cou raide. Cette vigueur dans
l'action des muscles peut aisément occasioner des soudures
dans les os, et l'hyène est effectivement sujette à avoir les vertèbres cervicales ankylosées. J'ai vu dans le cabinet de M. Camper une portion d'épine de cet animal, où plusieurs vertèbres
étaient réunies. C'est quelque individu semblable qui aura été vu
par l'auteur dont Pline a tiré ce passage. Busbec, qui attribue

aussi cette particularité à l'hyène , aura été trompé de la même manière. D'ailleurs , quand les vertèbres ne se souderaient pas , la seule rigidité du cou , produite par la force des muscles , aurait pu occasioner cette opinion dans le peuple ; il paraît même qu'elle règne encore en Orient.   G. C.

CHAP. XLIV , page 3o6 , ligne 17. *Ab uno animali sepulcra erui.*

De toutes les habitudes de l'hyène rapportées dans ce cha—pitre , celle-ci est la seule vraie , et celle qui a fait imaginer toutes les autres.

Un animal à figure aussi basse et aussi lugubre , qui ne va que la nuit , qui se nourrit de cadavres et viole les sépultures , qui remplit de ses hurlemens nocturnes les bourgades et les villes mal policées du Levant , a dû inspirer des frayeurs et donner lieu à des contes de toute espèce.   G. C.

CHAP. XLV , page 3o8 , ligne 5. *Corocottam , etc.*

Excepté l'origine , l'auteur avait déjà dit , au chapitre XXX , des choses toutes semblables de la leucrocote ; et , dans ce même chapitre XXX , il parle de la crocotte comme du produit du chien et du loup , tandis qu'ici il le fait naître de l'hyène et de la lionne. Il est bien difficile de le justifier d'une grande inadver—tance dans la rédaction des notes qu'il avait apparemment tirées d'auteurs différens , sans les comparer entre elles.

En résultat, la *crocotte* ou *crocutte* , la *léoncrocotie* , le *catoblépas* ne sont que des êtres imaginés par la superstition ou la ma—nie du merveilleux , et qui n'ont de fondement dans la nature que l'hyène et le gnou , dont les descriptions avaient été diversement mêlées par des voyageurs ignorans , qui en avaient entendu parler à des peuples encore plus ignorans qu'eux.   G. C.

CHAP. XLVI , page 3o8 , ligne 12. *Asinorum silvestrium.*

Ce qu'on dit ici des troupeaux d'ânes sauvages dans les dé—serts des pays chauds , et de l'autorité des vieux mâles , est vé—ritable ; mais je doute qu'aucun moderne ait constaté ce qui regarde la mutilation des jeunes.   G. C.

Chap. XLVII, page 308, ligne 18. *Easdem partes sibi ipsi Pontici amputant fibri.*

Comme Pline le reconnaît lui-même au livre xxxii, le *casto-reum* ne consiste point dans les testicules du castor ; c'est une substance huileuse et fétide qui naît dans une glande adhérente au prépuce. Lorsque les conduits de cette glande sont gorgés de castoréum, il est possible que l'animal s'en débarrasse en se frottant contre des pierres ou des troncs d'arbres ; c'est ainsi que l'on aura dit qu'il abandonnait son castoréum aux chasseurs qui le poursuivent ; et en vertu de la fausse opinion qu'on avait de la nature même du castoréum, on aura conclu que cet animal se mutilait lui-même. Au reste, il serait singulier que dans l'antiquité on n'eût pas aussi poursuivi les castors pour leur fourrure.   G. C.

Page 310, ligne 1. *Arbores juxta flumina, ut ferro, cœdit.*

Le castor est de tous les rongeurs celui qui a les dents les plus fortes, et il s'en sert en effet pour couper de jeunes arbres quand il veut se construire une cabane.   G. C.

Page 310, ligne 4. *Cauda piscium iis.*

C'est-à-dire une queue écailleuse, large et aplatie, mais dont l'aplatissement est dans le sens horizontal, qui n'a point de nageoire au bout, et dont l'intérieur est organisé comme dans les autres quadrupèdes.   G. C.

Chap. XLIX, page 310, ligne 14. *Coagulum.*

Le coagulum est le quatrième estomac du veau, que l'on nomme en français *présure*, et que l'on emploie à faire cailler le lait. Ce que Pline attribue ici au veau marin est tiré de Théo-phraste (*de Anim. quæ dicuntur incidere*). Nous ne pensons pas que cet animal vomisse son estomac, et même aucun animal ne le pourrait : mais il est très-vrai que beaucoup de poissons, lorsqu'on

les tire subitement à la ligne d'une grande profondeur, renversent leur estomac et le font sortir par la bouche; ce qui tient à
la dilatation de leur vessie natatoire, lorsqu'elle n'est plus comprimée par la colonne d'eau qui pesait sur elle. Le premier auteur d'où Théophraste aura tiré ce fait, ou le pêcheur de qui il
l'aura appris, se sera peut-être trompé en mettant le nom du
veau marin pour celui d'un poisson.   G. C.

CHAP. XLIX, page 310, ligne 16. *Anguis modo et stelliones
senectutem exuere.*

Tous les reptiles changent de temps en temps de peau ; c'est
ce que les anciens appelaient déposer leur vieillesse.   G. C.

Page 310, ligne 18. *Eosdem mortiferi in Græcia morsus, innoxios
esse in Sicilia.*

L'auteur des *Mirabil. auscultat.* dit précisément le contraire;
mais ni l'un ni l'autre n'a raison. Le stellion, c'est-à-dire le
gecko, n'est venimeux ni en Grèce ni en Italie par sa morsure;
mais les ongles très-déliés de ses pieds font venir des boutons
sur la peau. C'est tout le mal qu'il peut faire, ce qui n'empêche
pas que le peuple du midi de l'Europe ne le redoute beaucoup,
ainsi que chez nous il redoute le crapaud, et sans plus de fondement.   G. C.

CHAP. L, page 312, ligne 2. *Cervis.*

Cette histoire du cerf est généralement exacte : cependant nous
ne garantirions ni le soin attribué à cet animal de faire ses petits
près des sentiers fréquentés par l'homme, ni le choix que la biche fait de certaines plantes avant et après sa mise bas, ni la facilité avec laquelle ses intestins se rompent intérieurement, ni le
pouvoir qu'aurait sa chair de prévenir les fièvres ; nous nierons
même que les cerfs puissent attirer les serpens hors des cavernes
en les reniflant ; qu'ils prennent la peine d'enfouir leur corne
droite, et qu'il y naisse et y croisse du lierre; nous relèverons
encore les erreurs suivantes.   G. C.

CHAP. L, page 314, ligne 22. *Usque ad sexennes.*

Ce n'est qu'après la huitième année que le cerf n'ajoute plus d'andouillers à son bois.   G. C.

Page 316, ligne 17. *Post centum annos aliquibus captis cum torquibus aureis, quos Alexander Magnus addiderat, adopertis jam cute in magna obesitate.*

« Telle est l'histoire ou la fable que l'on a faite d'un cerf qui fut pris par Charles VI dans la forêt de Senlis, et qui portait un collier sur lequel était écrit *Cæsar hoc me donavit.* L'on a mieux aimé supposer mille ans de vie à cet animal, et faire donner ce collier par un empereur romain, que de convenir que ce cerf pouvait venir d'Allemagne, où les empereurs ont, dans tous les temps, pris le nom de César. Ce que l'on a débité sur la longue vie des cerfs n'est appuyé sur aucun fondement. Ils vivent trente ou quarante ans. » (BUFFON, tome VIII.)

La longue vie des cerfs n'est qu'un préjugé populaire dont Aristote (*Hist. anim.*, VI, 29) doutait déjà beaucoup. Ils ne passent guère trente-six ou quarante ans.   C. G.

Page 318, ligne 2. *Tragelaphon.*

On a long-temps cherché ce que pouvait être l'hippélaphe d'Aristote (*Hist. anim.*, II, 1) et le tragélaphe de Pline.

L'hippélaphe tient du cheval et du cerf pour la forme, et porte une sorte de crinière peu fournie sur le cou et les épaules, une barbe sous la gorge ; il a les pieds fourchus ; sa taille est celle du cerf ; ses cornes ressemblent à celles du chevreuil. Il habite en Arachosie.

Le tragélaphe est des bords du Phase ; il ne diffère du cerf que par la barbe et la villosité de ses épaules.

Buffon et Pallas ont cru que l'hippélaphe et le tragélaphe n'étaient que des cerfs ordinaires très-âgés, parce qu'en effet, dans la vieillesse, le cou de cet animal se garnit de poils plus longs que ceux du reste du corps ; mais ses bois ne ressemblent point alors à ceux du chevreuil.

C'est à mon beau-fils, M. Duvaucel, qu'il était réservé de découvrir le véritable hippélaphe, qui probablement est le même que le tragélaphe. C'est un cerf des montagnes du nord de l'Indostan, qui peut très-bien exister dans l'ancienne Arachosie, et s'étendre le long du Caucase jusqu'au Phase ; il a la taille du cerf ordinaire, de longs poils fins autour du cou, et des cornes à trois branches comme celle du chevreuil. J'en ai donné la description dans mes *Recherches sur les ossemens fossiles*, tome I, sous le nom de *Cervus Aristotelis*.   G. C.

Chap. LI, page 318, ligne 5. *Cervos Africa propemodum sola non gignit.*

Il est très-vrai que l'Afrique, si riche en gazelles de toutes les tailles et de toutes les couleurs, ne paraît pas avoir de cerfs ; pas même de ces espèces différentes de la nôtre qui abondent en Asie, et dont nous avons fait connaître plusieurs dans nos *Recherches sur les ossemens fossiles*, tome IV. Shaw à la vérité en donne à la Barbarie, qui auraient les bois du cerf d'Europe, mais qui seraient plus petits, et que les arabes nomment *beker el wash*. Il dit en avoir vu un pris dans les montagnes. Bosman en place en Guinée, mais ce sont des gazelles et non pas des cerfs, ainsi qu'il est aisé de s'en apercevoir par les figures. Il a suivi en cela l'exemple des colons hollandais qui nomment des espèces de gazelles, élans, cerfs et chevreuils du Cap.

Je soupçonne qu'il en est de même de Labat, lorsqu'il dit que les nègres du Sénégal prennent beaucoup de cerfs. Les voyageurs modernes n'ont vu au Sénégal que des gazelles ; mais la Barbarie a des daims.   G. C.

Page 318, ligne 6. *Chamæleonem.*

Cette description du caméléon est assez exacte, mais bien moins que celle d'Aristote (*Hist. anim.*, lib. II, cap. 11), dont elle est cependant en grande partie empruntée.   G. C.

Page 318, ligne 13. *Oculi..... prægrandes..... corpori concolores..... totius oculi versatione circumspicit.*

Pline prend ici pour l'œil la réunion de l'œil et de la paupière

qui le couvre, mais comme elle enveloppe toute sa partie antérieure et n'est percée que d'un petit trou, cette méprise n'aurait
pu être évitée que par la dissection. Aristote est bien plus exact :
il dit que l'œil est couvert d'une peau semblable à celle du corps.
G. C.

CHAP. LI, page 3i8, ligne 17. *Nec cibo nec potu alitur, etc.*

Ceci est faux. Le caméléon mange des insectes, mais il con-
somme très-peu, et comme ses poumons remplissent la plus
grande partie de son corps, on a pu croire aisément qu'il se
nourrit d'air.   G. C.

Page 3oo, ligne 3. Redditque semper quemcumque proxime
attingit.

Il est vrai que le caméléon, ainsi que les autres lézards à poumons volumineux, change aisément de couleur selon les passions
et les sensations qu'il éprouve. Il est vrai encore, et je l'ai observé plusieurs fois, qu'il prend des teintes jaunes, vertes, brunes et noires, et ne devient jamais parfaitement rouge ni parfaitement blanc, mais il est faux qu'il adopte toujours les couleurs
des corps qu'il touche : aussi Aristote ne le dit-il point. Théophraste (*de Anim. quæ colorem mutant*) assigne déjà parfaitement
la cause des changemens de couleur du caméléon, et la tire du
grand volume de ses poumons.   G. C.

Page 3oo, ligne 6. Nec alibi (caro) toto corpore.

C'est une expression peu exacte, quoique prise d'Aristote.
Les muscles du caméléon sont très-minces, mais il en a partout
où en ont les autres lézards ; cependant ils ont un peu plus d'é-
paisseur aux endroits indiqués.   G. C.

Page 3oo, ligne 7. Sanguis in corde, et circa oculos tantum.

Ceci encore, quoique pris d'Aristote, est erroné ; il a du
sang partout ; mais comme la plupart des reptiles, il en a peu, et
après sa mort ce sang s'accumule autour du cœur.   G. C.

CHAP. LI, page 320, ligne 7. *Viscera sine splene.*

La rate du caméléon est si petite qu'il n'est pas étonnant qu'elle
ait échappé à beaucoup d'observateurs. Elle n'égale pas une len-
tille. Aristote se borne à dire qu'on ne la voit pas, mais Pline
qui n'avait rien observé est toujours plus décisif que son auteur
original.   G. C.

CHAP. LII, page 320, ligne 10. *Scytharum tarandus.*

Cette histoire du tarandus est prise du livre *de Mirabilibus auscultationibus*, et de Théophraste (*de Iis quæ colorem mutant*), et elle
s'explique, par les grandes variétés auxquelles le pelage du renne
est sujet, et parce que cet animal devient souvent blanc en hiver.
Quelqu'un de ces Grecs qui négociaient en Scythie, et dont Hérodote avait déjà reçu tant de contes extravagans, aura entendu
dire que le tarandus change de couleur, qu'il prend en hiver
celle de la neige, et il aura embelli l'histoire au point où nous la
voyons, et comme l'ont copiée Antigone de Caryste, Théophraste, Élien, Pline et vingt autres, dont on peut voir les passages dans le commentaire de Beckman sur le Traité *de Mirabilibus auscultationibus*, Gott. 1786, in-4°, pages 65 et suivantes.
Que d'ailleurs le tarandus soit le renne et non pas l'élan,
comme le prétend Beckman, c'est ce qui me paraît prouvé indépendamment de ses changemens de couleur, par son nom qui n'est
qu'une corruption de celui qu'il porte encore dans les langues
teutoniques ; *das-ren-thier* en allemand, *the-ren-deer* en anglais ;
par la ressemblance avec l'âne que lui attribue Antigone de Caryste ; par les cornes branchues comme celles du cerf, et le pied
fourchu que lui donnent Théophraste, Pline et tous les autres ;
on ne peut pas dire que les cornes de l'élan soient branchues
comme celles du cerf. A la vérité le livre *de Mirabil. auscult.*,
Théophraste, Élien, Philon, Pline, Phile, Stephanus (*de Urbib.*),
Eustathe, Jean Damascène, Solin, disent que le tarandus est
grand comme le bœuf; mais comme ils se sont tous copiés, cette
erreur ne prend point d'autorité de sa répétition ; et Hésychius
le réduit à sa véritable taille, en disant en termes généraux qu'il

est semblable au cerf (ἐλάφῳ παραπλήσιον). Les changemens de couleur de l'élan, s'il en éprouve, sont beaucoup moins considérables que ceux du renne, et d'ailleurs il est certain que l'élan n'est autre que l'alcé des anciens.

Le renne est aussi le *bos cervi-figura* de la forêt Hercinienne dont parle César (*de Bell. Gall.*, VI, 26); car c'est le seul animal qui ait un bois étalé en rameaux semblables à des palmes (*sicut palmæ rami quam late diffunduntur*), et même dont les deux sexes portent un bois (*eadem est feminæ marisque natura, eadem forma magnitudoque cornuum*); que vus de loin ces bois aient paru n'en former qu'un seul (*a media fronte unum cornu exsistit*), c'est ce qui a pu très-bien arriver à cause de leur structure compliquée qui ne permet pas d'y distinguer aisément les deux merrains, au milieu des branches qu'ils produisent. D'ailleurs quelques commentateurs pensent qu'il faut mettre dans le texte *utrum cornu* pour *utrumque*, comme on voit dans Aulu-Gelle (IX, 13), *utris summo studio pugnantibus;* peut-être même faut-il *utrumque.* Voyez MERREM, *de Animalibus Scythicis apud Plinium*, §. 5.   G. C.

CHAP. LII, page 320, ligne 11. *In Indiis lycaon, cui jubata traditur cervix.*

Il s'agit probablement ici du guépard ou tigre chasseur des Indiens (*felis jubata*, Gmel.), animal dont la nuque a les poils plus longs que ceux du reste du corps. Cependant il ne change pas plus de couleur à volonté que le renne; tout son corps est fauve, semé de petites mouches noires. Solin qui le place en Éthiopie, où il y a en effet aussi des guépards, se borne à lui donner des couleurs très-variées : *tot modis varius ut nullum illi colorem dicant abesse.*   G. C.

Page 320, ligne 12. *Thos.*

Il n'y a guère de quadrupède sur lequel les naturalistes aient autant disputé que sur le thos; mais Bochart nous paraît avoir très-bien prouvé que c'est le chacal (*canis aureus*, L.). Le passage actuel de Pline concourt à cette preuve, puisqu'il y est dit que le thos est une espèce de loup, de forme allongée, plus

basse sur cuisses, qui vit de chasse et ne nuit point à l'homme.
Ces caractères conviennent assez au chacal. On peut dire
qu'il est *innocuus homini*, car il est trop lâche pour l'attaquer. Ce que les autres auteurs anciens disent de leurs thos
s'accorde aussi très-bien avec le chacal, et l'ensemble ne pourrait convenir à aucun autre quadrupède. Aristote (*Hist. anim.*,
lib. II, cap. 17) dit que ses intestins ressemblent à ceux du
loup; lib. VI, cap. 35, il dit, comme Pline, que le thos est plus
bas que le loup. Hésychius, Suidas, Eustathe, font du thos une
espèce de loup, et ajoutent qu'il est né du loup et de l'hyène,
ce qui signifie seulement qu'il tient des mœurs de l'un et de l'autre. Hésychius le déclare un petit animal; Pollux le place pour
la taille entre le renard et le loup. Homère (*Iliad.*, l. XI) le dit de
couleur fauve (δαφοινὸς, c'est-à-dire πυρρὸς, selon le scholiaste);
dans un autre endroit (*Ibid.*, XI, 474), il fait connaître que c'est
un animal lâche et qui vit en troupes. Oppien en dit autant (HAL.,
liv. II); selon Pollux et Suidas le θῶς aboie; c'est même de son
nom que dérive θωΰσσειν, aboyer. De ce que le thos n'attaque
pas l'homme, de ce qu'il approche même volontiers des habita-
tions, on avait conclu qu'il est ami de notre espèce; mais il est
inutile de s'occuper de cette prétendue affection qui ressemble à
beaucoup d'autres sentimens prêtés aux animaux par les anciens.

G. C.

CHAP. LIII, page 322, ligne 7. *Aculei (hystricis) cum intendit
cutem, missiles.*

Il n'est pas exact de dire que le porc-épic puisse lancer ses
dards; mais on a pu le croire lorsqu'on les a vus fixés dans la
peau des chiens qui l'avaient attaqué. Cela doit arriver d'autant
plus souvent qu'ils se détachent aisément.   G. C.

Page 322, ligne 8. *Hibernis se mensibus condit..... ursis.*

Le porc-épic, comme l'ours, se cache pendant l'hiver et passe
le temps froid dans une somnolence léthargique.   G. C.

Chap. LIV , page 322 , ligne 11.

Ce chapitre sur les ours est assez exact; nous n'y relèverons que quelques erreurs, et nous y ferons remarquer quelques faits bien observés.   G. C.

Page 322, ligne 12. *Eorum coitus.... nec vulgari quadrupedum more.*

Quoique cette proposition soit prise d'Aristote (lib. VI, c. 3o), elle n'est au moins pas toujours vraie. On a vu des ours s'accoupler comme les autres animaux (BUFF., VIII, p. 256). G. C.

Page 322 , ligne 15. *Candida informisque caro.*

Nous pouvons affirmer le contraire. Nous avons vu de petits oursons naissans, ou même en fétus et déjà complètement formés. Aldrovande dit déjà en avoir possédé un semblable. Au reste ce passage n'est qu'une exagération de ce que dit Aristote (l. VI, c. 3o), et qui est très-vrai, « que l'ourse produit un petit intermédiaire, pour la grosseur, entre le chat et le rat, aveugle, nu (c'est-à-dire à poil ras), et dont les membres sont **mal formés.** »
                                        G. C.

Page 322, ligne 18. *Nec quidquam rarius, quam parientem videre ursam.*

En effet, l'ourse met bas dans sa retraite d'hiver : ce n'est que dans les ménageries que l'on peut en voir le part.   G. C.

Page 324, ligne 18. *Oculi eorum hebetantur.*

Les ours sont très-sujets (au moins dans les **ménageries**) à des ophthalmies, et même à perdre les yeux, mais je doute que ce soit pour se guérir qu'ils attaquent les ruches.   G. C.

Page 324, ligne 24. *Cerebro veneficium inesse.*

Cela est entièrement faux.   G. C.

Chap. LIV, page 326, ligne 2. *Arborem aversi derepunt.*

Cela est très-juste. On peut en être chaque jour témoin au Jardin du Roi.　　　　　　　　　　　　　　　　G. C.

　　　Page 326, ligne 7. *Ursos Numidicos centum, etc.*

Les ours de Numidie ont fort occupé les commentateurs ; plusieurs ont cru qu'il s'agissait de lions ; en effet on n'est pas encore bien certain que l'ours existe en Afrique, quoiqu'il y en ait en Afrique, comme on le voit par le *Voyage* de M. Ruppel. G. C.

Chap. LV, page 326, ligne 12. *Conduntur hieme et Pontici mures, hi duntaxat albi.*

On croit communément que ce rat du Pont, de couleur blanche, dont Aristote avait parlé dans les mêmes termes, doit être l'hermine ; mais l'hermine ne se cache point pendant l'hiver. Il s'agit peut-être du bobac ou du souslic ; mais ni l'un ni l'autre ne sont entièrement blancs.　　　　　　　　　　　　G. C.

Page 326, ligne 14. *Conduntur et Alpini, quibus magnitudo melium.*

Il s'agit ici des marmottes (*arctomys marmota*, Gmel.) qui, en effet, sont communes dans les Alpes, et se retirent pendant l'hiver dans des trous qu'elles ont remplis de foin, mais qui sont bien éloignées des blaireaux pour la taille.　　　　　　G. C.

　　　Page 328, ligne 3. *Sunt his pares et in Ægypto, etc.*

Ce sont les gerboises (*mus jaculus* et *mus jerboa*, L.), sorte de rongeurs qui marchent ou plutôt qui sautent sur leurs pieds de derrière, lesquels sont beaucoup plus longs que ceux de devant ; mais il s'en faut bien qu'ils égalent même les marmottes ; ce n'est qu'au Cap qu'on en trouve de cette grosseur.　　　　　G. C.

Chap. LVII, page 33o, ligne 13. *Leontophonon, etc. ; Lyncam, etc.*

Je n'ai pas besoin de dire que ces histoires, empruntées du livre *de Mirabil. auscult.*, ne sont que des fables.   G. C.

Chap. LVIII, page 332, ligne 12.

Il en est de même de ce qui est dit ici des blaireaux, et de la
prévision que les écureuils ont du vent.   G. C.

Chap. LIX, page 332, ligne 19. *Annua fame durant.*

Rien n'est plus surprenant, en effet, que la longueur du temps
pendant lequel les serpens et la plupart des reptiles peuvent se
passer de nourriture.   G. C.

Page 334, ligne 6. *Genus minus vulgare.*

C'est l'*helix neritoidea*, très-commune aux environs de Nice,
et qui se fait pour l'hiver un couvercle encore plus solide que
celui de nos gros colimaçons ordinaires, *helix pomatia.* G. C.

Chap. LX, page 334, ligne 13. *Lacerti Arabiæ cubitales.*

Le genre de lézards appelé monitor passe souvent cette taille.
          G. C.

Page 334, ligne 14. xxiv *in longitudinem pedum.*

On ne connaît de sauriens de cette taille que dans le genre des
crocodiles. C'est probablement ici une exagération de quelque
voyageur.   G. C.

Chap. LXI, page 338, ligne 19. *E tigribus eos Indi volunt concipi.*

Le tigre ni la panthère ne peuvent produire avec le chien ; mais
c'était une fable imaginée probablement pour donner plus de valeur à ces chiens tigrés et tachetés, de la race des braques, qui
nous viennent encore des Indes. *Voyez* la figure du braque du
Bengale dans Buffon (tom. IV. pl. 34).   G. C.

CHAP. LXI , page 340 , ligne 1. *Idem e lupis Galli*, *etc.*

Le chien et le loup produisent ensemble; et comme nos chiens de berger ressemblent assez aux loups, il n'est pas impossible qu'ils tirent leur origine de ce mélange. Ce passage de Pline nous prouve que leur race était déjà employée de son temps dans les Gaules au même usage que de nos jours.   G. C.

CHAP. LXIII , page 342 , ligne 11.

Que l'on ne se fie point à ces remèdes contre la rage. Ils sont tous inutiles.   G. C.

CHAP. LXIV, page 344, ligne 21. *Humanis similes pedes priores habuisse , hac effigie locatus ante Veneris..., etc.*

La corne des pieds de devant de ce cheval était apparemment un peu échancrée par les bords, et le sculpteur aura exagéré cette conformation vicieuse pour les faire croire des doigts humains.   G. C.

CHAP. LXVI , page 352 , ligne 4. *Hippomanes.*

L'hippomanes est une concrétion qui se trouve quelquefois dans l'eau de l'amnios des jumens. Les vertus que les anciens lui attribuaient dans la composition des filtres sont fabuleuses. La jument qui vient de mettre bas le dévore, mais par le même instinct qui fait dévorer l'arrière-faix à la plupart des femelles de quadrupèdes ; et ce n'est pas assurément l'hippomanes qui est la cause de l'attachement qu'elle porte à son poulain.   G. C.

CHAP. LXVII , page 352 , ligne 15. *Constat in Lusitania circa Olisiponem oppidum et Tagum amnem equas Favonio flante observatas animalem concipere spiritum idque partum fieri , et gigni pernicissimum ita.*

Cette fécondité des cavales par le seul effet du vent est donnée comme un fait certain par une foule d'auteurs, tels que Varron.

Columelle, Élien, Avicenne. Les traditions des navigateurs phéniciens avaient répandu parmi les Grecs une quantité d'histoires merveilleuses sur la fécondité incroyable de toutes les côtes et de toutes les îles des extrémités de l'Occident ou de l'Hespérie. Rien n'était donc plus naturel que d'attribuer au zéphyr qui y règne, c'est-à-dire au doux zéphyr de l'Occident, la faculté de fertiliser. C'est de là que vient l'idée des Champs-Élyséens dans les îles Fortunées. « Les douces haleines du zéphyr, qu'envoie l'Océan, y apportent continuellement, avec un léger murmure, une délicieuse fraîcheur (*Odyssée*, IV, 565). De là aussi les cavales de la Lusitanie fécondées par les zéphyrs. Justin, abréviateur de Trogue Pompée, est le premier des anciens qui nous ait donné la véritable explication de cette fable (l. XLIV, ch. 3) : *In Lusitanis juxta fluvium Tagum vento equas fetus concipere, multi auctores prodidere : quæ fabulæ ex equarum fecunditate, et gregum multitudine natæ sunt : qui tanti in Gallæcia, et Lusitania. actam pernices visuntur, ut non immerito vento ipso concepti videantur.*   GUEROULT.

CHAP. LXVII, page 352, ligne 20. *Thieldones vocamus, minori forma appellatos asturcones.*

Les asturcons étaient des chevaux que les Romains faisaient venir d'Espagne, et dont l'allure était douce, agréable et même voluptueuse. Ils allaient l'amble, et étaient renommés par leur vitesse, comme on le voit par ces vers d'une épigramme de Martial :

> Hic brevis, ad numerum rapidos qui colligit ungues,
>   Venit ab auriferis gentibus astur equus.
>
> *Lib.* XIV, *epigr.* 199.

Quant au mot *thieldones,* dont on ne connaît pas la signification, Louis Carion propose de lire *thiellones* ou *thellones,* par la raison qu'en langue allemande une haquenée se nomme *tellener.* Pellicier propose *tolutones,* et s'autorise de cette phrase de Sénèque : *Non omnibus obesis mannis, et asturconibus et tolutariis præferres unicum illum equum ab ipso Catone defrictum* (Epist. 84). GUEROULT.

Chap. LXIX, page 358, ligne 24. *Animal ibi sui generis.*

Il existe en effet dans les déserts de l'Asie une espèce particulière d'animal solipède (l'*equus hemionus* des naturalistes, le
djiggetai des Tartares) qui ressemble beaucoup à nos mulets ,
mais qui n'est pas , comme eux , le produit du mélange de l'âne
avec la jument. Pallas en a donné une excellente histoire dans
les *Novi Commentarii* de l'académie de Pétersbourg, tome XIX,
page 394.   G. C.

Page 360, ligne 7. *Onagri in Phrygia et Lycaonia præcipui.*

L'onagre est le même animal qui , devenu domestique , porte
le nom d'âne. Il en existe encore des troupes dans plusieurs des
déserts de l'Asie méridionale ; les Tartares les nomment *kulan.*
Pallas en a aussi donné une excellente histoire dans les *Acta*
de l'académie de Pétersbourg pour 1777, 2ᵉ partie, p. 258. On le
regarde comme très-bon à manger quand il est jeune.   G. C.

Chap. LXX , page 362 , ligne 6. *Tradunt autem , si post*
coitum , etc.

C'est là l'origine de ce prétendu secret de procréer les sexes
à volonté , publié par Millot.   G. C.

Page 362 , ligne 25. *Gibber in dorso.*

Il s'agit ici d'une race de bœufs très-répandue dans les pays
chauds , qui a sur les épaules une loupe de graisse , et dont
Buffon a parlé (tome XI) sous le nom de *zébu.*   G. C.

Page 364 , ligne 2. *Luxatis cornibus.*

Plusieurs de ces zébus n'ont que de petites cornes qui ne tiennent qu'à la peau , et ne sont point fixées sur les os du front.
                                                            G. C.

Chap. LXXIII , page 372 , ligne 7. *Apulæ breves villo , nec nisi*
pænulis celebres.

Le *pænula* était une sorte de surtout , ouvert seulement par le haut pour laisser passer la tête, et ayant un capuchon. On s'en était servi d'abord dans les camps. Les soldats le portaient quand ils étaient en marche ou en faction. L'usage s'en établit ensuite dans Rome même. C'était l'habit de voyage. On le mettait dans les mauvais temps. Il paraît qu'il était beaucoup plus étroit et plus serré que la toge ; c'est ce que nous indique cette phrase de l'auteur du dialogue sur les orateurs : *Quantum humilitatis putamus eloquentiæ attulisse penulas istas, quibus adstricti, et velut inclusi cum judicibus fabulamur?* « Quel air ignoble ne donnent pas à l'éloquence ces manteaux qui nous entravent et nous enveloppent pendant que nous discourons devant les juges? »

GUEROULT.

CHAP. LXXIII, page 374, ligne 19. *Amphimalla, nostra : sicut villosa etiam ventralia.*

Ce mot vient de ἀμφὶ et de μαλλὸς, long poil : il signifie habit peluché par-dessus et par-dessous. Les amphimalles et les gausapes étaient des espèces de surtouts qu'on substituait à la toge. Déjà, du temps d'Auguste, les Romains commençaient à renoncer à leur ancien habit. Ce prince résista tant qu'il put à cette innovation. Un jour qu'il vit dans une assemblée un grand nombre de citoyens vêtus des habits qu'ils appelaient *lacerna* et *pœnula*, il prononça avec indignation ce vers de Virgile :

> Romanos rerum dominos, gentemque togatam !

Il défendit aux édiles de laisser paraître aucun citoyen dans le Cirque ou dans les assemblées s'il n'était vêtu de la toge. Mais on trouvait la toge incommode ; les replis bouffans et la pesanteur de cet ample vêtement firent qu'on renonça enfin à l'habit national.

Les gausapes et les amphimalles étaient des vêtemens très-légers ; nous pouvons en juger par ces vers de Martial :

> Is mihi candor inest, villorum gratia tanta est,
> Ut me vel media sumere messe velis.
>
> *Lib.* IV.

Pline dit que son père a vu commencer l'usage des gausapes ;

cependant Varron (liv. IV *de Latina lingua*) en fait déjà mention :
mais du temps de Varron ces étoffes ne servaient encore que
pour les tapis de table , et c'est sous ce rapport que Martial en
parle dans ce vers :

Nobilius villosa tegant tibi gausapa citrum.

GUEROULT.

CHAP. LXXIII , page 376, ligne 14. *Prœtexte apud Etruscos
originem invenere.*

La prétexte était la toge blanche bordée d'une bande de
pourpre. *Prœtexta* , dit Varron , *toga est alba purpureo limbo.*
Les jeunes filles la portaient jusqu'à ce qu'elles fussent mariées ,
et les jeunes Romains jusqu'à leur dix-septième année. Les grands
magistrats et les principaux ministres de la religion portaient la
prétexte dans leurs fonctions.   GUEROULT.

Page 376, ligne 15. *Trabeis usos accipio reges.*

La trabée était la toge ornée de plusieurs bandes de pourpre.
Elle était ainsi nommée, *quod trabibus purpura intertexatur.* Elle
devint commune dans la suite à toutes les magistratures, et même
l'habit distinctif des chevaliers romains lorsqu'ils passaient la revue devant les censeurs.   GUEROULT.

CHAP. LXXVII , page 88, ligne 2. *Inventum M. Apicii.*

Ce nom est celui de trois Romains fameux par leur gour-
mandise. Le premier vécut avant l'extinction de la république ,
le second sous Auguste et Tibère , et le troisième sous Trajan.
Le plus célèbre est le second , qui inventa une espèce de pâtis-
serie de son nom. Il tint à Rome école publique de gourman-
dise, dépensa des sommes immenses pour satisfaire la sienne ,
et composa un traité dans lequel il enseignait la manière d'exciter l'appétit , *de gulœ irritamentis.* On dit que voyant qu'il ne
possédait plus qu'un million de sesterces (125,000 francs) , il
s'empoisonna de désespoir. Le troisième Apicius vivait du temps
de Trajan. Il se piquait d'avoir un secret admirable pour con—

server les huîtres dans leur fraîcheur. Il en régala l'empereur dans le pays des Parthes, à plusieurs journées de la mer.   **GUEROULT.**

CHAP. **LXXIX**, page 3g2, ligne 3. *Sunt capreæ, sunt rupricapræ.*

Pline donne ici comme des chèvres sauvages plusieurs espèces d'animaux très-différens de la chèvre :

Caprea est le chevreuil (*cervus capreolus*, L.) ; mais ce n'est pas, comme le croit Hardouin, l'αἲξ ἄγριος d'Aristote ;

Rupicapra est le chamois (*antilope rupicapra*, L.) ;

Ibex, le bouquetin (*capra ibex*, L.). Cette dernière synonymie est évidente, par ce que Pline ajoute : *Onerato capite vastis cornibus.*

Hardouin a fait une transposition erronée de ces noms.

G. C.

Page 3g2, ligne g. *Oryges soli contrario pilo et ad caput verso.*

Les grandes antilopes ont en général le poil du dos dirigé vers la tête. Cela est surtout remarquable dans celle que l'on croit être l'oryx de Pline (*antilope oryx*, Pall.), et que Buffon a représentée (*Supplém.*, tom. VI, pl. 17) sous le faux nom de pasan.

G. C.

Page 3g2, ligne 10. *Damæ.*

On n'est pas d'accord sur ce qu'était le *dama* de Pline.

Comme il le range ici parmi les chèvres, ce qui peut faire croire qu'il lui attribue des cornes creuses ; et comme dans un autre endroit (l. XI, c. 45) il le compare au chamois, dont il le distingue en disant que ses cornes sont courbées en avant (*cornua rupicapris in dorsum adunca, damis in aversum*) ; comme enfin il en fait un animal d'Afrique, Buffon a jugé que ce devait être, non pas notre daim d'aujourd'hui, mais l'espèce de gazelle qu'il représente tome XII, pl. 34, et qui est *l'antilope redunca* de Linneus, espèce que l'on trouve quelquefois au Sénégal ; mais on peut objecter que dans ce même passage Pline parle de *caprea*, qui (si c'est le chevreuil) a les cornes solides ; que le daim ordinaire a aussi les cornes courbées en avant, et que plusieurs

auteurs , notamment Ovide et Virgile , parlent du *dama* comme
d'un animal commun , et que l'on chassait ordinairement :

Géorg., I , 3o5 – 3o8 :

Tunc... tempus
Auritosque sequi lepores , tum figere damas.

Ibid., III , 41o :

Et canibus leporem , canibus venabere damas.

Halieutic., v. 63 – 65 :

Altera pars fidens pedibus dat terga sequenti ,
Ut pavidi lepores , et fulvo tergore damæ ,
Et capto fugiens cervus sine fine timore.

Nous sommes certains aussi qu'il y a des daims sauvages en
Barbarie , et même c'est le seul pays où l'on puisse dire qu'il
s'en trouve, car ceux de l'Europe vivent généralement dans des
parcs.   G. C.

CHAP. LXXIX , page 3g2 , ligne 11. *Pygargi.*

Ce nom signifie *fesses blanches* , et peut s'appliquer à un assez
grand nombre d'espèces de gazelles.   G. C.

Page 3g2 , ligne 11. *Strepsicerotes.*

Cornes tordues (de στρέφω , *torqueo*). Pline les décrit en détail, l. XI , c. 45 : *Erecta autem rugarumque ambitu contorta et in
læve fastigium exacuta ut lyras diceres* , STREPSICEROTI *quem* AD-
DACEM *Africa appellat ;* mais cette description convient encore
à plusieurs espèces de gazelles , à toutes celles dont les cornes
sont ce que les naturalistes appellent *cornua lyrata.* C'est assez
arbitrairement que Pallas , d'après Cajus (*Ap. Gesner,* p. 3o9),
a appliqué le nom de *strepsiceros* au *condoma* , ou plutôt *coesdoes* ,
représenté par Buffon (*Supplém.*, tom. VI , pl. 13). Il est même
très-peu probable que cette espèce, qui est du midi de l'Afrique,
ait pu être connue des anciens. M. Lichtenstein attribue avec plus
de vraisemblance le nom de *strepsiceros* à une espèce de Nubie ,
nouvellement découverte par M. Ruppel , et qui a les cornes plus
fortement courbées en lyre que beaucoup d'autres.   G. C.

VI.   3o

CHAP. LXXX , page 394, ligne 3. *Cynocephalis , etc.*

Nous avons déjà vu que ce sont les mêmes singes auxquels leur museau, proéminent comme celui d'un chien , a fait aussi donner le nom de cynocéphales par les naturalistes modernes.

G. C.

Page 394, ligne 4. *Callitriches.*

La barbe qui distingue, selon Pline, les callitriches, et l'Éthiopie où ils sont indigènes , donnent à croire que ce nom appartenait au *simia hamadrias* de Gmelin (BUFFON , *Supplém.,* tom. VII, pl. 10), ou peut-être à l'ouandérou , *simia silenus,* L. (*Ibid.,* tom. XIV, pl. 18), et nullement au *simia sabœa* , L. , auquel Buffon (t. XIV, pl. 37) a jugé à propos de l'affecter.   G. C.

CHAP. LXXXI , page 394, ligne 8. *In Alpibus candidi (* **lepores** *).*

C'est le lièvre variable (*lepus variabilis ,* PALL.) , espèce particulière aux hautes montagnes et aux contrées septentrionales, qui en effet devient blanche en hiver.   G. C.

Page 394, ligne 12. *Cuniculos.*

C'est notre lapin, qui passe pour être originaire d'Espagne. Cependant il me semble que Xénophon (*Cyneg. ,* c. 5) l'a déjà bien décrit sous le nom de petit lièvre , et comme habitant des îles de la Grèce.   G. C.

Page 396, ligne 1. *Viverris.*

Le furet (*mustela furo* , L.).   G. C.

Page 396, ligne 9. *Præter dasypodem.*

Toutes les qualités que les anciens ont attribuées au dasypus sont communes au lièvre et au lapin ; aussi Bochart a-t-il cru que le dasypus et le lièvre étaient la même chose : mais comme le lièvre se nommait λαγώς, et comme Aristote, en deux endroits (*Hist. anim. ,* l. I , c. 1 , et l. VIII, c. 28), nomme séparément le λαγὼς et le δασύπους dans la même période, ces deux noms ne peuvent être absolument synonymes, ce qui me fait croire que *dasypus* n'était que le nom grec du lapin ; et que Pline, comme il lui est arrivé souvent, ne s'étant pas aperçu de l'identité du *dasypus* et du *cuniculus*, aura cru ce dernier particulier à l'Espagne. Au reste, comme le lièvre et le lapin sont deux espèces très-semblables, il n'est pas étonnant que l'on ait quelquefois nommé l'une pour l'autre ; il n'est point étonnant non plus qu'Aristote, lorsqu'il veut expliquer par des exemples l'organisation et les propriétés des animaux, cite plus souvent le *dasypus* que le *lagos*, le premier lui étant bien plus facile à observer.   G. C.

CHAP. LXXXII, page 398, ligne 5. *Alii lata fronte, alii acuta, alii herinaceorum genere, etc.*

Les premiers sont les souris et les rats, de formes ordinaires ; les seconds, les grandes musaraignes, de la taille du rat, telles que l'on en trouve en effet en Égypte ; les troisièmes, une espèce de souris particulière à l'Égypte, et peut-être à la Barbarie, armée d'épines parmi ses poils, dont Aristote avait déjà parlé (l. VI, c. 37 ; cap. ult.), et que M. Geoffroy a retrouvée et nommée *mus cahirinus*.   G. C.

Page 400, ligne 2.

Glires, les loirs, *myoxus glis*, Gmel. (BUFF., VIII, p. 25);
Nitelœ, les lérots, *myoxus nitela*, Gmel. (BUFF., VIII, pl. 25).

Ces deux animaux tombent, pendant l'hiver, dans un sommeil très-profond ; mais il est faux qu'ils se trouvent rajeunis au printemps.   G. C.

CHAP. LXXXIII, page 400, ligne 10. *Dorcades.*

Le dorcas des Grecs n'est pas le daim, comme le dit Hardouin, mais le chevreuil ; car Aristote (*de Partib. anim.*, l. III, c. 2) dit que c'est le plus petit des animaux à cornes que nous connaissions (sans doute en Grèce) ; et le *dorcas Libyca*, très-bien décrit par Élien (l. XIV, c. 4), est certainement la gazelle commune, *antilope dorcas*, Pall. et Gmel. (BUFFON, tom. XII, pl. 23.)   G. C.

CHAP. LXXXIII, page 402, ligne 6. *Muribus araneis, etc.*

La musaraigne n'est pas venimeuse. Il s'en faut beaucoup qu'elle n'existe pas au nord des Apennins ; et elle ne périt point parce qu'elle a traversé une ornière, quoique souvent elle puisse y être écrasée. C'est un des quadrupèdes que l'on tue le plus aisément par un coup léger.   G. C.

FIN DU SIXIÈME VOLUME.